U0391309

欧罗巴 EUROPA

TRITON 海卫一

木卫一
IO

MOON 月球

GANYMEDE
木卫三

木卫四 CALLISTO

TITAN 土卫六

BEYOND EARTH
Our Path to a New Home in the Planets

BEYOND EARTH:
Our Path to a New Home in the Planets

上帝之眼

Eye of God

上帝之眼即螺旋星云，NGC
7293星云。距离地球700光
年，位于水瓶星座的里面。

BEYOND EARTH:
Our Path to a New Home in the Planets

创生之柱

Pillars of Creation

论宇宙中天然形成的"地标",非"创生之柱"(Pillars of Creation)莫属。

"创生之柱"距地球大约7000光年之遥,这意味着人类现在看见的"创生之柱",其实是它7000年前的模样。

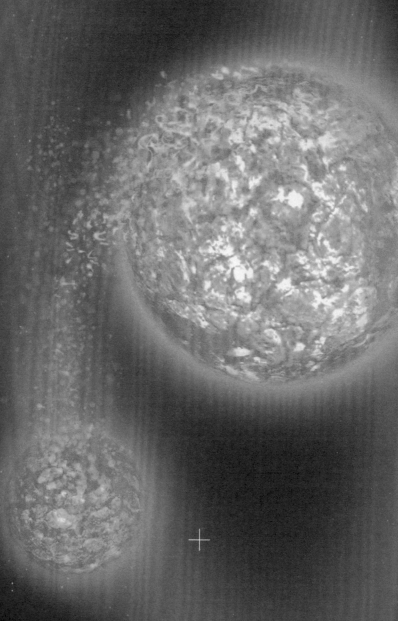

BEYOND EARTH:
Our Path to a New Home in the Planets

忒伊亚

Theia

"忒伊亚"（Theia）是太阳系内曾经举足轻重的一颗行星，无数科学家推测，这颗行星与地球发生过碰撞，所形成的残骸汇集成了现在的月球。

目前，美国宇航局发射的两个宇宙探测器计划搜寻忒伊亚的残骸物质，进而揭示月球的神秘起源之谜。

BEYOND EARTH:
Our Path to a New Home in the Planets

欧罗巴

Europa

欧罗巴就是木卫二，它的发现
者是伽利略。
亮的四颗卫星之一，其公转轨
道距离木星670900千米。

献　给

我温柔的向导查尔斯·F. 佩尼曼（Charles F. Penniman），

他的一生统一了科学、灵性与同情心。

——查尔斯·沃尔弗斯

献　给

美国宇航局和其他太空机构努力工作并致力于卡西尼任务、

所有自动任务和载人任务的杰出人士：

你们用这些航程和不可思议的科学发现，鼓舞了世界。

——阿曼达·R. 亨德里克斯

太空移民

[美] 查尔斯·沃尔弗斯（Charles Wohlforth） [美] 阿曼达·亨德里克斯（Amanda Hendrix）——著

李虎——译

BEYOND EARTH

Our Path to a New Home in the Planets

湖南文艺出版社
HUNAN LITERATURE AND ART PUBLISHING HOUSE

博集天卷
CS-BOOKY

＋

不难想象有一天：

一艘巨大的宇宙飞船整装待发，

准备攀登一条长长的、

伸缩自如的天路。

＋

目 录

Contents

引言
Introduction

冲出地球的天路
The way out of the earth

    土星的最大卫星——土卫六（泰坦星），总有一天会成为人类的居住之地。

    人类生存所需的能量，将来自燃烧卫星表面取之不尽的化石燃料；所需的氧气，将提取自占泰坦星很大质量的固态水冰。泰坦星上的氮气大气层，略厚于地球大气层，这将保护人们免受太空辐射，允许人们生活在不用加压的建筑物之中；人们旅行的时候，不用穿宇航服，只需穿上暖和的衣服，戴上口罩。人们将在液态甲烷的湖泊上泛舟，在寒冷、稠密的大气层中，像鸟一样展翅飞翔。

    这件事情是会发生的，因为终有一天，它将变得富有意义。

    今天，在遥不可及的泰坦星上，寒冷、阴郁、毫无吸引力可言。我们还不具备把人送上泰坦星的技术。但是，这种技术正在变成现实，与此同时，地球的前景正在变得越来越糟。早些时候，当人们的家园变得无法生存时，他们就开始探索陌生而危险的新天地。如果人类不改变地球的变化趋势，泰坦星（一个没有战争和气候剧变的新世界）会以同样的理由吸引来自地球的殖民者。

    太空殖民地所需的技术，已经进入我们的视野。

    最大的障碍，是体制方面的障碍。当政者冷漠，无视太空。政府部门美国宇航局（NASA）的文化向来惯于压制异议，对载人航天事业缺乏连续目标。关于太空探索面临的真正挑战，新闻媒体推销给公众一种错误的认识——很难再去另一颗行星，没有科技突破的话，旅程将险象环生。

但殖民太空的各种要素，正在纷至沓来，聚合形成。建设太空船的技术，已经传播到许多国家和私营工厂。互联网催生的大量创新文化，已经知道如何快速制造新事物，并已经将注意力转向了宇宙空间。能把我们送到那里的概念，已经被人们想出来了！

当这一时刻到来，这将不是人类第一次踏上看似不可能的、昂贵的、技术上具有挑战性的航程。人类曾经多次在相当偏远以至不能折返之处，建立新的社会。我们重演历史，可能会出自和古人当时类似的原因。

为了构建"太空殖民"的情景，我们作为作者，不但研究了科学、技术，还研究了文化、环境。我们思考了人类面临的基本问题：人类对技术的反应；人类探索、扩展、消费的意愿；人类如何对待彼此，对待我们已经拥有的世界。

太空殖民最重要的因素是人这种生物：我们的细胞将对宇宙辐射做出怎样的反应？我们的心理能否承受多年的无聊航行？以及我们能否在生态上适应没有生物（至少没有我们所知道的这类生物）的新环境？我们是什么样的生物？我们能走多远？

我们采访的科学家经常问我们：你们是在写科幻，还是在写新闻？

答案是：我们从来没有打算写一部科幻作品。但是，怀疑论者永远也不会想到已经发生了什么。

我们曾参观一座火箭工厂，私营航天业工人正在缝纫宇航服；如果《星际迷航》里的柯克（James T. Kirk）上尉能穿上这么好的宇航服，他也会自豪的。我们对于未来情境的设想，不是基于热爱酷炫的发明和动人的幻想，而是依赖于我们对人类的认识——愚蠢、自私、钩心斗角。认识到这些可预见的事实，使得我们更容易看到技术将如何展开，也更有趣、更好玩。

关于这一切将如何发生，我们两个作者（阿曼达和查尔斯）已经进行了很多有趣的思考和争论。我们通过网络电话 Skype 谈笑风生、讨论工作——阿曼达在其洛杉矶办公室或在博尔德（Boulder）厨房里伏案工作；而查尔斯则在安克雷奇（Anchorage）的居家办公室中，面对停泊窗外、冰雪覆盖的"万里船"，或面对阿拉斯加的茫茫旷野。

阿曼达每天都在使用太空技术。她接受过宇航员养成训练，曾经驾驭设备，去抓拍太阳系另一面的风景。她也混迹于大科学的官僚体制中，组成这人间万象的是每一个现代组织都会有各种会议、出差，各种"自我"。她工作起来不厌其烦，处理新概念的种种细节；她已经助力太空探索，从奇迹变成了现实。

查尔斯的暑假，几乎都花费在阿拉斯加的海滩上。冬天，他每天玩越野滑雪板。他试图叩问地球命运的那些著作，促使他跟随因纽特人的捕鲸船，造访北极浮冰，造访英国剑桥的鸟舍——里面的鸟儿都超级机灵。

我们两名作者，是互补的对立面。阿曼达撰写了科学的奇迹，但也意识到技术的展开是如何不稳定。查尔斯则表现出人类悲剧研究者所具有的一种怀疑论，也带来了"热爱人性本真"的乐观主义。阿曼达会热情地接受一张单程票，从此远离地球，以实现她对冒险的渴望和对未来的憧憬。查尔斯则几乎不能忍受乘坐红眼航班，也无法想象告别这个世界的雪花、大海、新鲜空气。

我们永远不会富裕到能把每个人送到另一颗天体，但是不难想象，将来会有一天，政府或者巨富开始视宇宙飞船为一艘救生艇或一艘方舟。人们已经在这样想了。2008 年，人们建立了斯瓦尔巴群岛全球种子库——位于挪威和北极之间一座岛屿上的一座冰封山峰的深处，以便在发生灾难或末日时保护数百万种植物。一处远离尘世的太空殖民地，也将保存人类的基因库，免受地球上的任何危害。

但是，人类与种子不同，人类即使被放入保险库，也不会保持不变。天外的一处殖民地，刚一开始可能作为地球的一颗附属星球，保护我们的物种，但它终将发展成为一个拥有自己文化、政府和未来的世界。在一代人的时间里，地球就可能被橙色天空下出生的孩子们视为"外星"。对他们来说，带来怀旧感觉的，将不是清风徐来，而是再生空气的味道。

我们预想他们的天空是橙色的，是因为：我们对未来的这种设想，会把我们带到泰坦星。

为什么是泰坦星？

我们已经筛选了殖民者可能去的每一颗星球，寻找一颗能让人安全地自给自足、不需要地球直接支持和永远支持的星球。构想某一种情境的过程，将我们带到了外太阳系这一颗能源丰富的潮湿天体——泰坦星。

我们并不是真的在预测"那里将建一处殖民地"，我们当然不知道这种事何时会发生。一种"情境"是对未来进行探索研究的一种方式，而不是一种预测。这种强大的练习，产生了一个思想实验，任何人都可以使用我们提供的硬科学信息，在自己的头脑中运行这个思想实验。当你和我们一起进入一个可能的"未来"时，你会发现你自己的这一项思想实验所需的所有事实，看一看你的推理是否也将把你带上泰坦星。

这本书的结构，反映了硬科学和引人入胜之预测的相互作用。交替的小节，涵盖了现实和未来的场景。标有"现在"的段落，报告了已经存在的技术和思想，讲述了人类走近太空的真实故事。标有"未来"的段落所反映的情景，回应了我们认为可能出现的力量和机会，以及一些异想天开的预测。本书的这两种模式交叠，创造了一幅综合性的图景，包括那些已知的，也包括知识可以把我们带到何方。由此读者可以自由地得出自己的结论。

几十年之后，在取得多次技术突破之后，我们才能建立一个自力更生的太空殖民地。但是，目前许多空间科学家和工程师正在思考这一事业，因为太空殖民地代表了最早吸引他们加入这一领域的那种新奇冒险。因为它提出了关于当今技术、科研和航天工业的迷人问题。事实上，让人们移居新行星的目标，是美国载人航天计划最有力的理由。

本书中，我们以空间科学的现状开始，然后提问：我们将如何到达另一颗天体，在那里建立一处殖民地？我们应该去哪里？这样做为什么可行？为了取信于人，这种情境必须回答"如何做""去哪里""为什么"三个问题。做出的回答，必须基于当今的现实。这就是为什么这本书的行文有使用现状、未来交替的小节：这样，现状可以告诉我们这三个问题的未来。

随着先进的推动力和常规航天器设计变得司空见惯，"如何做"要解决的就是这两方面的技术问题。随着航天事业融入我们的日常生活，经济学考虑将占据首位。商业航天工业正在改变我们对于可能性的看法。人们利用硅谷资金和创新的信心，将很快把大量空间产品推向市场。这一行业看起来像史蒂夫·乔布斯和比尔·盖茨刚刚起步时的计算机生意：准备超越昂贵的集中式政府项目，快速扩展，使空间旅行安全、可重复、负担得起。这一点实现后，发射载荷至失重环境的成本，将急剧下降，改变每一个宇航项目的可行性。

"去哪里"的问题，引出了行星科学的许多见解，包括空间健康、心理学、生殖问题，以及能源、防辐射居室、适应低重力生活这些相关联的需要。殖民者需要一个可以无限期生存和支持自己的地方。

这种"去哪里"的问题，有两个步骤：一、询问人类社会的生存需要；二、挑选太阳系最好的地点来满足这些需要。泰坦星的烃（碳氢化合物），丘陵和湖泊，可以提供无限的燃料。水及其组分氢、氧构成了泰坦星的一半质量。有了水和能源，我们就可以生产食物、加工材料、建造城市。

"为什么"的问题，问及人们要永久离开地球的合理原因。

这不是《路易斯和克拉克》那样的发现之旅——探索未知，然后衣锦还乡。太空殖民者，更像历史上的无名先驱，在有篷马车上西进开拓，筚路蓝缕，以起家宅。这旅行不会很有趣，他们将一去不返。至少对于第一代移民来说，生活将艰难、危险。一些杰出人士可能只为了能成为某个"第一人"而慨然前往，但是创造一处殖民地，需要的不只是几名冒险家而已。一处殖民地，需要人——很多很多人，他们要有相应的能力，要有定居和建设的决心。最重要的是，它需要一个愿意支付巨大开销的赞助者。从某些角度来讲，"为什么"的问题是最大的问题。

为什么去殖民？

以前殖民者付出代价的理由通常是：将贵重东西送回母国，或者让殖民者自己远离糟糕的故国。关于第一个原因——赚钱——生活在太空的商业原因，仍然不甚明确。太空采矿可以生产地球上不存在的或者极其罕见的材料。热冲击石墨构成的小行星镶嵌着钻石；太阳风注入月球的沉积物同位素氦-3可能驱动聚变反应堆。

但是，目前还不存在核聚变反应堆，目前的行星际有效载荷比钻石还值钱（况且，我们大概并不需要那么多钻石）。事实上，我们所知道的任何资源，都不值得让我们派出一队宇航员，贸然去建立一处殖民地。更便宜的太空旅行、太空探索者的大发现，或某新技术需要地球上没有的材料，也许可能改善殖民地商业计划前景。我们两位作者认为，这些可能性仍然模糊不清，因此在我们的情境设想中，我们选择了另一个推动殖民太空的动力：需要离开地球。

人类已不能在地球上进行"西进运动"。我们的行星已经满满当当。我们作为一个拥有个性的物种，意味着有一些人不会无限期忍受这种状况。的确，各种各样的人都有。有些人愿意待在家里，修修补补凑合着过日子，或者学会苟全性命于乱世，忍受几乎无法忍受的政治或环境条件。但也有人背井离乡，去开辟新天地，从不打算走回头路。自从我们走出非洲，分布到欧洲、亚洲和新大陆以来，我们就是这样做的。自那以后，我们一再重复这一进程。

地球环境和政治形势的趋势，是太空殖民情境设想中，与技术发展史同等重要的一部分，也是了解我们自己的一个重要部分。我们需要了解我们的身体如何响应太空，同时我们也需要预测我们的社会将如何应对日益恶化的环境、强烈化的政治和宗教冲突，以及贫富差距的扩大。人这种生物之所以有意思，正在于具有这些或令人鼓舞或令人沮丧的品质；如今，这些品质已经相融相合，共创宇航事业。亿万富翁正在建造宇宙飞船，比历史上的任何男女都走得更远。与此同时，他们开发出了新的赚钱方式：卖快乐一次游的票，穿越大气层。

在商用太空公司，我们遇到了才华横溢的年轻工程师，他们正努力降低进入太空的成本。他们投入大量时间，想让航天进入我们的日常生活，并且设想了更远的几步。他们努力工作，绝非只为养家糊口。航天工业的这些年轻才俊，说着《星际迷航》中的语言，用高超的技巧和黑客的痴迷，试图攻克巨大的技术挑战。他们不知失败为何物，且完全确信自己正在走向太空。

与这些人相处过，就不难想象有一天：一艘巨大的宇宙飞船整装待发，准备攀登一条长长的、伸缩自如的天路，其尽头连接着环绕地球的商业空间站。

这种情境设想听起来像科幻小说。但是，"未来"在突然到来之前，听起来不总是像科幻小说吗？

1

如何预测未来

How to predict the future

现在 ◆

人们尚未梦想殖民太空的时候，就早已预言过世界末日。这两者有时结合在一起。

20 世纪 70 年代中期，美国播出电视剧《太空：1999》，没有人嘲笑剧中设想的前提：1999 年人们将生活在月球殖民地上，并深入外层太空。25 年后，当预测的 1999 年 9 月 13 日到来，科幻迷们在洛杉矶的一次聚会上，通过"重演"剧中并未发生的灾难，来表示庆祝。

在这里，我们又要预言世界末日了。我们预测，地球生活会恶化到一定程度，而技术进步会发展到一定高度，人类就会建造太空殖民地了。殷鉴不远，地球人殆非善类。

20 世纪 50 年代，人们乐观预测：人们将在 20 世纪 70 年代坐上飞行汽车，入住太空酒店。20 世纪 70 年代的悲观主义，却预测我们有无数种死法，熬不到 2000 年。现在，悲观和乐观的预言都已落空。我们从未制造出飞行汽车，但确实发明出了可视电话。我们还没有吃光食物、喝尽水，也没耗尽能源，但气候却变暖了，天气变得更加恶劣、反复无常。核聚变能源的前景，永远是在"50 年之后"，但机器人已无处不在，唯目前尚未对我们采取敌对态度（除非你是与扫地机器人共处的一只猫咪）。

对于不变的事物，我们有信心做出很多预测。设置闹钟，是基于太阳会升起的预测。对于可变的事物，我们也能做出预测，可以确定：它们不会止步不前。科技不断发展，人类想象力不断丰富，就如同冲突永不停歇，贪欲永无止境。未来难以预测，但显而易见的是：人类将更为强大，并使用其强大力量，继续消耗资源，为下一个带来辉煌的想法而奋斗。

微妙的是：如何分析人类的知识，披沙拣金，去伪存真，弄清楚是什么让有些预测成功，让另一些预测失败。

1955 年，霍华德·休斯所有的环球航空公司（TWA）搁置了其订购新喷气式飞机的决定，而这类飞机，三年后卷起了一场交通方式的革命。

《纽约时报》当时写道："环球航空公司总裁拉尔夫·达蒙（Ralph Damon）公开预测：'喷气机时代，并不像喷气机买家想象的那样触手可及。''世界上只有少数几个机场的跑道足够长、足够坚固，能起降载客 100 名的波音和道格拉斯的庞大飞机。光改善跑道，就得花费千百万美元。会有许多城市愿意做出这样巨大的投资吗？'"

环球航空公司当时已经运营了约 30 年，早在 20 世纪 20 年代它（当时叫西部航空快运）就开通了从盐湖城飞往洛杉矶的八小时航线。1955 年公司为了庆祝周年纪念日，举办了一场预测竞赛，让乘客们预测"未来 30 年的商用飞机"。

乘客们在环球航空公司螺旋桨客机座椅的靠背口袋中，拿到了参赛报名表，比赛承诺：1985 年为获胜者提供 5 万美元奖金。旅客的预测有：到 1985 年飞机时速达到 4 万千米，火箭推进型酒店、不怕撞的飞机、飞行的士、直升机型房车，还有人预测航空业会渣都不剩，因为到那时地球上只会剩下猴子。或者预测我们将生活在其他重力较小的行星上，不需要飞机也可以飞行。

30 年后，即 1985 年，环球航空公司在密苏里州堪萨斯城的一间保险库里，找到了那些预测表，他们梳理旅客怪诞的预言，将决赛作品交给三位评委评选，评委包括 1969 年登上月球的宇航员皮特·康拉德（Pete Conrad）。评出的获奖者早在喷气机时代到来之前，就描述了当时 20 世纪 80 年代航空业的发展状态，包括人们将如何使用飞机。

获奖者写道："商用飞机航程将有大约 8000 千米，时速达到约 1000 千米。客机会使用双涵道涡轮喷气发动机，因为到 1985 年，核动力很可能尚无法用于商用飞机。客机将搭载约 300 人，进行长途飞行，而货机将运载约 90 吨货物。"

获胜者是海伦·L.托马斯（Helen L. Thomas）。航空公司按她填写在报名表上的地址（马萨诸塞州坎布里奇）找到了她。30 年来，她一直住在那里，退休前在麻省理工学院编辑学术出版物，现在她已经 80 岁了，完全不记得自己参加过这个比赛。航空公司员工花了一些时间才说服她，他们没在开玩笑，然后交给她那张 5 万美元的支票。

展望未来时，什么是海伦·L.托马斯所拥有，但环球航空公司总裁拉尔夫·达蒙和其他参赛者所缺少的？

首先，海伦和商用航空业没有利害关系。她可以不带感情地看待社会和科技发展状况。此外，作为美国第一位科学史领域的女博士，她无疑智力超人、意志坚定。这方面的研究赋予了她强大的敏感度，能感知人类的发明发现是如何随时间而发展。她还撰写过航空领域的论文，做过相关研究，所以，她清楚涡轮风扇发动机正在设计规划中，且很可能会投入使用。

实际上，她能获奖，是因为她通过观察现有技术，提出了合理化的改进，并加入了接近现实的创新。而且她牢记经济学原则，关键的人为因素是：人们需要什么？愿意为哪些东西买单？例如，她预测新机场将建在离城市较远的地方，高管下飞机之后，将乘坐直升机快速到达会议地点。她写道："急救飞机，可能会降落在医院的楼顶上。"

《纽约时报》1986 年的一篇社论称赞了海伦的先见之明，却取笑另一个参赛者"我们有朝一日会有太空游客"的预言。该预言早了 30 年——现在，我们已经有了太空游客，并且即将迎来更多太空游客。

《纽约时报》还强调了"自由企业制度"对技术进步的重要性。由于撤销航线管制，1955~1986 年的 30 年间，往返于大西洋、太平洋两岸的机票成本几乎没有上涨，之前是 99 美元，现在是 129 美元。它写道，又过了 30 年，旅游网站 Travelocity 上还有同样的单程票，票价为 135 美元。扣除通货膨胀因素，票价比 1955 年，反而下降了 85%。

在航空业进步的这 30 年间，电话却几乎丝毫未变。许多家庭仍在使用 19 世纪 90 年代发明的转盘拨号电话。但 1986 年刚刚解除的电话管制，促使《纽约时报》在其社论中建议："让我们举办一场比赛吧，预测 2016 年电话服务的质量。"然而，最近 30 年，手机突飞猛进，比飞机改变了更多。除了科幻小说作家，没人预测到我们现在已经揣在了口袋里的计算能力和信息收集能力。市场迎来了机遇与英雄，人们投入了大量资源进行创新，我们走进了一个崭新的世界。技术可行性是一个门槛：推动我们通过这扇门的力量，则是人们对技术变革前景的渴求，以及为此付出代价的意愿。

在科技领域，变革时机有一种固定模式。像电话或喷气机的发明这样的巨大革命发展迅速，但紧接着的渐进改善较为漫长，随后，发生下一场革命。我们现在的飞机看起来很像第一批成功的喷气式客机——与 1960 年的飞机相比，我们现在的飞机只是变得更大、更安静、更有效率，但更多的是共同点。而 1960 年的飞机与 1955 年的飞机相比，更多的则是不同点。电话也是如此，它几乎经历了将近 100 年的缓慢改进，然后突然爆发成为全新的事物！

这也许并非巧合，30 年刚好是新一代人与技术一同成长成熟的时间，新一代人从事能够打破旧技术的工作岗位，创造出全新的东西。年轻人不断革新这个世界，因为他们还不曾领会到有什么是不可能实现的。时钟已在嘀嗒作响，不舍昼夜，千禧一代带领我们重返太空，正当时。

从 1957 年携带无线电设备、环绕地球的"伴星一号"（Sputnik I）球式卫星，到 1969 年载人登月的"阿波罗十一号"飞船，"太空时代"在 12 年内就取得了史诗般的胜利。之后又过了 47 年，人类的航天事业逡巡不前，并无太多改变，宇航员也没有冒险超越近地轨道。这情景似曾相识——我们在这里又看到了在商用飞机和电话中看到的模式。但下一场革命在哪里？

一枚"土星五号"火箭，静静地躺在休斯敦约翰逊航天中心（Johnson Space Center）大门外一栋金属建筑里。它的同款火箭，曾将宇航员送往月球。该火箭多年经风历雨，看起来已有些破旧，修复人员给它喷漆之后，移入室内。人们面对这一庞然大物，自觉相形见绌，它像一件来自"巨人时代"的遗物，检修人员面对它，像中世纪部落居民面对罗马废墟那样，望洋兴叹，无法想象。

火箭立起时有 36 层楼高，高于自由女神像，难以想象它一飞冲天的雄姿。但更令人惊奇的是，历史上美国宇航局（NASA）只用 5 年的时间，就完成了"土星五号"从设计到成功试飞的过程。现在，即使宇航局有这样一大笔钱，它也不再知道该如何像当年那样迅速地创新。

载人航天在近地轨道徘徊 40 多年，没有发生大的变化，其他行星和恒星对我们来说，似乎遥不可及，但对 20 世纪 50 年代那些技术虽弱却心态乐观的工程师来说，却仿佛是遥而可及的。但是，乐天遥看的习惯，不应该让我们一叶障目。科技革命之光在黎明之前，就可辨出端倪。1955 年时海伦·L.托马斯做到了这一点。一拨现今著名的亿万富翁也随着互联网的发展，做到了这一点。

我们每个人心中，都有一个可信度测量仪，我们在决定相信什么之前，首先要掂量一番。美国宇航局可能已经不能再让我们惊喜，但不应仅仅根据这一个事实，就降低殖民太空的可信度。我们一定要借鉴 1955 年环球航空公司总裁拉尔夫·达蒙犯的类似错误——他那时说，喷气式飞机没戏。

证据表明，只要思想开放、头脑灵活、消息灵通、客观中立，我们就可以预测航天飞行、宇宙勘探和开拓太空殖民地的未来。

乔治·T.怀特塞德斯的工作，是开通一条太空航线，载客、运货、赚钱。他认为今天的地球居民会成为未来太空殖民者，就像第一批建造芦苇船的亚洲人会成为今天的太平洋岛民那样。我们知道我们要去某个地方，但很难预测目的地和路线。"设想一下：你就是 20 万年前的一名非洲部落居民，你正在试图想象，人类将如何利用那套技术，迅速在全球范围内繁衍开来。"

听他做这种评估，感觉他像一名悲观者，不过你要知道，乔治已经从他现在运营的公司那里买了两张 20 万美元的船票，要飞向太空。这距离第一艘验证机"太空船一号"（SpaceShipOne）突破大气层、获得 2004 年技术奖，仅仅几个月。乔治既是理想主义者，也是在商言商的现实主义者。他于常春藤联盟名校毕业，印度裔婆罗门出身，父亲是哈佛大学著名化学家和发明家——如此，乔治站在了工程师和航空迷之间独特的交叉路口上。

他的老板——航空迷、英国亿万富翁理查德·布兰森，在伯特·鲁坦（Burt Rutan）发射"太空船一号"之前，就想拥有一家航天旅游公司了。布兰森很久以前就注册了商标名"维珍银河"（Virgin Galactic，与其维珍航空公司和维珍唱片公司同名），那时还没有任何飞行器能够运载付费乘客；他花多年时间，调查研究"后院发明家"异想天开的创意，寻找商机。鲁坦得到了微软亿万富翁保罗·艾伦（Paul Allen）的资助，后者也曾为搜寻外星智能（SETI）研究所捐赠数千万美金，用于搜索来自地外文明的无线电信号。

自从航天飞机概念提出以来，对于便宜、可重复使用之航天器的需求，已经是持续了40年的头等要务。便宜的航天飞机进入太空，将可以在太空建造大型结构，包括前往其他行星的大型载具，以及从事各种尚未想象到的宇航生意的太空企业。1972年，美国宇航局向国会推销了航天飞机项目，声称每架航天飞机每年最多可飞行50次，发射1磅[1]载荷只要不到100美元，预计投资回报率为10%。项目于2011年结束时，美国宇航局成功飞行133次，花费1920亿美元，载荷成本约每磅3万美元（假设每架航天飞机都是满载）。

随着二战后婴儿潮这代人中亿万富翁（如艾伦和布兰森）增多，20世纪六七十年代的太空乐观主义和科幻热情重回大地，这时出现了一条替代路线。鲁坦获过1000万美元奖金的安萨里X奖，由伊朗裔美籍电信企业家安萨里夫人赞助（后来她自己也花了大约2000万美元，在通向国际空间站的俄罗斯火箭上买了一张座票）。奖项的规则是：颁给能搭载三人（包括飞行员）、可以飞100千米高（恰好超出大气层），并能在两周内重复发射的第一艘私人资助的航天器。

小而精致的"太空船一号"，只有一辆皮卡车大小，搭载在母机"白骑士一号"（WhiteKnightOne）飞机下面，飞向其发射点——14千米的高空处。它看起来完全不像巨型航天飞机的竞争对手，而且它不飞行入轨。但整个项目只花了约2700万美元。俄国火箭把美国宇航员带入空间站，美国宇航局为每名宇航员买了7000万美元的座票。"太空船一号"老板艾伦接受了奖金，并把技术卖给布兰森之后，确实在这笔交易中赚了钱。其经济价值就这样突然美梦成真了。

---

[1] 1磅合0.4536千克。

布兰森预测自己 2007 年会带乘客登上更大的"太空船二号"，于是立即开始销售座票。自那以后，他已经做过很多次新预测。他的维珍银河公司，向电影明星和其他富豪卖了 700 张票，价值超过 1.4 亿美元。但公司的花费更多。据称，考虑到最初销售以来 10 年间的通货膨胀，座票的价格也由最初的 20 万美元，上调到了 25 万美元。

2008 年，怀特塞德斯加入奥巴马的竞选和过渡团队，奥巴马就任总统后，怀特塞德斯在美国宇航局担任局长办公室主任，任职不到两年，于 2010 年加入维珍银河公司，任首席执行官。他这种人，能不断给人灌输信心，不畏连年的延期和挫折——如 2007 年的燃料测试爆炸，造成鲁坦的缩尺复合体公司（Scaled Composites）三名员工身亡，2014 年的测试飞机坠毁事件导致机毁人亡。怀特塞德斯为人严谨，带有从不说错话的那种气场，又很随和，能与人交流重大问题。他给"小鹰"号的管理运行，带来了一股企业化的清风。

维珍银河公司的办公室，位于洛杉矶东北 160 千米处的沙漠中，栖身于跑道旁日晒褪色的金属大楼内。这一片二战地带，紧邻风化的莫哈维金矿小镇，也是数十年前鲁坦发现便宜机库并开始研制飞机的地方。他在此研制的飞机有 1986 年环飞世界的"旅行者"号。在平坦的羚羊谷，莫哈维小镇就像其他沙漠城镇一样，突然出现在高速公路旁边，似乎很随意，几乎看不到什么人，只有老旧建筑物在灼人骄阳下祈求宽恕。一片荒芜之下，任何物体都引人注目，好像是摆出的展品。这里，封存着一批退役的民用喷气机，一片巨大的替代能源工厂上，矗立着无数风车，还有一排排试验飞机搁置一旁，像被丢弃的玩具。

鲁坦的缩尺复合体公司首先入驻之后，莫哈维航空航天港便逐渐发展成美国私人太空创新中心。许多公司的工程师在跑道周围的机库中工作——有些机库装有垂直门，可以推出火箭——这里有万里晴空、开阔场地、受管制的空域、私密的空间。满手油腻的技工们在老式机场餐厅共进午餐，周围陈列着航空收藏品。这里没有别处可以聚会，也无其他事情可做，只能工作。

但是，对于像丽贝卡·科尔比这样痴迷制造飞机的人，这里真是一处乐园，最好不过的地方。我们在维珍银河公司的休息室，见到了这名年轻工程师。她在麻省理工学院学习期间，花费大量时间制造会飞的物件，现在，她正自娱自乐地学习飞行。我们谈话那天，她一早上都在用计算机模拟"白骑士二号"母机内部一处设计更改的强度，该飞机将把维珍银河的太空船提升到 15 千米高度进行发射。她还对"太空船二号"飞行器本身的轨迹进行建模，以确定将其从母机发射出去的最佳角度。这是丽贝卡走出大学校门后的第一份工作。她知道，对一艘售票给莱昂纳多·迪卡普里奥、安吉丽娜·朱莉和其他著名人士的飞船，进行设计更改是一件很酷的事情，事实上她找不着什么事情可以与之相提并论。没有人找得着！这项工作前无古人，任何环节都是新的。

她说："我对自己做的事一无所知，并不仅仅是因为我太嫩了，而是因为我正在做一些没有标准答案的事。"

商用宇航工业的文化包括：新奇、兴奋、把事办成。这些让怀特塞德斯相信：自己努力的事情，光明在前！怀特塞德斯曾在美国宇航局领导一个超过 15000 名员工的机构；他们开展许多项目，但却不清楚要去哪里，或为什么去。在维珍银河公司，他只有一个数百人的团队，但每个人都致力于送"太空船二号"进入太空。

无论任务是飞往火星还是其他地方，怀特塞德斯都认为阿波罗方法（持续多年，巨额资金投入单一目标）已经不再奏效。政治领导人不会承受风险，也缺乏毅力。仅为单一用途而制造一台符合当下安全标准的复杂机器，成本太高。大型项目结束时，进步也就停止了。大型、集中的项目在创造变革方面，不会像许多小型分散项目那样高效——因为后者的快速发展，源自众多竞争对手与合作者能够自由地追求各自最佳的想法。

怀特塞德斯随意穿过放置"白骑士二号"和"太空船二号"的机库——一个宛如任何其他制造业的机库，只不过里面停放着亮白色的飞机，机翼精细，翼展 43 米，长于波音 737。"白骑士"是一款性能卓越的飞行器。它像双体船一样有两个机身，配有四台大型喷气发动机，并用超轻复合材料制成。怀特塞德斯说，它可以飞到 15 千米高空，且发动机也不会超过空转速度。"白骑士二号"还能以 6 倍重力加速度转弯，或者做抛物线运动——在天空中飞一道大弧线，在客舱中造成暂时失重。

为了将悬挂在两个机身之间、重达 13.6 吨的"太空船二号"运送至发射高度，"白骑士"需要具备一定的功率和承载能力，自重要轻。这架飞行器能载6名乘客和2名飞行员，机身长18米。直径相当于商用喷气机，但没有地板，而是空出整个内部空间，让乘客在失重的几分钟内玩耍。

鲁坦的大创新，集中在太空飞机的形状和飞行表面，这让它可以像一只羽毛球那样返回大气层，消除了表层过热的风险。超大尾翼和机翼组件展开，与飞行角度垂直，稳定机身，减缓速度。返回大气层后，在大约21千米高度，尾部（称为顺桨）旋转变回机翼，滑翔回到着陆地带。

"太空船二号"设计是以4000千米的时速进入太空，但不入轨。其轨迹是在天空上方快速划出一道弧线，一个半小时内返回地球。

2014年年初，试飞员已对飞机进行了动力试飞，但仍需做出重大改进。2014年5月，维珍银河公司变更了"太空船二号"的火箭燃料。那年秋天，它又一次未能实现预计的首次载客飞行。

之后，万圣节那天，缩尺复合体公司的试飞发生坠机事件［公司现已被诺斯洛普·格鲁门公司（Northrop Grumman）收购，创始人鲁坦已于2011年退休］。副驾驶在错误的时间（提前了约14秒）拉下了操作杆、开启顺桨，而飞机仍在加速，欲达到超声速。顺桨展开，飞机也随之撕裂。飞行员被抛出，伞降在地上，人虽然受伤，但还活着。而副驾驶机毁人亡。

国家运输安全委员会的调查发现，事故原因是人为操作失误，于是指责缩尺复合体公司没有采取更多保护措施，预防错误操作。因为坠机事件是飞行员的失误导致的，不是飞机设计缺陷，所以持票的未来乘客似乎接受了现实。只有极少数人要求退款。

坠机事件发生前几个月，我们参观维珍银河公司机库时，曾看见那艘后来失事的飞船。机库一侧是太空飞机和飞船的成品；另一侧，几个穿T恤的男人一边建造着一艘同款飞船，一边听着U2乐队的专辑《约书亚树》。一块块新的复合材料板安放在金属框架上，静待变成新的机翼或机身件。

维珍银河公司已从缩尺复合体公司处接管了这艘飞船的建造，拿下了它的所有权，并计划建造5艘同款飞船。怀特塞德斯表示，一旦飞船正式飞行，公司面临的难题将是供不应求，订单不成问题。

关于"这将需要多长时间"的预测都错了，但有一个预测似乎仍然准确——维珍银河公司终将一飞冲天，运载付费乘客。怀特塞德斯做的市场调查表明，能负担太空飞行的地球人，多达数百万。只要人们还认为飞船之旅很酷，而且很安全，维珍银河就可以赚钱。这事是娱乐。没有人想要在这款飞船中爆炸。

怀特塞德斯大部分职业生涯都在进行太空营销和推广，而不是钻研科学。他已经帮助了零重力公司的腾飞，10 年以来，这家公司致力于搭载乘客在精心改装的有衬垫、无窗的波音 727 客舱内，进行抛物线飞行，经历 30 秒的失重状态（经过 12 次抛物线飞行后，乘客体验的失重总时间要长于在"太空船二号"中的失重时间）。每人要花费 5000 美元才能到这艘"呕吐彗星"上旅行，但人们很愿意在这里举办婚礼。2014 年，美国《体育画报》（*Sports Illustrated*）泳装模特凯特·阿普顿在该飞机上飘浮时，她的小比基尼上衣进行了一种特别的加固（"反重力辅助"）。

太空旅游这门生意，有时看起来像一场狂欢。作为国家航天学会会长，怀特塞德斯尽情拓展业务边界，吸引一些严谨的科学家和更多奇才怪杰（阿曼达抓拍的一名参会者背心上印有宣言"要么月球城市，要么美胸"）。维珍银河的网站为了吸引购票者，告诉他们可能有机会与布兰森一起到他的私人加勒比岛上溜达。这门生意需要他们这么干。发射电影明星进入太空，可能是一个聪明的赚钱方式，而飘浮的失重新娘和比基尼模特引起了人们的关注。怀特塞德斯说，2004 年他就购买了维珍银河的船票，打算和太太洛雷塔去太空度蜜月（洛雷塔现在仍在零重力公司，也仍是他太太）。但名人魅力只是达到目的的手段。维珍银河公司利用其在太空旅游的先发优势，正在研制"发射者一号"（LauncherOne），以将卫星送入轨道。下一步，很可能开发载客轨道飞船，或建造宇宙飞船，经由太空，在全球范围内以惊人的速度运人运货。

怀特塞德斯说："迄今为止，点对点似乎是太空运输技术的最大终端市场，因此，你会认为它提供了降低飞行成本的最大的经济驱动因素。这就是我加入维珍银河公司的原因。因为我认为，这可能是在这条大道上迈出的第一大步。"

怀特塞德斯正在考虑的是地球上"任何两个城市之间实现一日游"的市场。对于有钱人来说，地球会突然变小。这样一个巨大市场，将带来可持续的新资金流，以投入研发下一步技术。如果他是对的，乘客乘坐维珍银河进入太空的时刻，可能就像第一批计算机离开实验室、出现在普通人的书桌上的那个光景。起初，这些计算机很像噱头或玩具，人们只是谈论如何用计算机存储食谱。但它们一旦成为我们的日常用品，其能力和价格就会成指数式改善及提高。

怀特塞德斯说，限制因素不是物理上的，而是技术和经济上的。每名乘客进入太空的成本很大程度上取决于载具成本除以座位数和航班数，而不取决于燃料费或飞行员工资。据他估算，如果实现从美国宇航局的航天飞机，跃进到埃隆·马斯克的太空 X 龙航天器，人类入轨的成本将下降一个数量级，即从每名乘客 1 亿美元降到约 1000 万美元。维珍银河公司的亚轨道飞行，预计成本将降低两个数量级，直到它能从 25 万美元的乘客票款中赢利。怀特塞德斯预计：未来 10 年，航天飞行的费用会降至 1 万美元或更少。

当 1 万美元就能送一个人进太空时，会带来许多连锁反应。

通常，太空科学家不会预测超越下一步的技术。提出让人们永远离开地球、生活在别处的想法，在业界会是令人尴尬的话题。宇航局的科学家，远远回避业余太空爱好者的奇妙观点，即使这些外行人谈论的话题激动人心，他们也无动于衷。"殖民地"这个词本身会让他们皱眉（不过可以说"居住地"）。他们谨小慎微，是可以理解的。业余太空人士开起会来，往往更像科幻粉丝大会，而非可信的科学大会，其中以现实为基础的言论，常常混杂着精神旅行、神游九天等等。虽然媒体几乎不去区分奇思异想和真正的项目，但是行星科学家通过避而远之的方式，保护自己的声誉。

一些工程师和科学家管控风险、维护自己形象的方式，与十来岁的中学生采用的策略一般无二：对自己的想象保密！因此，20 世纪 70 年代以来，涉及诸如太空社区、人工重力等话题的科学文献，一直处于休眠状态。业余爱好者引用过去寥寥无几的若干专著和论文，就像同人作家从正本《星球大战》电影中吸收营养。

但美国宇航局需要一个目标。聚焦于在另一颗行星上建立殖民地的想法，可能会提升近期任务的质量。（在那里，我们敢用"殖民地"这个词！）美国宇航局只思考当前任务的这种历史，一再地使其每次成功之后又无以为继，彻底丧失态势，这是因为为单个目标开发的设备，无法用于下一个项目造成的。即使是设定在几十年之后的假想太空殖民地项目，也会提供一个目标、一个准则，帮助任务设计师面向未来，开展设计。单单设法快速访问火星栖息地，这种任务，不会达到以上的效果。此外，长远规划将是最终应对太空殖民挑战的最好方式。针对火星、月球甚至国际空间站进行任务规划时，可以一次选择一个问题，集中精力，逐一攻克。指导原则会是：提高能力，满足长距离、长时间宇航和居住的需要。

但是，究竟为什么要建立一处太空殖民地？况且人们可能永远不需要它。——为了进一步探索！是的。这起码需要在其他行星上修建临时基地。但为什么要把人送到外星居住？地球是一个奇迹。人们不依靠任何技术，就能在这里生存，至少能在一些地方生存。生活在阳光充足、瓜果鱼虫丰富的地方的人类，永远不必离开这种伊甸园。地球上最恶劣的地方，也优于太阳系任何其他行星、卫星、小行星上最好的地方。即使南极，也有一层能让人呼吸的大气层，为人类屏蔽了来自太阳和宇宙的有害辐射，并具有人体适应的引力场。

但是，人们并不总是喜欢安全地蜷缩在最好的地方。

早期移民，必须依靠自己收获的食物、修建的住所，才能生存下来，那时寒冷的北极对他们毫不友善，就像我们现在面临的火星一样。我们可以赖在地球上，呼吸自由的空气。但过去的人们本来也可以选择留在非洲小部落里，收获树上的果实。然而，他们并没有。今天，没有人可以不依靠技术生活，古人恐怕也没有过。古代人骨通常与石头一起重见天日，石头即当时技术条件下的工具或武器。随着早期人类琢磨出新的做事方式，他们开始从非洲迁移到新土地——他们的技术让他们到达新地方，并让新地方宜居起来。

我们的先民发明船只和航海术之后，就驶向南太平洋的未知岛屿，穿过无边的未知海域，就像现在的我们穿越太阳系一样。他们在茫茫大海中航行，驶向可能找不到甚至无法确定是否存在的小岛。他们在小船上漂浮探索，前途未卜，无法与亲人沟通。小船易受暴风雨侵袭，航行时间有限。不管怎样，仍有一些人幸存下来，发现了陆地，组建了家庭，建立了新社会，又繁衍了数千年。相比之下，宇航员探索太空，是否像第一批太平洋民族寻找新岛屿一样，充满勇气与未知?

在北方，缝制暖和衣服和靴子的技术，让人们能够定居在极冷的北极。他们跋涉在移动的海冰和冻苔原上，依靠打猎获取所有的生活必需品，在地球上最恶劣的环境中建立家园，他们会在房子里点燃海豹油，让室内足够温暖，不用穿厚厚的外套。宇航员也同样，在飞船外活动期间穿着太空服，而进入空间站内，只穿便服。北极因纽特人，使用手制工具，在雪地挖穴建造住所墙体，用标枪杀死 18 吨重的鲸，用海象皮制成的绳索将其从海中拉出，再用鲸肋骨做梁架，支撑草皮屋顶。相比之下，现代社会建造太空栖息地，是否像因纽特人建造村庄一样，尽其所力，倾其所能?

如果我们今后繁衍到地球之外，其原因可能会和我们祖先繁衍到全球各地的理由类似。在北极，考古证据表明，有一个时期气候恶化，产生技术创新，从而一个名为图勒的族群扫荡了更早的一些文明，从西伯利亚东迁，在几个世纪之内就分布到了格陵兰岛。过去 20 多万年间，迅速变化的气候条件和人口增长，可能是人类崛起和繁衍的重要动力。

我们还没有成功征服气候。天气仍然有能力让人类感到自己的渺小。但人类的碳排放，已经引起了严重的气候变化、资源稀缺、战争冲突，其严重程度超过人类物种早期迁徙的任何动力。

保护地球，比移民外星，要容易得多，成本也低得多。但是，地球上没有人有权力做出"保护地球"这个决定。相比之下，个别国家，甚至个别富人，就可以推动太空旅行、向外迁徙的未来发展，但是要停止碳排放，就需要整个人类物种合作。

假设人类不改变现有发展道路，可能会发生什么事情? 这个问题已经在指导我们打草稿描绘太空殖民地的未来前景，即使这意味着要以身"涉险"，提出许多科学家回避的尴尬问题。如果有选择，我们当然会首选拯救地球这颗行星。但是，如果人类别无选择，我们已经敢于考虑人类的下一次迁徙了。

我们通过本书的章节，缕析这条艰难之路的发展轨迹，描绘未来的情境设想。我们不会预测所有的细节或时间点。意外事件总能影响历史进程。但是，我们一系列的预测，彼此关联、有理有据、符合事实。因此，我们认为，这些预测将对其他开明人士具有一定说服力。

未来情境从这里展开。

未来

航天器重复使用性的提升，遵循计算机的发展趋势，计算机从只有政府才用得起的庞然大物，平民化而成为人人能用的便宜、强大的工具。而正如计算机改变我们生活的方式，载人航天器也开辟了巨大的潜在可能性。资本流入其中。

第一艘小型载人飞船，是一只冒险早起的云雀，但当它们的飞行常规化之后，资金就不断涌入太空飞船领域，引发互联网热潮般的航天热潮。极端资本化的公司，手握华尔街的巨资，竞相建造亚轨道太空飞机，打造在几小时或更短时间内，连接地球上任意两个地点（机场到机场）的航线，或90分钟内，完成美国东西海岸之间飞行的航线。航空公司和新太空公司纷纷订购飞机，抛弃了维珍银河这样坚持飞机自造的古怪想法。

太空飞行起初是超级奢侈品，就像今天的私人喷气式飞机一样，象征着财富和权力。说唱艺人吹嘘失重聚会。收入过高的高管驱动着市场发展。根据他们的时间价值，乘坐太空飞机，把世界各地的所有会议，变成"今日事，今日毕"会非常划算。而一旦某些企业大亨这样做，其他人将不得不跟风学样，才能维护他们的威望。航班增加和行业竞争，会降低成本，到一定阶段，上层中产阶级度假者也能负担得起。

随着贫富收入继续分化，财富更集中在上层，整个上层社会不再考虑乘坐常规喷气式飞机去海外或东西海岸旅行。由俭入奢易，由奢入俭难。人们一旦享受过太空飞机的速度和便利，就再也难以想象只为到另一个大陆，就在一个头等舱飞机座椅上度过疲惫的一天的场景。就好比不可想象从快速宽带互联网，退回慢速的拨号上网一样。太空飞机不再是奢侈品，而是成为新常态。这设立了新的出行必备基线：常规喷气式客机旅客成了低端人口，他们待的机场大厅已是陈旧事物，地毯肮脏，闲逛的游客形迹可疑，就像今天的公交站或火车站。商人和富人度假者穿过时尚的新设施，登上高速亚轨道航班。一名纽约银行家可以在下午 4 点出发去上海，7 点钟（上海时间）开一个小时会，当晚 11 点回家就寝。一对夫妇可以逃离伦敦的连绵阴雨，在澳大利亚的海滩上度过一个浪漫的周末。

太空飞机旅行通常涉及一段时间的失重，导致一些乘客恶心呕吐，必须使用骇人的抽吸式马桶。乘客如果担心卫生间体验不佳，可以参加飞行之前长达一个小时的如厕培训，得到一纸证书，重获信心。太空乘务员广播的安全须知，不仅包括其他的常规警告，还含有真空呕吐袋使用说明，并温馨提示每名乘客，在飞船与母机分离之前，每人都要去卫生间。

与母机分离之前，广播将提醒每名乘客："请固定好眼镜、平板电脑和任何其他可能飘走的物品。"但经验丰富的游客不用听候广播通知，就已经系好了安全带，绑好了物品。虽然乘务员可以通过扶手飘浮经过客舱，询问乘客是否需要食物饮料，但飞行中，几乎没必要提供餐饮服务。

太空产业链制造了新的亿万富翁。投资者在宇航中寻找下一个可以下注的机遇点。风险投资者开始审视太空殖民中的机会。

世界经济的繁荣，促使周末游超出了平流层，也增加了二氧化碳的排放，让气候变暖。技术大大降低了驱动汽车、飞机、发电和制造产品时的碳需求，但随着世界人民财富的增加，意味着更多的人开汽车、坐飞机、使用电力、购物消费，因此，碳排放总量仍持续增加。

气候已经明显改变，巨大风暴和热浪，更频繁地扰乱旅行和商业。在西方国家，财产损失加剧，超过了容易修复的限度，而且，因为政府不愿出钱保护，一些沿海社区遭到了遗弃。大多暴风雨来势凶猛，政府无法继续救援居民。城市居民看到生存挣扎迫在眉睫，便开始建造大海堤。富人开始在内陆建造坞堡大院，加强抗灾设施，防御潜在的政治动荡。

在不发达国家，问题严重得多。海平面上升，河流干涸，农作物旱死，暴风雨肆虐，这些新闻不断传来，与常见的极端主义横行、兵连祸结等争夺版面。饥荒、传染病、人口迁移越来越频繁，国际援助也无法及时缓解受难人群的痛苦。人道主义者的努力，阻挡不了难民潮。国家安全规划者却制定了遏制、防民的政策。他们注意到气候灾难、政治不稳定和暴力之间的相互作用关系，研究对策，旨在让难民留在受灾区，不允许这些"暴力因子"蔓延。

对于生活在地球上的富人们来说，虽然他们的豪宅足够坚固，能够抵御天气灾害，并且高筑围墙，不会受到政治骚乱的影响，但是离开地球（尽管也许并不必要）看起来却更值得考虑。未雨绸缪，为了防范地球上的种种不测，而选择在太空建造殖民地，似乎是一个明智的保险方案。

现在 ◆

无论计算机变得多么强大，或是在世界各地布置多少传感器，我们仍然无法提前两周以上准确预测天气。自然系统中，内置了太多的混沌。地球上的空气、陆地、海洋综合体，会在短时间内引爆微小的、无法察觉的变化，继而导致巨大的天气变化。而理论家虽然可能弄得清楚一只蝴蝶扇动翅膀如何带来一场飓风，但永远不能提前说出哪一只蝴蝶将制造事端。

人类比天气更复杂。尽管我们认为对自己了解颇多，并且花了大量时间听专家预测经济、政治、体育比赛中将会发生哪些事件，但是我们也不傻——我们只相信这些预测中近期有可能发生的事件。我们创建了大规模的强制性系统，来使得行为可以预测（如绝对确保人们会按时支付每月的抵押贷款）。然而，每年仍然有数百万人违约；2008 年，因为弄错了按揭还款的预测，美国全国经济崩溃。即使最大的事件，也会超出我们的预测能力。社会科学家和政治家曾震惊不已地目睹 1989 年柏林墙倒塌、东欧剧变。

如果对天气和人类行为的预测这么不靠谱，我们又如何使用预测手段得出殖民太空的未来情境呢？在很大程度上，我们是以海伦·L. 托马斯为榜样来做预测的——她在 1955 年环球航空公司举办的比赛中，准确预测出了航空业的未来。

首先，我们接受当前的趋势，推测它们会继续。这种预测方法有时不准。而提到气候变化，我们希望关于它的预测是错的。我们希望世界恢复理性，着手实施碳减排应急方案。但目前看来，还几乎无证据表明"会发生上述情况"。当前的排放趋势如果持续，很快就会发生一些零散但极端的事件，严重破坏生活和经济——恐怕我们已经到了这一关口。

对于太空技术，这一战略意味着我们假定未来的技术会开花结果。这一次，我们可能还是会猜错。也许灾难性事故或世界经济危机会延缓商用宇航的发展步伐。但即使美国失去领军太空行业的勇气，其他勇于冒险的国家也终将抓住机会。只要没有灾难能夷平财富中心、毁灭人类的技术，人们就很可能研发出更新、更便宜的航天器。

接下来，我们像托马斯那样，进行简单预测。托马斯女士没有预测一连串复杂事件。她预测的根据是：预计大多数人会做最有意义的事情。据奥卡姆剃刀定律（即简约原则）要求：在解释一种现象的时候，首先选择最简单的原因。这能帮助科学家和记者远离麻烦。

如果忘记"通常发生的，会是显而易见的事情"这条原则，即使聪明人，也会迷失方向。气候变化的预测就是一个重要例子。绝对不傻的伯特·鲁坦早已经断言"人类导致气候变化"这门科学是一个"为了让政府加强控制"的阴谋。但人类的二氧化碳排放导致大气变暖，这一物理机制毋庸置疑。舍此而听取反面意见，就需要一个非常复杂的理论来提出一个抵消这种机制的物理系统，此外，还要解释每个主要科学机构是如何被诱导而隐藏真相的！我们还是就此打住，承认简单的解释更有意义：世界上研究这个问题的科学家，之所以得出相同的结论，是因为这个结论得到了证据的最有力的支持。

好的预测还会避免太过具体。海伦·L.托马斯没有预测未来30年飞机的具体型号，而是给出了将要实现的一般技术参数。气候科学的工作原理也是如此。虽然天气预测不能提前到两周以上，但可以预测气候平均值。

我们可以自信地预测：平均来看，夏威夷将总比阿拉斯加热，尽管可能有些天，阿拉斯加某地会比夏威夷某地暖和。气候学家广泛地研究了驱动气候的力量，加入已知的变化，然后预测变化的广泛趋势。这个方法很顶用。第一个非常简单的计算机气候模型所预测的全球变暖，在近50年后被证明是准确的。

我们在情境设想中，采取了某种诗性幻想来描述未来，并具有奇特的细节，但对于时间表，我们还是坚持笼统化的。我们不会确切地说"这些变化会何时发生"。我们也不会预测精确的事件。我们描述细节，是为表现我们能看到的未来会发展的大致模式。我们设想的核心是几个大观点：太空飞行将变得价格便宜、亲民，地球上的生活将变得困难、可怕，这些趋势将激起一场雄心勃勃但欠缺组织的运动——殖民另一颗星球。

有许多人"英雄所见略同"。2013年，美国国家科学院的一项研究汇集了科学家和情报官员，来预测气候变化将如何压迫政治体系，造成冲突。他们指出，目前已经发生了围绕气候相关稀缺资源导致的冲突——如巴基斯坦和印度的冲突，这两个国家都有核武器，都依赖印度河，但印度河现在受到干旱影响，最终很容易因为喜马拉雅冰川消失而干涸。

专家也已经就商用宇航的预测达成了共识。人们正在往这个领域投钱。他们相信，一个俊采星驰、充满活力、朝气蓬勃、富有竞争力的产业，可以创造某种现在听起来很科幻的东西。这是我们在其他行业屡次经历过的现象。投资人打赌：在常规宇航行业，会再次发生类似情形。在这些变革发生时，最有想象力的人，正展望未来，展望那些他们想要探访的天体。

潮流浩荡，我们已经接上了这些趋势。下面我们要问：我们将去哪里？

2

内
太
阳
系
与
美
国
宇
航
局
的
问
题

The inner solar system and NASA

现在 ◆

　　马克·鲁滨逊为人类在月球上找到了庇护所。这些地点将克服辐射、微流星碰撞、难以获取水资源、温差大等各种挑战，让人们有可能用充气式栖息地来创建一处低成本月球基地。2010 年年初，这仍然是美国宇航局的目标。只不过别人不希望你称它为基地。

　　"战略是：建立他们一开始说的'基地（base）'，但从纯粹的公关或政治立场来说，基地一词有军事内涵，因此要求每个人都使用'前哨（outpost）'一词；你也不能用'聚居点（colony）'这个词，因为这会让人产生小孩子可以在上面四处跑、可以去上学之类的联想。我也不认为你可以用'永久'或'半永久'这些词。"

　　发射绕月探测器是小布什总统"星座计划"的一部分，这是 2004 年的项目，当时计划派遣宇航员登月，作为迈向火星的第一步。马克喜欢这个计划。他是亚利桑那州立大学的行星地质学家，也是轨道飞行器摄像团队的领导者；他认为在开始长达一年的火星航行之前，先到距离地球仅三天之遥的月球上锻炼能力、收获资源，是很有意义的事情。

　　马克对于"言语正确"也很敏感。他曾经看到，1989 年老布什总统宣布进行的探月和探火星任务，经过多年努力，仍被取消，数十亿美元打了水漂。

他不希望重蹈覆辙。

马克及其同事在月球发现的是一些陡峭的凹坑，这让他想起了地球上熔岩通道开口处的陡峭洞穴。他在亚利桑那州坦佩市办公，与"轨道器照相机"的科学操作中心在同一层楼；他请求该中心寻找机会，从一个角度而不是从垂直方向观察月球表面。在传回的超清晰图像中，他可以看到，那些凹坑有悬岩，在正上方提供了庇护，如果往里面打通洞穴，这里就可以遮蔽外来威胁。他没法看清里面太远的地方，无法确定洞穴是否继续水平地在表面下延伸，但这是有可能的。

与许多重型防护罩相比，岩石屋顶能更好地保护宇航员，它下面阴凉，能保持温度稳定，这将方便人们建造一处栖息地。无须遮护的话，栖息地屋顶和墙壁就可以轻、薄，大大降低了要从地球带建材的费用。如果项目从发射中减少这么多的重量，任务可能节省上百亿美元。

凹坑也可能是收集月球水的关键地方。月球表面干燥。白天，太阳炙烤月球，使其日间温度足以令水分迅速蒸发。但每天，都会有潮湿天体碰撞月球，它们可能是富含水的流星体、彗星等等。此外，月球表面还因受到太阳辐射持续"轰炸"而风化，释放氧和氢，而两者能合成水。一些水可能会落入凹坑底永不见天日的阴暗处，那里的温度永远不会超过零下233 摄氏度，接近绝对零度（零下 273.15 摄氏度）。那里的水，积聚、深冻，几乎到永远；因此，即使每年只沉积一丁点水，常年积累，也会成为一大池水。

水不仅仅可供饮用，也是屏蔽辐射的理想材料；水的成分氢和氧，电解之后可用于制造供呼吸的空气或产生能量。鲁滨逊设想，宇航员平时居住在凹坑或洞穴里，外出时穿着宇航服，开采水，为火星之旅做准备。月球引力是地球的 1/6，从月球送水和飞船去火星，会相对容易。与此同时，宇航员将学习如何穿着笨拙的太空服，在外星世界开展富有成效的工作。这一切是否可行？目前尚不确定。在详细制订计划之前，需要知晓很多事情。但缺乏相关知识正是部分问题所在。1972 年以后，人类就再也没有去过月球。阿波罗项目宇航员在月球表面上真正工作的时间总计 3.4 天，分散在所有 6 个任务之中，他们的月球车行驶了95千米，都围绕在月球近地一面的中心附近。从那时起，人类就再也没有离开过近地轨道。鲁滨逊及其同事发现洞穴时，激动不已，憧憬将来向月球发送更多的探测器和宇航员。他有一个计划：送一台自动着陆器进入月球凹坑，再分派微型机器人进入洞穴。

但奥巴马总统取消了重返月球的"星座计划"。月球勘测轨道飞行器将无缘担任载人探索的先锋，而是被转交给了宇航局的行星科学部。马克仍然在研究月球表面，但不再有载人登月这一目标。

25年来，这种模式一再重复：进几步，退回来，改变方向，再想想。如果美国希望将人类送到地球之外，我们就必须诊断出自己的无能——无法选定一个目标，持之以恒，坚持到底。

1986年1月28日，"挑战者号"航天飞机发射73秒后爆炸。当时的任务反映了美国宇航局的最初理念：把航天飞机当作一种常规运输方式，让太空飞行便宜、易用。这架航天飞机载有一颗通信卫星、社会科学教师克里斯塔·麦考利夫，以及6名专业宇航员，为了完成不切实际的日程而匆忙发射，结果机毁人亡。

这悲伤的一刻，对我们两位作者和许多人来说，都是不可磨灭的记忆。阿曼达当时正在帕萨迪纳参加高中物理期末考试。这门课是她的最爱，是看来与她执着的太空梦有关的唯一一门课，但航天飞机失事的消息，几乎让她难以完成考试。查尔斯那时是新泽西州的大四学生，他在车里，听到电台主持人宣布这个消息，最先是无法相信，觉得是有人在开玩笑。然后，整个校园被震惊与悲伤席卷了，他们悲痛万分，梦想幻灭。

对于在宇航局早期辉煌成就之下成长起来的年轻人，"挑战者号"失事的消息，沉重地打击了他们的纯真梦想。随后揭发出来的问题让情况变得更糟，证据表明，宇航局内部严重管理不善，党同伐异。火箭承包商莫顿聚硫橡胶公司的五名工程师，特别是罗杰·博伊斯乔利，提醒过上级：发射场天气太冷，助推器中的橡胶O形圈从未在当天的温度下进行过测试，很有可能出故障。这些橡胶圈有明显缺陷，在之前的飞行中几乎烧毁。在发射前一晚的电话会议中，宇航局管理人员勒令该公司撤回反对意见。而果不其然，后来造成航天飞机爆炸的，正是博伊斯乔利警告的问题。他后来告诉调查官发生了什么事，然后就在工作中遭到排挤，被迫离开工作岗位。

从1958年美国宇航局成立到现在，"挑战者号"灾难恰好发生在其历史的中途。宇航局的前一半历史是光辉岁月。而后一半，即1986年以后，通过阅读蓝丝带调查委员会报告，可以很容易了解到——委员会一直试图让该机构重回正轨。委员会的每份报告都以其主席的名字命名：《罗杰斯报告》《赖德报告》《佩因报告》《1990年奥古斯丁报告》《奥尔德里奇报告》《2009年奥古斯丁报告》等。《1990年奥古斯丁报告》发现宇航局官僚作风严重、士气低落，想做的事太多，但手里的钱太少。报告准确地预测了"还会发生一起航天飞机失事"。后续报告发现，宇航局基本没变。2003年"哥伦比亚号"在返航时解体，宇航局的组织文化，再次被认为是罪魁祸首。

显然在模仿肯尼迪总统的老布什总统，1989年堂皇下达了一项登上月球和火星的任务，但并没有为这巨额成本汇集政治支持。国会从未资助该计划。美国宇航局在20世纪90年代放弃了月球和火星计划。但到2004年，小布什总统旧事重提，这次是"星座计划"。到2010年项目被取消之前，美国又已经花了几十亿美元。但是项目进程落后于预定计划，也不可能有足够经费资助完成。奥巴马政府于是有了一个想法：从太空里捕获一颗小行星，将其拖入绕月的新轨道，此即"小行星转向任务"。在美国宇航局，许多员工私底下认为，这个想法很蠢，没有可行性（后来改善了设计，但似乎仍不太可能进行实际操作）。他们像瞎子摸象一样做着这些项目，对任务整体基本无感。

但是，正如马克指出的，这过程中有许多吸引人的工作。月球探测器可能没有准备在月球着陆，但它正孕育着伟大的科学。虽然马克感觉无尽的电话会议和文书工作的折磨，拖了他的后腿，但他每天都利用在太空中飞行的行星探测器，研究月球和水星。这又酷又有趣。"你得有耐心，满足感是挫折感的十倍。"

马克的生涯，始于一次阿拉斯加的金矿勘探。他在南方大学学习政治科学和艺术，夏天在朱诺附近的沿海的雨林、伯纳斯湾的金矿营地实习。他拿到学士学位的时候，就业前景黯淡。用他的话来说："我的学位让我真的很擅长参加鸡尾酒会。"

于是他回到阿拉斯加，为一名寻找金矿的地质学家割草、挖洞、搬石头。在这个过程中，他对地质产生了兴趣。在费尔班克斯的阿拉斯加大学研修地质学学位期间，他偶然接触了来自火星"维京号"着陆器的数据，发现自己有处理数学图像的天赋。最终，他成为一名专门研究其他行星表面的地质学家。

关于月球，他有很多要研究的问题，也有很多5岁孩童会问的问题，都依然悬而未决。月球从何而来？一个主流理论认为，一颗行星大小的天体，撞击了地球，月球即由碰撞产生的物质形成，但是其他理论的支持证据也不遑多让。马克会因为尝试从图像中梳理出真相而高兴很久，即使没有送人登上月球也无妨。

但他仍然梦想把人类送出地球，去探索新世界。许多从事太空科学的人，似乎也共有这一梦想。梦想是重要的，如果梦想不重要，人们对宇航局长期体制失败的愤怒和挫折感也不会如此之深。马克说，聪明人正在离开宇航局，或根本不来这里找工作。《2009年奥古斯丁报告》引用了一封致委员会主席的电子邮件："我是一名航空航天工程硕士研究生。我们（同学们）面临的选项是为庞大的官僚机构工作，在那里，计划取消、成本超支、风险规避会击碎他们的创新能力……不足为奇，他们当中很多人选择改行去搞金融。"

马克在宇航局的规划会议上做报告，认为通往火星的关键路径仍然是月球，捕捉小行星的事还是算了吧。宇航局科学家提出了相反的观点，赞赏小行星转向任务的想法。

"休息期间，观点对立阵营的一名关键人物向我走来，告诉我：'马克，我很高兴你这样说。'我的反应是：'你自己为什么不说？'他的回答是：'因为我不能说。'宇航局内部，就存在这种态度——不能说实话，这真令人不安。如果你回到书架上取下'哥伦比亚号'和'挑战者号'事故后的调查报告，就会发现，两份报告都写道：宇航局需要改变其组织文化，人们要有知情权；如果事情有什么不对，要让人们说出来。但因为害怕失去工作，你仍然不能在宇航局里说话。"

"挑战者号"失事，给了其他组织一个教训实例。之后的 20 年，社会中广泛开展了开放化和扁平化管理结构的运动。试图阻止航天飞机发射的罗杰·博伊斯乔利，后半生在工学院校担任客座讲师，讲授伦理学。但美国宇航局仍然是一个组织复杂的巨大金字塔，难以集中力量，任务多经费少，保密规则越来越令人窒息。

约翰逊航天中心，完全给人以复古的感觉。建筑是 20 世纪 60 年代沉闷的风化混凝土学院建筑，幸好现在大多数学校已经不是这种风格。一排长期停用的电视转播车，停放在任务控制中心之外，上面的部分网络标志已经风化掉了。博物馆里，昔日辉煌无处不在，包括保存得完好无损的阿波罗着陆的控制室。游客额外付费，就可以进入控制室内。然而，鲜有迹象表明"这里有眼下正在改变世界的技术"——能让普通人用得起廉价移动通信设备的力量，以及这种力量释放出的创造力。很多年之后，美国宇航局才允许国际空间站的宇航员使用 iPad。

空间站，是美国宇航局继航天飞机之后，在载人航天中取得的一个主要成就。在轨道上建造空间站，成为建造航天飞机的唯一目的。空间站在里根总统执政期间酝酿，其目的也不断演变。苏联解体后，它扩展成为国际空间站（ISS），其中一个主要目标是让十几个国家团结起来，共同研发一个项目。美国宇航局让所有航天飞机退役之后，只有俄罗斯人有能力把人送到国际空间站上。今天，宇航局的所有宇航员都在俄罗斯参加强化课程。但在俄罗斯入侵乌克兰之前，显然是政治这条狗在摇空间站的尾巴，而不是相反。实际上，宇航员们已经隔离开来，美国人和俄罗斯人分别在空间站两端坚守各自的区域，在有限的社会互动下，各干各的。

影响了奥巴马，使其取消前任小布什总统"星座计划"的《2009 年奥古斯丁报告》要求延长国际空间站使用期限。空间站历经 25 年规划和建设，花费上千亿美元，原计划只使用 5 年就让其葬身大海，这不合情理。

　　国际空间站的用途，变成了研究载人航天飞行，以实现远程探索。虽然结果依然未知，但这个梦想几乎是约翰逊航天中心每个人不言自明的真正目标。宇航员、工程师、科学家一直在谈论登陆火星，或者能力建设——不论美国决定去往太空何处，一旦选定目的地，他们可都是枕戈待旦，准备好了的。

　　无论去哪里，但这场旅行的目的会是什么？美国宇航局的根本问题之一在于：他们给出的人类探索太空的理由，不能激励美国人投入所需的资金。20 世纪 60 年代，美国将很大一部分国内生产总值导向登月项目。现在，什么才能激励美国人愿意再一次这样做？《2009 年奥古斯丁报告》列举了一系列熟悉的目标和理由：激励年轻人，了解其他行星，开发技术，提升国际合作。这些都很好！但 1 万亿美元的火星任务是实现这些的最佳方式吗？

　　不过，在那个常规列表之后，《2009 年奥古斯丁报告》的确更进了一步，提到一个更大的终极目标。这里，它的信念坚定，远超以往，因此更加具有可信性：

　　"委员会内部有一个强烈共识，人类的太空探索，亦应推动我们这种文明走向最终目标：绘制人类在太阳系扩张的路径。虽然现在为时尚早——还不知道人类将如何及何时首次学会在另一颗行星上生活，但我们应该以'在太阳系扩张'这个长期目标为指导。"

　　要在地球之外建立一处成功的殖民地，第一个关键是找到一处宜居地点。几十年的无人行星探索，为我们提供了筛选宜居地点所需的大部分信息。这些知识源自科学家们共同的好奇心，除了求知欲之外，没有其他目的。但是，如果我们决定派人去地球之外生活，那么这些纯科学就会突然变得与我们息息相关，事实上，对生存至关重要。

　　人类对月球、火星、小行星的太空探索，已经足够困难。规划者设计这些任务，就好比露营旅行，带着一个小巧便捷的工具与物资包，它在离开地球轨道后就无处替换，而这些东西可供我们在有限时间内生存。

　　这些所谓的"突击任务"，其设计是有去有回的。但殖民者将前往太空建立社区，在那里他们必须建造自己的工具。

人类要建立一个新的家园，殖民者就得切断与地球母亲的脐带。他们需要一个适合生活的、新的独立生态系统，像地球一样，能够提供栖息地、能源、资源。

第一，栖息地。新行星的环境应在尽可能减少技术干预的情况下，可供人类生存。这是一个程度问题。在地球之外任何地方生活的人，都需要密封的庇护场所，但太空中有一些环境，其安全性和容易改造性，要优于其他太空环境。

在这个程度范围的一个极端——不设防护的太空完全不利于生存，人们需要打造加压的住所，以应对极端温度，严格屏蔽辐射，并配备人造重力。没有大气层的行星可以提供重力，也有能够建造住所的稳固地面，但危险仍然存在，比如事故或微陨石导致庇护所出现裂口时，人就会遭受辐射，会突然失去可呼吸的空气。有大气层的行星，如果大气层足够厚，就可以提供保护层屏蔽辐射和陨石，但仍然存在极端温度和大气毒性的挑战。

在这个程度范围的另一个极端——地球的热带和温带地区真是一处天堂。人类不依靠现代科技，就可以生活在那里。或者至少人类可以一直生活在地球上，除非气候变化、核战、环境污染、栖息地被破坏、大规模灭绝让地球变得更像其他行星。未来可能会有极端气温、放射性污染、有毒的空气和为了生产食物而不堪重负的生物圈，等等，类似我们殖民外星所面临的挑战。

第二，能量。能量是我们在全世界生活和发力的基础要素。在地球上，我们从根源上是从植物光合作用中获取能量。植物和藻类捕获来自太阳的光子，并以化学方式储存能量——成为食物和生物燃料——它们在很久以前，就生成了我们今天燃烧的化石燃料。

植物的光合作用，不能为一处太空殖民地供能。它太过低效。而殖民地将需要太多的土地和阳光（稍后进行详细讨论）。

但即使太空殖民者不能依靠常规光合作用来获得能量，他们的成功也将（像我们自己一样）依靠从当地原料中获取丰富能量。从地球带来的核燃料或太阳能电池，只能作为殖民建设的一种过渡手段。自给自足的殖民地，最终需要用当地建造和驱动的设备，来替代这些能量来源。新星球上稀少的人口，不能很快复制地球上成熟制造业的产品。而简单技术会最有前景，其中包括：风、潮汐、地热或释放能量的化学反应（地球上燃烧燃料就是一种化学反应）。

第三，资源。资源是生命的基本材料。殖民者需要水和营养来供养人畜、植物，需要固体材料来建造住房、制造生产工具，需要气体来制造呼吸的空气。启动期的供应材料可以从地球家园带来，但可持续发展的殖民地，最终还是得自力更生。殖民者可以离开其定居点，寻找一些仅需少量即可的元素——用于电子设备或营养中的金属元素，如铁、铜、锌，可以从金属小行星中获取。有了充足的能量，殖民者可以用一些当地资源进行化学反应，转化为他们所需要的物质，制造水、氧气、塑料。但是如果没有合适的原料，殖民地将无法久存。

回顾我们对太阳系内行星的了解，用逐一打开、检查行星矩阵里的许多"黑箱"这种方法，来发现"宜居星球"的前景不容乐观。这不是因为了解得不够多。

"好奇号"火星探测车可以看、触摸、闻。它在许多方面，能力远超人类：它载有 17 台相机和 1 只 2 米长的机械臂，该臂所移动的机械手上有 5 个装置可以研究样品，其中包括 1 台 α 粒子 X 射线光谱仪。

但探测车无法做出判断。操纵探测车，就像通过 2.25 亿千米的长线操纵一只木偶。这宝贝价值不菲、如此特别，以至于每天拉哪条线、用多大力来拉，都需要数百人付出心血才能决定！

以光速行进的无线电信号，取决于不同的轨道距离，到达火星需要 4 至 24 分钟不等，因此实时驾驶探测车，是不切实际的。等到在地球屏幕上看到障碍物，探测车可能已经撞上去了，而发出避开指令更是往返双重延迟。事实上，操纵探测车的科学家和工程师必须一次发送一整天的指令，让机器自己执行动作，然后接收它发回的信息，在此基础上决定第二天的行程。如果有山坡或其他障碍物挡住了去路，探测车就得停下来，环顾四周，发送图片传回地球，由帕萨迪纳的组会决定第二天做什么。

在洛杉矶北部山上一幢不起眼的建筑中，正在进行太空探索。太空探索工作，看起来与其他办公室工作令人惊讶地相似。团队在几间办公室内举行会议，会议室被织物覆盖的隔板所隔开，电话会议持续不断，讲起来没完没了。在帕萨迪纳的喷气推进实验室，贾斯廷·梅基向我们展示了"好奇号"的办公室。他领导团队设计了系列相机，让它在遍布天下的科研院所帮助引导"好奇号"的 486 位科学家和工程师中，发挥重要作用。员工坐在书桌边，用免提电话交谈，三四十人随时在线，接听来自美国各地、英国、法国、西班牙、俄罗斯的电话。

一天开始于一通电话。此时是太平洋时间上午 8 点 50 分，谈前一天的数据；而来电的莫斯科科学家刚刚用过晚餐。10 点 15 分，电话内容进入最核心部分，讨论下一步怎么做，科学家们进行谈判、讨价还价，尽量把重点放在自己关切的利益上。两个小时后，讨论转向积极的计划评估阶段，确保为第二天设计的计划切实可行，并且吻合探测车的能力和时间。接下来是科学讨论，与工程师交流，把提议的行动方案放在装有三维火星地貌模型的电脑上进行验证。在验证中，移动探测车，就像移动视频游戏里的虚拟替身，尝试第二天计划的每一步是否可行。如果有需要的话，可以在喷气推进实验室的"火星院"开动物理模型，进行进一步验证。最后，在加利福尼亚州日落时分，各种指令、命令序列，通过宇航局"深空网络"遍布全球的天线，发往火星。

电话会议要持续 12 小时，每天如此，里面有各种熟悉的电话会议干扰声——狗吠声、回声、身兼多职者的嘈杂声。电话会议也曾经常在夜间进行，那时科学家们的观测周期是"火星日"，而"火星日"比"地球日"长 37 分钟。这使他们的睡眠周期不断变化，仿佛每天都要跨越半个时区，团队工作时间表完美吻合家庭作息表这种事情，要每 39 天才能轮到一天。终于，宇航局发了慈悲，让"好奇号"团队采用"地球日"作息。

探测车的最大速度，包括强制停车，让它每天只前进 86 米，但考虑到它观察得有多仔细，这段距离还真不短。想象一下，骑着独轮车，用放大镜检查一个足球场的情景。每当一块有趣的岩石或暗影出现在地平线上，或出现了一片色彩异常的沙地，科学家们就会讨论是否需要前去调查，每个团队都争取让自己研制的设备派上用场——"好奇号"上总共搭载了 12 套设备。

每个人都希望找到一块化石或其他明确线索，来证明火星上曾经存在生命。但迄今为止的发现，都是促使岩石形成目前外观的风化作用和矿物质之种类，也时有古代水的证据。从这些小碎片中，得出的答案可能包含了更多的东西。但到目前为止，这些碎片越来越多地表明，从有机生命（如人类）的角度看，火星是个可怕的地方。

美国宇航局用航天器研究火星，已有 50 年之久。1965 年，"水手四号"照的 20 张照片中，有一些看到了曾经有水存在的证据。20 世纪 90 年代，探测车时代开始，更近距离地观察古河床和黏土沉积。

那时候，宇航局正努力从"挑战者号"失事的灾难中东山再起，重塑其本身成为一个更精简、更现代的组织。当时的报告写道："宇航局为了生存和可靠，必须变得更加企业化，像重视任务执行那样重视成本和进度，并要按时拨付所宣布的经费。"

1992 年，宇航局局长丹·戈尔丁推出了"更快、更好、更便宜"的行星科学倡议，采用了其他人从宇航局前车之鉴中学到的管理理念。组织应专注于优势领域，避免不必要的复杂结构，赋予每个人作为团队成员的权利，减少官僚主义和自上而下的管理，采用新技术降低成本，让工作人员为了目标而不是为了工作而工作。"更快、更好、更便宜"的倡议，试图模仿硅谷，将宇航局从旧太空时代转变到新千年的信息时代。当时，正在发生由创新性文化带动的互联网革命，周期性失败在意料之中，甚至可以被视为一种求职优势。戈尔丁说，失败没关系。随着承担更多廉价任务，时间一长，即使一些未载人太空任务没有成功，冒险也会有回报。

第一批"更快、更好、更便宜"的项目，获得巨大的成功。阅读这些项目长期荒芜的网页非常有趣，它们仍保留着 20 世纪 90 年代互联网的笨拙外观。马克职业生涯早期参与了其中一些快速周转任务，比如彻底改变我们对月球认识的"克莱门汀（Clementine）飞船"，就运用了国防部当时为星球大战导弹防御计划研发的技术。

近地小行星交会探测器，简称 NEAR，耗资 2.34 亿美元（不到"好奇号"的 1/10），仅用了 27 个月的时间就建成发射。它造访了小行星爱神星，在大约 35 千米的高空，研究其表面，然后以勇于冒险的精神着陆，虽然这艘探测器最初设计的目的，并不是用来着陆的。它轻轻地落在小行星表面，以两个太阳能电池板当腿，探测器的机身作为第三个支撑点，登陆点距离地球 3.15 亿千米。这次降落提供了非常详细的图像。马克当时就读于美国西北大学，是解读小行星之不可思议地质现象的成员之一，他们在影响力大的期刊上发表了一系列文章。

他说："这种迷人的生活方式，令人难以置信。有时我很尴尬地告诉别人，我干这些事还有工资拿。"

但到 2001 年，那些论文发表时，美国宇航局已经放弃了"更快、更好、更便宜"的信条。7 年成功之后，一系列尴尬的失败，令早期成就黯然失色。最引人注目的是两个事件：1998 年发射"火星气候探测卫星"失事，1999 年发射其同伴"火星极地登陆器"失事。两次失事，都是因为本应被检查出来的软件缺陷。探测器坠毁的原因简单而痛彻心腑，尽人皆知：在计算探测器进入火星轨道的校正数据程序中，一名软件工程师混淆了英制单位和公制单位，导致它偏离轨道，在大气层中烧毁。

戈尔丁说，失败没关系；但并不是每个人都这样想。现在，工程师们从宇航局的屡次失败中汲取的教训是，涉及"更快、更好、更便宜"的时候，你可以任选其中两项，不能三者兼得。这个理念成了一条可能性定律，称为铁三角原则。宇航局高层设定了不切实际的目标、时间、成本限制，项目捉襟见肘，需要切掉那个"角"，导致了航天器失事。在一定程度上，原因很简单：就是因为团队中缺少训练有素的工程师和科学家。他们连续每周坚持工作 60 至80 小时，没有同行帮忙或检查他们的工作。

但是，据当时的火星气候探测器事故调查报告和其他分析称，真正的原因来自更深层次。宇航局没有真正放弃"让员工感到无能为力的"自上而下的管理文化。例如，戈尔丁的管理者们就高高在上，且制定了武断的时间和成本限制。任务团队原本应该有权根据现实，自行设置可能的参数。

人非圣贤，孰能无过？软件错误，难以避免。但如果成员进行交流，他们就可以发现、修复重大错误。现实是，科学家和工程师，不仅承担着过重的工作负担（这在成功的项目中也会发生），而且他们各自的团队被画地为牢地隔离开来，彼此缺乏交流。另外，管理层压制他们，让他们不敢说出问题。调查报告称："项目管理应制定一个政策，传达给所有团队成员，即他们应该有权大力提升问题等级，不引起有关部门重视，决不罢休。"

宇航局从中汲取的教训则有所不同，它承认"更快、更好、更便宜"是一个失败的倡议，变得更加注意风险规避和管理指导。但是，外部分析人士后来重新评价了这一倡议的价值：即使有过失败，倡议仍然是成功的。在这项倡议下，尝试进行了 16 个任务，九胜七败，总体花费少于单一的宇航局旗舰任务。只出了一个便宜价格，就完成 9 个成功的任务，获得了海量数据，回答了许多科学问题，并且做得比宇航局之前通常做的更快。

还有一些受益于"更快、更好、更便宜"的成果，仍在瓜熟蒂落的路上。

比如，第一辆火星探测车是可爱又迷你的"探路者号"，只研发了 3 年，1997 年登陆火星。原本打算工作 1 周，却持续工作了 3 个月，可能还在继续运作，只是不能通过基站与地球通信了。在"更快、更好、更便宜"计划实施期间，约翰·卡拉斯从布朗大学获得了物理学博士学位后不久，1989 年加入这行，很快在喷气推进实验室的火星任务中脱颖而出。他经历过惊人的失败和巨大的成功。2000 年，他为完成火星探测漫游车任务，组建了一个科学小组。3 年之内，发射了"勇气号"和"机遇号"探测车，发展了"探路者号"所开创的技术，而且做得更大、更坚固，不需要火星上的基站。"勇气号"和"机遇号"仅仅花费 4 亿美元，所以没有设计冗余系统——一处焊接电路损坏，探测车就会失败——这就是宇航局发射了两台探测车的原因。但它们的表现，远远超出了所有的预期。2004 年，"勇气号"原本计划只运作 3 个月，但一直持续运作到 2009 年出现故障。而 12 年后，"机遇号"仍在探索，只是要定期升级软件。它行驶了 40 千米以上，超过了其他地外探测车。

"好奇号"由"机遇号"发展改进而来。卡拉斯团队人数是"好奇号"团队的 1/10，而"机遇号"探测车更小，能力更低，并且其车载计算机只有智能手机 1/100 的能力。我们参观的那天，"机遇号"团队成员正在讨论"接下去观察哪块岩石"。像"好奇号"团队一样，卡拉斯团队的工程师们每天发送一批指令。周五，为了覆盖周末时间，他们发送三天里需要做的事情指令——一天的行驶指令，两天的感知指令。卡拉斯每天随时接收来自探测车的消息，了解其进展。

任务是开放性的。卡拉斯说"我们不知道会看到什么，要去哪里，可以发现什么"。火星探测漫游车的任务原计划是"寻找水源"。"机遇号"擅长研究地质，是一位"地质学家"。其后续任务，是火星科学实验室搭载的"好奇号"探测车，着眼于火星环境里的有机化合物，研究地质化学。一直以来，这些研究都聚焦于外星生命存在的希望。

20 世纪 70 年代，美国宇航局开始在火星上寻找生命。此时此刻，找到任何活生物的可能性看来相当低，除非有古老细菌不知怎的在火星表面幸存了下来。火星发展史似乎越来越不利于生命存活。火星上曾经有厚厚的大气层，大量的水、雨。"机遇号"发现，黏土是由适合生命存活酸度的水沉积而来。但这一切都消失了，一些探测车还发现，过氧化物类化学物质的毒性，足以灭绝火星地表任何类似我们已知的地球型生命。

现在美国宇航局研究的是火星宜居性的历史，而不是生命的存在。火星过去可能适于生存，但曾有任何生命存在过吗？那些适于生存的条件，发生了什么改变？

目前的最佳理论认为，罪魁祸首在于火星的弱磁场。地球的熔融地核，由放射性元素提供能量，像发电机一样转动，产生围绕我们地球的磁场，在一定程度上使大气层屏蔽了太阳的带电粒子。你可以把地球磁场想象成围绕星舰"进取号"的防御盾牌。在阿拉斯加冬天的晚上，有时可以看到太阳风穿过地球盾牌的缝隙撞击大气层的情景。在北极和南极，磁场使太阳粒子流向下偏转，其中太阳粒子撞击上层大气并照亮旋涡式的极光。在不同的高度，氧原子发出绿光或红光，氮则发出蓝光或紫光。

在遥远的过去，火星可能也有一颗可产生磁场的热核，但当该核心冷却，火星失去了磁场盾牌，大气层开始直接受到太阳光子流的连续冲击。大气层被电离，被剥掉了一大部分。由于火星的残余大气层不到地球大气层厚度的1/100，太阳和宇宙辐射强烈地直射火星表面，能杀死我们已知的任何生命。极端温度使水冻结或蒸发。火星两极仍有水冰，但人类不能住在加压、加辐射防护的避难所之外的火星地区。

探测车探索火星，为可能的人类访问做准备。但几十年过去，探测车的能力虽然变得越来越强，人类对火星科学探索的需求却变得不那么强烈了。今天，任何练过的人，聪明敏捷都胜过探测车。但是，正如卡拉斯所说："当他们试图弄清楚如何在太空中让人类保持健康时，这些探测车也在演进、发展。"

科学家们认为，太阳系其他地方更有可能存在生命，但到目前为止，火星研究消耗了美国宇航局行星科学预算的最大份额。一艘复杂昂贵的新探测器正计划登陆火星，收集土壤样本，最终带回地球进行研究。这些土壤样本将花费几十亿美元，但仍比发射宇航员到火星观察土壤，要划算得多。

等到我们做好准备，要建设太空殖民地的那一天，火星也许已经被我们研究透了。但我们现在已经知道，火星这个地方并不宜居。经过半个世纪的探索，最惊人的发现是：我们在火星上没有找到什么值得注意的地方！火星似乎既不是财富之源，也不是地球环境灾难的避难所。除了位置接近地球之外，并无雄辩的理由，让人移居到火星去。

2014年，美国天文学会行星科学分会在图森市召开大会，阿曼达在会议上发言，其后，一位科学家提出了一系列非常详细的问题——似乎超出了学术兴趣的范畴，而是渴望探讨如何重现美国宇航局的辉煌。在美国之后发展起来的欠发达国家有一项优势——可以复制美国过去的成功。这完全不同于前往某些无人涉足的地方，或尝试前无古人的事业，而美国宇航局在行星科学中仍在做的事情，正是要发古人所未发。

这种模式很熟悉：西方的科技领导者进行创新，而具有不同文化或生产成本较低的亚洲国家廉价且大量再生产这些产品。20 世纪，美国宇航局的前沿发明——各种航天器部件，成为发射通信卫星、GPS 导航等公司的现成可取的设备。现在，民营企业和较小国家都可以到达太空。但是前沿知识仍然掌握在美国宇航局、欧洲航天局等少数玩家手中，因为发现只有一次。它无法被逆向工程，也没法儿复制。

在图森会议上遭受如此仔细的盘问之后，阿曼达和一位华人同事一起检查，想查明发生了什么。她的看法是：这些问题并非任何指令的一部分，而是一位科学家想收集细节、令自己更有价值的产物。

来自印度的太空竞争更出人意料。2014 年，印度太空研究组织完全使用印度技术，发射一枚绕火星运行的轨道器。总理纳伦德拉·莫迪夸口说，这枚轨道器不仅低于一次美国太空任务的成本，而且低于美国制作一部太空电影的成本。这枚轨道探测器只花了 7400 万美元，成本确实低于很多太空电影，如 2000 年好莱坞烂片《火星任务》。印度也在计划登月。

但这些成就的伟大，主要是因为他们复制了美国的太空能力，而不是因为他们的能力逼近美国。印度计划发射一架探测器登陆月球。谷歌也在资助一个竞赛项目，悬赏 3000 万美元，征集发射探测车登陆月球并传回数据的第一个私人团队，世界各地有许多大学团队参加。

这些任务将了解到什么？印度火星轨道器的目的是证明：印度可以做到。科学目的是次要的，相对于美国宇航局用更强大的航天器已经在做的，印度只是做了一些边缘贡献。该月球计划在技术上是强大的，但在科学上是薄弱的，数据分析滞后，对新发现的预期仍不明朗。

20 世纪 90 年代，中国科学家首次提出月球计划，但他们的计划由于缺乏科学目标和考虑不周，一再被高层领导否决，乔治·华盛顿大学的帕特里克·贝沙记录下了这一过程。2004 年，政府最终就"三个阶段、多年探月"计划达成了共识。2007 年，中国成功发射"嫦娥一号"探月轨道器，抵达月球。

中国登月工作的关注度和生命力，反映了工作人员普遍感到这是一项共同事业，反映了高层领导的大力支持，以及该计划本身的年轻朝气——就像肯尼迪总统的阿波罗计划。从西方人的视角来看，中国的轨道器似乎是凭空冒出来的，但这主要是因为中国人对项目的进行秘而不宣，直到胸有成竹，才会加以报道。

美国人一般不知道应该怎么理解中国的太空计划。文化差异容易闹出笑话。2013 年，中国的"玉兔号"月球车遇到麻烦，在进入 14 天的月夜之前遇到休眠问题，中国官方机构新华社，让月球车自己使用了比较怪异的第一人称宣布了它遇到的麻烦。"玉兔"说，自己可能熬不过这个月夜了，请求中国人民安慰其丧失伙伴的"嫦娥三号"基站。

月球车"玉兔"说："这里的太阳已经落下，温度下降得真快。今天说了好多，但总觉得还不够。告诉大家个秘密，其实我不觉得特别难过。我只是在自己的探险故事里，和所有的男主角一样，也遇到了一点问题……"

"玉兔"的中国粉丝在微博上回复了一条条鼓舞人心、感人肺腑的消息。中国政府，一如既往地只提供了很少的技术细节。

但结果是——"玉兔"挺过了月夜，并在设计寿命到期后仍然工作了很久。2014 年，中国展示了让月球轨道飞行器返回地球的能力，这是多任务采样返回计划的一部分。中国航天员已经在由长征火箭推进的神舟飞船上，飞行了 6 次。按目前的进度看，中国似乎能实现 2025 年航天员登上月球的目标。

未来

美国的深夜喜剧演员仍在取笑中国的太空计划时，中国突然宣布一艘载人飞船已经升空，正在飞往月球，并将继"阿波罗"计划后，首次将人类送到低地轨道以外的地方。中国的计划秘密地开展，新能力迅速涌现，不断改进，朝着具备让人类再次登月的能力前进。美国人讲笑话说，"中国人如何操纵 20 世纪 60 年代的技术，进入 20 世纪的太空时代"，云云。美国媒体采取的态度是：中国像弟弟一样，在美国早已经历过的成长阶段里，成长进步。

然而，当中国宇航员登上月球，说出美国人听不懂的语言时，笑声停止了。1957 年，苏联发射第一颗人造卫星（绕地球轨道飞行的"伴星号"），让美国人感到了恐惧，促使美国政治家行动起来，从而拉开了太空竞赛的序幕。当中国把人送上月球，当年受刺激的美国人的曾孙们感觉到了类似的情绪。中国的成就一点都不"复古"。中国做了美国似乎已经没有勇气去做的事情：专注于一个长期的技术目标，投资、努力，最后取得了成功。

在外人眼里，中国的月球计划似乎速度惊人。但事实上，计划已秘密开展了几十年，细节设计缜密，并且有一个政府抱着坚定信念，一心一意决意实现它。中国政府花了很长时间，才决定实施月球探测，但一旦采纳了这个计划，就不会改变主意。当发生不可避免的错误和意外事故时，官员没有因为难堪和公众批评而畏缩，失去决心。

"美国屈居第二"的冲击，也让美国领导人更愿意面对更大的风险和财政支出。国际竞争曾经是载人航天的最大动力，而它将再次成为这种动力。华盛顿只花了几周，就选择了比中国更难的目标，拨出了第一批经费，并恰当地说明了风险与探索——美国人要去火星。（月球已经去过了，而且第二个国家也已成功登陆。）

在美国建造火星飞船的紧急计划期间，中国继续派遣更多航天员到月球，建立栖息地，在终年阴暗的古老冰块里收集水，勘探矿物。但是，类似于 20 世纪的阿波罗计划模式，随着工作变得更加常规，公众热情减弱。中国科学家报道了月球趣闻，但其中并没有什么可以改变股市走向的东西。月球探索，没有任何经济收益方面的理由，也没有任何实际方法能让航天员在月球自给自足而离开地球的不断补给。栖息地就像一个建在固体地面上的空间站，而空间站已经建成多个，并不缺这一个。有关月球的趣事，不足以推动投资，中国便开始减少在月球上现身的次数。

鉴于这些结果，并鉴于人类通过轨道器、着陆器、探测车探索火星的漫长历史，美国宇航局制订计划，要去火星收集岩石，带回地球。这将是一个展示美国太空优势的突击任务。规划者也建立名义上的科学目标，但是，没有多少关于火星的重大科学问题是探测车和着陆器尚未解决的。项目网站上有人询问火星是否曾存在海洋。检测水的存在仍然是一个有趣的研究目标，可以放入宣传材料。虽然自 1965 年以来，这个问题已经被核实过，并被反复核实过许多次。

留人在火星上，不断补给物资，建立殖民地，需要更多的成本，这势必要等待未来的决定和投资。当涉及永久火星殖民地所需的投入，政治领导人需要投资有回报。把人扔上火星但无事可做，只是勉强维生，这样做的话成本太大了。没有人能找到一种在火星上赚取利润的方法，火星看起来并不像是一个避难所，无法躲避地球上任何可能发生的灾难。即使是世界末日的地球，也比火星安全。即使地球笼罩在辐射中，大气层被毒化，支撑生命的资源消耗殆尽，也不会比火星更糟糕。

在可预见的未来，似乎没有任何更好的理由指出"在火星上安家，好过在月球上安家"。人类可以把一些人送到月球，然后依靠航天器从地球运送物资，维持他们的生活。在月球上的活动，更像是在地球后院露营，而不像在一颗新的星球上建立一个家园。

所以，中国征服了月球，建立一处营地，然后就回来了。美国人计划在火星上做同样的事情。未来的太空殖民者们研究了这些前人的工作，考虑将其用于开展更具有挑战性的工作——永远离开地球。

现在　◆

太空时代初期，美国宇航局开始向其他行星发射探测器，部分原因是寻找类似地球的星球。宇航局机构成立不久，卡尔·萨根（Carl Sagan）就游说它向金星发射了一架探测器——"水手二号"（Mariner 2）于 1962 年成功接近金星，了解到金星大气层比烤炉还热。金星上平均表面温度为 465 摄氏度，足以熔化铅。超过 30 个探测器前赴后继，去探索有时被称为地球之"孪生兄弟"的这颗行星。

在探测器收集到读数之前，金星看起来像是人类的好归处：大小近似地球，重力和地球一样，是地球最近的行星邻居，浓厚的大气层会保护星球表面免受辐射。但是大气层实在太厚、太热，含有腐蚀性硫酸，而且高海拔的风十分猛烈。在金星表面，大气层密度相当于地球上的深海，即使温和的风，也能像海洋中的水流那样移动物体。苏联试图在金星上降落一系列探测器。那些穿过地狱般的金星大气层降落下来的探测器，只能在星球表面上短暂工作，旋即"阵亡"。人类不能去那里。

但是，欧洲航天局"金星快车"等探测器发现，金星曾经可能很像地球，有海水和更"讲道理"的大气层。在金星存在的第一个 10 亿年间，因磁场过弱，被太阳风刮走了大部分的水；地球和金星的二氧化碳仍然数量相当，但在地球上，海洋吸收二氧化碳并将其转化为石灰石和其他地质矿床。在金星上，没有水做这项工作，二氧化碳始终留在大气层中。金星与地球接收相同量的阳光，但金星含有 97% 二氧化碳的大气层制造了一层吸热的毯子，烘焙着这颗行星。20 世纪，人类一直在使地球变得更像金星——将地质构造中的二氧化碳释放回大气层，让地球变暖（尽管我们的大气层中仍然只有 4/10000 的二氧化碳）。

在四颗岩质内行星（水星、金星、地球、火星）中，水星是人们研究最少的，也是最奇怪、最不吸引人拜访的。水星很小，无大气层，距离太阳很近，成为主导水星的因素。水星一面炙热，另一面极冷。探测器在返回地球时要挣脱太阳引力，难免步履维艰，陷入困境。美国宇航局在 1973 年发射过"水手十号"探测器，而 2004 年发射的"信使号"轨道飞行器于 2015 年以撞击水星的方式结束了其成功的使命。

几十年的探索，已让我们知道了殖民内太阳系所需要知道的大部分情况。除非我们能将火星或月球变成宜居星球，否则"人类在其上自给自足，繁衍生息"就不会有什么好前景。这个想法是萨根在 20 世纪 70 年代首先提出的。20 世纪80年代，克里斯·麦凯（Chris McKay）撰文提出"地球化（terraforming）"一词，让上述想法进入科学文献。克里斯·麦凯现在是美国宇航局艾姆斯研究中心（Ames Research Center）的行星科学家。

像很多关于太空的想法一样，大众文化让"地球化"变成了一个想象中的简单过程。其实，这工程谈何容易！克里斯否定了其中一个想法——用核武器炸毁火星冰帽，使其蒸发，制造出大气层。克里斯说，世界上所有核武器包含的能量，只相当于太阳对火星不到5小时的照射，而且，巨大爆炸中，大部分能量都会损失掉。要产生实质性改变，得有更多的能量，作用更长的时间。

但克里斯的想法，确实取决于制造一个大气层。他将开采火星，使之产生超级温室气体氯氟烃（CFC，能破坏臭氧）充斥火星大气，就像温室气体在地球上的作用一样，加热火星表面，融化冰帽；通过融化释放的二氧化碳，进一步升温火星表面。生产这种规模的氯氟烃，需要浩大的工业过程，并由大量能源推动——是地球上每年生产的氯氟烃的25000倍还要多。让火星变暖，并创造一个含有二氧化碳的大气层，大约需要100年时间。之后，火星上将产生越来越多森林和田野，再过大约10万年，就可以在火星上产生可呼吸的氧气。

这些想法很有趣，但要当真实践，时间和成本都过于巨大。我们推测，如果无法在有生之年建成一个可居住的殖民地，恐怕不会有人在另一颗行星上投资建设电厂、自动化矿山和工厂。我们不知道火星上能长出什么东西。在大气层可以保护人类免受辐射之前，火星只能让人们短期探访或待在地下。机器人必须替代人类做所有工作。

如果驱使我们移民火星的因素，是地球环境恶化，那么更理智的做法其实是：投入财富、能源技术和创新，来修复地球这颗行星。这项任务在技术上和经济上都更容易。

我们已经排除了除地球以外的内行星——它们都无法作为人类的永久定居点。半个世纪的探索，让我们获取了这些信息，但也得到了比这些多得多的东西。太空探索发掘了美国宇航局和其他太空机构创新和获取新知识的能力。

虽然载人航天停滞，但是行星科学兴旺发达起来。行文至此，地球有几十个活跃的航天任务在飞行中，发射的航天器一年多过一年。

这些经验教训，将把我们引向更有雄心的新项目。它们会走得更远，且将给人类带来希望——超越内太阳系，寻到一处地方，建立新的家园。

3

外太阳系的一处家园

A home in the outer solar system

现在 ◆

　　本书的作者阿曼达知道，环绕土星运行的一个地方适合太空殖民。其他人也喜欢这个地方。阿曼达用"卡西尼号"探测器上的仪器检测，发现土星的卫星——泰坦星的湖里有液态甲烷存在的迹象，所以现在很有希望派船只或潜艇，去考察这些液体深层。也许依靠甲烷而活的鱼，正在那儿游泳。

　　阿曼达7岁那年，坐着父亲的大众面包车穿越莫哈维沙漠，看到无尽的黑暗和开阔夜空中灿烂炫目的星光，这时她就开始了探究。夜空浩瀚辉煌的景象，带给她的冲击感，令她不能忘怀。她想到星星上面去。小学三年级时，年轻的实习老师霍莉（Holly）给她上了一堂讲太阳系的课，让她踏上了研究之路。阿曼达喜欢上了霍莉，也喜欢上了霍莉所热爱的行星。她用喜健步童鞋盒制作了一套太阳系的立体模型。泥制、彩绘的行星们挂在细绳上，包括冥王星——她至今仍然将这一模型视如珍宝。

　　那一年，美国宇航局的"海盗号"登陆火星，这是航天器第一次在另一颗大行星的表面安全着陆。在报纸头版，阿曼达看到了火星上红色的天空，表面的岩石、沙砾，以及火星的地平线，她知道这是宇航局在探索另一颗大行星！她对太空着了迷，想去火星，或者至少要到喷气推进实验室工作——太空飞船是从那里制造出来的。实验室就在帕萨迪纳，她家附近，但它的存在却很神秘。

她的家族里，还没有人走这样一条路。

少年阿曼达开着妈妈的车，去加州理工学院和帕萨迪纳市立学院听科学讲座。上高中时，她早已计划要拿到太空领域相关的博士学位。1986年1月，她去加州理工学院，参加"旅行者二号飞经天王星"的公共活动（这是"挑战者号"失事前几天）。

"旅行者号"探测器1977年发射，飞经木星和土星，包括泰坦星。这项任务计划持续了5年，并希望探测器可以飞得更远。当时，四颗外行星出现"四星连珠"现象（下一次出现"四星连珠"要到175年之后）。美国宇航局将探测任务从土星扩展到天王星和海王星。1989年，探测器飞出了冥王星的轨道。"旅行者号"至今仍在飞行。其中"旅行者一号"飞出了太阳系，飞到了星际空间。"旅行者二号"很快也将跟随它的脚步。它们仍在发回数据，虽然信号以光速传播，也要花费一天多的时间才能传至地球、再传回探测器。

"旅行者号"需要四万年时间，才能抵达下一个行星系统（"旅行者一号"飞向小熊座——北斗七星中的一颗星，"旅行者二号"飞向仙女座）。卡尔·萨根担任一个国际委员会的主席，拟定了镌刻在探测器上的信息，要告知绕其他恒星运行的外星人。某些年龄的人，也许能回想起萨根的声音，看到他穿着高领衬衫，启发我们思考——"旅行者号"将把信息带到距地球千万亿公里之外。到目前为止，它们已经飞了大约200亿公里。

继"旅行者号"之后，"伽利略号"探测器拜访了木星。建造发往外太阳系的探测器非常困难，它们需要很长时间才能到达目的地，而"挑战者号"事故又延迟了一些时间，所以当"伽利略号"上路时，阿曼达早已读完高中、本科、硕士，正在科罗拉多大学为博士论文寻找选题。贾斯汀·梅基是她的同学，已经在从事火星研究工作，贾斯汀建议她拜访科罗拉多大学的教授查尔斯·巴斯（Charles Barth）博士。巴斯1959年到喷气推进实验室工作，开启其太空科学事业，曾在"水手六号""水手七号""水手九号"探测器上运行过紫外线仪器，当时正在参与"伽利略号"紫外线成像仪的工作。巴斯说："来吧，我们可以聘用你。"

巴斯向阿曼达展示了1965年从"水手四号"传回来的第一张图像。"水手三号"失败了，美国宇航局的理查德·格鲁姆（Richard Grumm）迫不及待地要看"水手四号"系统是否在运转。他决定自己动手作图，复原发回来的二进制数据，将其打印在纸带上，又把纸带钉在墙上，按数字上色，用他在帕萨迪纳一家美术商店购买的蜡笔标数（蜡笔现在被收藏进了一家博物馆）。他制图成功了，画出了地球以外探测器上得到的第一幅图像（后来为了保存图片而切割下了部分墙体）。

巴斯给阿曼达的科学项目有点复杂。"伽利略号"在前往木星的路上，飞经月球时，曾将紫外线仪器指向了月球，但还没有人分析这些数据。紫外线仪器主要用于观察天体的大气层，而不是天体的表面，这些数据是未知的。搞清楚这些数据，需要想出如何解释月球表面的光谱指纹。将那些线条对比实验室中监视器观察月球样品看到的类似的扭曲线条，阿曼达可以识别出"伽利略号"在月球表面上看到的物质。由于紫外线不能穿透月球表面太深，所以这些数据尤其有利于研究宇宙辐射如何改变月球尘土。

"伽利略号"仍然在前往木星的路上时，这项工作的有用之处逐渐清晰起来。在木星探测任务的规划阶段，早在阿曼达开始职业生涯之前，设计师认为，紫外线探测器不会在高辐射环境（如木卫二"欧罗巴"）中工作。阿曼达及其同事有着不同的看法。她刚获得博士学位，就被派去参加布朗大学的一个研究"伽利略号"冰冷卫星的科学家会议，会上她力主使用紫外线传感器来观察欧罗巴。她的提议和"伽利略号"其他每个仪器团队的理念都对立，其他团队都希望在探测器稀缺珍贵的数据收集时间内，自己的调查仪器能派上用场。"伽利略号"飞经期间，只有几个小时能观察到欧罗巴，而且它的高增益天线坏了，挤压了可以记录传输数据的容量。

竞争很激烈。阿曼达现在还记得，她当时对所遭受的攻击毫无准备，觉得自己被挑战者击败了。但是会议主席听取了她的提议，批准了紫外线光谱仪的工作时间，它在1997年12月第一次飞经欧罗巴时，收集到有价值的数据。数据表明，欧罗巴是一处奇怪的地方，一颗大冰球——其表面万里冰封，近看像是一汪结冰的湖泊。

继"旅行者号"获得新发现之后，"卡西尼号"飞往土星，而非木星。"卡西尼号"探测器于20世纪80年代初提出构想，1997年发射，2004年抵达土星。那时，阿曼达已是一名成熟的科学家，也是紫外线仪的共同研究员，在帕萨迪纳的喷气推进实验室里工作，研究无窗的太空飞行操作室。

"伽利略号"任务期间，阿曼达访问过喷气推进实验室，贾斯汀·梅基带她到一个迷宫似的房间四处转转，在那里，科学家和工程师正在规划火星"探路者号"探测器的观察序列。10年之后，她回到那里研究"卡西尼号"时，看到了同样的迷宫房间。但现在，房间已经被重新排列成不同的路径。关于土星和"卡西尼号"的图表和插图，贴在墙壁和房间里，有的悬挂在天花板上。这是"卡西尼号"的地盘。办公室里装饰着《星球大战》等流行文化幻想作品的"周边"，在这里工作，怪咖也变得很酷。

优秀的行星科学家，要善于团队合作，为人乐观，具备"延迟满足"能力。到外太阳系的任务，需要花几十年去计划、设计，而且在探测器成功到达发射台之前（即使项目能走那么远）会因资金和优先事项变化，需要重新计划，重新设计。阿曼达及其同事，数年来投入精力、想象力和希望的工作对象，包括很多从未建成的、在发射台上爆炸的、在太空中消失的、停止和地球通信的或坠入另一颗行星的各种航天器。

这么多科学家的事业生命系于一线，同舟共济，航天器的危险时刻，就构成了许多同事"共同的痛苦"。2004年"卡西尼号"抵达土星前后的几个小时就是如此。当时，全体工作人员聚集在太空飞行操作室底层的任务控制室周围，而附近的帕萨迪纳城市学院一个大礼堂里，人潮涌动。多个发光屏幕上呈现的彩色数字和图像，打破控制室的黑暗，显示着每个实验室的航天器和跟踪天线的状态。为了减慢飞行速度，进入土星轨道，"卡西尼号"必须绕着土星飞，失去无线电联系，点燃其主火箭，穿过土星环平面——这里可能有能够摧毁它的微粒。

无线电寂静持续了将近一个小时。无法知道操作是否成功，只能等待"卡西尼号"恢复发送信号。如果石沉大海，就意味着数百位科学家几十年的工作和希望打了水漂，这可是许多科学家毕生追求的两个任务中的一个。一个小时之后，"卡西尼号"发来信号，表明它逃过一劫，成功入轨，所有人长舒一口气，大家热烈庆祝。

同这样的欢乐时刻相比，发现的时刻往往是"随风潜入夜，润物细无声"。阿曼达一直深度参与观察土星的卫星，并在世界顶级期刊发表了一系列文章，阐述她的发现。当观测到有趣的东西时，新闻便传到实验室走廊里，传到整栋楼研究人员的电子邮件里，传到全球各地相关的机构里——团队是虚拟的，总是通过电话会议和网络相互联系。为了避免新闻被抢先报道，没有人会公开谈论任何事情，但私下里，每个人都会感受到一个令人激动的新发现带来的震撼。

"卡西尼号"到访之前，土星的卫星之一——泰坦星被其橙色大气层所遮盖，真容不为人知。只有雷达和一些红外波长可以穿透阴霾。科学家们猜测，自己可能发现了乙烷或甲烷海洋——乙烷和甲烷都是碳氧化合物，像地球上的天然气那样，但因为很冷，它们可能是液态的。但在抵达时，"卡西尼号"没有发现任何类似东西。它放出的"惠更斯号"探测器，降落在泰坦星的表面（"卡西尼号"和"惠更斯号"是以17世纪发现土星卫星的天文学家的名字命名的）。"惠更斯号"的设计使命是能够漂浮，并测量波浪的大小，但它落在了潮湿柔软、散布着卵石状水冰的表面上。

然而，当"卡西尼号"飞越泰坦星极地时，雷达发现一处光滑如湖面的地方。在这个光滑区域边缘的周围，是各种分支形状，看起来像地球上的海峡、港湾、海岸线上的峡谷。探测器上的另一件仪器可以测量反射的阳光。在恰当的时刻，阳光会从那个可能是湖面上的东西上面反射回来时，"卡西尼号"朝着预计阳光会反光到液体的方向看了看。令阿曼达高兴的是，那看起来正像地球的午后阳光反射在湖水上。

在太阳系中，除了地球，表面有液体的天体只有泰坦星。其巨大湖泊所蕴藏的烃，是我们地球上发现之储藏量的许多倍。"卡西尼号"重力测量表明，泰坦星内流淌着泥泞的海水，但是其表面的云、雨、河、湖，都是液态乙烷和甲烷，如同液化天然气罐中的物质。泰坦星上有气象、海滩和潮汐，但它比冷藏室还冰冷。这个环境既熟悉，又奇异。

余下还有更多要了解的地方。每当阿曼达或某同事有一个关于泰坦星的设想，她（他）就可以向团队建议：让"卡西尼号"去看一看。但这需要耐心和乐观。如果测量计划没有事先纳入航天器的轨道，科学家和工程师就必须聚集在一起考虑合计：与能获得的信息价值相比，燃料成本、操作风险是否划算。

"卡西尼号"需要一个半小时，才能接收到来自地球的命令。无法很快修复错误，甚至可能根本无法修复错误。一旦批准某一观测方案，每个命令都要先在地球上模拟，确保符合航天器的安全。从一名科学家提出想法，到接收到数据，至少需要好几个月，有时甚至需要几年。

这个过程缓慢，但随着时间推移，方法奏效了。关于木星、土星及其卫星，人们编织出一份令人惊叹的详细视图。这是奇异天体的大聚合，是迄今为止太阳系研究中最有趣的地方。木卫二（欧罗巴）的冰壳覆盖着液态水。科学家通过测量木星磁场感应产生的一种电流，发现了隐藏的海洋。土卫二（恩克拉多斯）的南极向太空喷射一个特大的水蒸气喷泉，木星和土星的强大引力场造成的潮汐力，带来持续不断的屈曲、紧缩，造成这些卫星内部温暖，也包括木卫一（伊娥）和木卫三（伽倪墨德斯）。

我们已经掌握的太阳系知识，暗示我们向外看——看一看这些卫星，寻找可以殖民的地方。

大行星，诞生于一个绕着太阳转动的尘埃和气体圆盘。这些物质还在自由浮动的时候，较重元素就聚合在圆盘体系中心的较暖区域。行星合并时，就像汤中的硬块合并那样，从距离太阳较近处吸引物质的行星，成分是岩石和金属。外太阳系中的行星聚集了更轻的元素，大多是由冰和气体构成。

距离太阳远的地方，太阳辐射较弱，就更容易存在水。距离太阳近的火星和金星，就被太阳风吹走了水蒸气。虽然土星和木星的卫星内核里有岩石，但比起岩质内行星，水占了这些卫星更大的体积。例如，泰坦星大于水星，其半径比地球的卫星——月球的半径还大50%，但其密度小于两者中的任何一个，因此其引力较弱。水的密度小于岩石和金属。

木星有67颗卫星，其中4颗是科学家伽利略（不是探测器）发现的，这4颗卫星都足够大，可以考虑建成殖民地，它们是：木卫三（伽倪墨得斯）、木卫四（卡利斯特）、木卫一（伊娥）、木卫二（欧罗巴）。科学家认为，4个中最小的欧罗巴，是太阳系中最有可能找到生命的地方之一，因为它表面下有液体的海洋。那里肯定是黑暗到底，所以太阳不能像在地球上那样供养生命。但是地球上有几种独特的生命形式，能吸取太阳之外的其他能量来源，在深海和地下永不见天日的黑暗中茁壮成长，这也可能发生在欧罗巴星上。

欧罗巴星上的冰有多厚？我们是否可以穿透冰层，看看有没有什么东西正在游来游去？根据"伽利略号"发回的数据分析，科学家认为冰冻层厚达10～100千米，但好像有些地方表面上是冰山，似乎也暗示有薄冰层，甚至可能还有地方是温水羽流介入之处。圣安东尼奥西南研究所的一个小组，使用哈勃太空望远镜收集的来自欧罗巴星的紫外线数据，暗示有喷出的水柱，如果是真的，将更容易发现其表面之下在发生什么。但是，进一步研究未能重现那个结果，于是这事仍陷入争议中。

2014年，美国宇航局征集项目建议，以进一步研究欧罗巴星，包括调查那一处羽流。阿曼达联手她事业起步时所在的科罗拉多大学的大气和空间物理实验室，组建一个团队，为欧罗巴探测器建造一个紫外线仪器。他们只有90天的时间，来论证科学合理性、设计仪器、做出成本细节——这项工作成为有众多机构之科学家和工程师参与的电话会议"急行军"。他们的竞争对手，是许多希望将自己的探测器和摄像机装入欧罗巴探测器的其他团队。

在行星科学中总是有竞争：竞争探测任务，竞相安装探测设备，在探测器到达目的地时竞争设备作业时间。这种方式似乎运转无虞，因为尽管宇航局内部运行的载人航天事业多年来止步不前，但行星科学研究仍不断发展壮大。

在美国宇航局20世纪90年代的"更快、更好、更便宜"的倡议中，一些管理科学的理念得以幸存。宇航局现在允许高校和外部团队参与竞争，创建和运行比宇航局内部完成之项目更小、更便宜、更快进入发射阶段的项目，比如，低成本的"发现计划"和中等成本的"新前沿计划"。不同机构竞争，在预设的预算范围内，完成任务，所以目标一直现实可行。喷气推进实验室参加审议这些竞标，它有一个又酷又有声望的团队叫"X团队"，负责仔细检查轨迹、导航、科学目标、数据向地传输等任务的所有方面，通过缜密分析，审查每一项提议。

美国宇航局本身仍然在开发和运行大型的、数百亿美元的任务，如"海盗号""旅行者号"、目前的火星项目，以及外太阳系探测任务"伽利略号"和"卡西尼号"，这些探测器搭载外部提议开发的仪器。它们被称为旗舰任务，似乎每 10 年或 20 年才会落实一项。不打造一次旗舰任务，很难到达木星或土星。旗舰飞船需要更高级的尖端科技，才能进行 7 年的旅行；因为距离太遥远，太阳光太暗淡，无法使用太阳能电池板，其内部电源将由一块钚提供。

观察泰坦星的方法，是剥开它橙色的云层，探究它复杂的天气和地理变化，人类在那里居住的难度如何？那里现在是否有什么生物？泰坦星上的一切，让我们既陌生又熟悉：这是一处由烃构成的世界，就像我们的由水构成的世界。雨、季节、波浪、沙丘、基岩——我们地球上有的这些，泰坦星上都有，但其内部由另外的化学物质构成。我们纯粹出于好奇心，也想去探究那里究竟在发生什么。

主导思想是：建造一艘宏伟、复杂的航天器，即"泰坦星—土星系统任务"，其中包括一枚携带 8 件仪器的轨道器，一个携带另外 8 件仪器浮在泰坦星大气层中的气球，和一艘携带 5 件仪器、漂浮在北部湖上的船。气球和航天器自身将使用核动力，用钚供热供电。但是探测器前往泰坦星时，将采用一种新技术——一种叫霍尔推进器的太阳能电动机。还有一个提议是仅派一艘船执行任务，称为泰坦星海洋探测，作为"发现号"项目的一部分，它的任务花费更少。另一个想法，呼吁投放一系列着陆器，在几个蔚然成谜的不同气候区和地质区，观察泰坦星的表面。

这其中根本没有一个计划接近启动，更不会全部启动。大而复杂的任务往往会变得更大、更复杂，直至遭遇缩减，从而重新设计或取消。这个过程涉及政治、官僚、竞争、不确定因素。但在某个地方，工程师正在完善这些想法，使之更接近现实。

"我们一直知道竞争很激烈，"为泰坦星设计气球的朱利安·诺特说，"你的主意会被泰坦星任务选中吗？回答是：大概十里挑一。机会不大。但你提出的想法，也许将来会被其他人捡起来。"

现在，"卡西尼号"仍在发回有价值的信息，并将继续运行到 2017 年。

曾经有希望 2023 年前发射"卡西尼号"后续飞行器，但现在看来已不现实。如果这种航天器 2030 年发射，要在 2037 年才到达（除非有更快的火箭能缩短飞行时间）。到那时，从研究生开始职业生涯的研究"旅行者号"的科学家们已退休。然而，21 年后，如果这样的任务成功了，阿曼达应该还没有退休，她期待着看一看，数据会说些什么。

按照美国宇航局当前的步伐，他们发现一个"可能的新家园"的速度，远远赶不上地球退化的速度。但发现的速度并不是由科学决定的。正如宇航局的载人航天记录一样，20 世纪六七十年代，宇航局在行星科学领域的发展更快，花费更多，而且发射任务更频繁。为了更快进步，我们需要投入更多的金钱和更大的雄心。应该在几年的尺度而不是在几十年的尺度实施勘探计划。上一台探测器尚未抵达目的地，就应该发射下一台探测器。我们地球人越有积极性，就越可以加快现有进程，更快得到来自泰坦星的答案。

在太阳系，独有泰坦星外部拥有（我们所能开采的）燃料包裹，并且我们几乎能使用不高于美国典型家用燃气炉的技术，就能燃烧利用它们。地球上的天然气主要是甲烷，和泰坦星上的湖泊、海洋的物质一样。泰坦星岸边的沙丘也是烃，主要是称为多环芳烃的更重更复杂的有机物。鉴于泰坦星大气层的"碳氢化合物工厂"和寒冷温度，这一切的存在是合理的。

那么，当有人点燃一根火柴，泰坦星为什么不会爆炸？因为没有氧气。在地球上，我们通过加热或点燃富碳燃料和氧气的混合物，来燃烧化石燃料。这些能量最初是太阳能的沉积，如今在燃烧或爆炸中释放出来，同时产生二氧化碳和水。泰坦星的大气和地球的大气一样，主要是氮气，但没有氧气。

然而，在泰坦星的烃表层下方，也许就在其下（也许在 100 千米深处），水冰或融雪是该行星的主要组成部分。水中含有大量的氧元素。让水流通过电磁场，这简单过程称为电解，而电解可以释放氧气。国际空间站利用电解水技术，产生供呼吸的氧气。殖民者也可以用这个来解决呼吸问题，还可以用它来燃烧甲烷，这将提供大量的能量，来推进殖民进程。

探险者去泰坦星，可以使用自带的能源（如一座小型核反应堆）。到达目的地后，首要任务，是去开采地下水源，并电解出氧气。从燃烧甲烷和氧气中重新获得的能量绰绰有余，可以驱动进一步的掘冰活动、电解、栖息地供暖以及其他殖民活动所需要的一切。

有了用碳氢燃料运行的泰坦星发电厂，殖民者就可以建造宽敞明亮的温室，种植食物，加工燃料燃烧排出的二氧化碳尾气，将其转化为氧气。有材料在手，他们可以用塑料制作各种物品。殖民者可以派遣航天器去开采小行星，得到营养物质或制作电子产品所需的金属和其他重元素。有了无限的能量和资源使用权，殖民者最终可以建造湖边家园，泛舟湖上，还可以开私人飞机。

许多科学家都想过，在泰坦星生活会是什么样子，因为那似乎很容易。约翰·霍普金斯大学应用物理实验室的拉尔夫·洛伦兹撰写过几本关于泰坦星的书。他提出了各种探索任务，例如，派出一艘船，搭载一套气象设备，像浮标一样漂浮着。在和我们交谈时，他正想着用潜艇探测。拉尔夫说："地球上的每一种交通工具，都能在泰坦星的某处找到用武之地。"

洛伦兹指出，泰坦星这个地方，人类不穿太空服也能生存，穿着暖和衣服、戴着氧气面罩就能四处走走，还可以住在不加压的建筑里。我们不难想象，站在泰坦星奇怪的橙色景观前，踩在湿软地面上，到处都是鹅卵状硬冰块的情形，就像"惠更斯号"探测器遇到的那样。虽然温度低到零下 180 摄氏度，但厚实的绝缘服或有加热元件的衣服，会让你感到舒服。只要没有冻僵，衣服上有条裂缝并不会致命。你不需要穿笨重的加压宇航服——那是在月球上或在太空真空中才需要穿的制服。

泰坦星栖息地的设计可仿照地球极地环境的栖息地：运用大量密闭绝缘材料和支架，以防屋内热量融化建筑物底部结冰的水和烃。简单的双层门，就能把氧气保留在室内。如果栖息地漏气了，就必须有人去修补，但不会产生迫在眉睫的危险。可以先用一条胶带粘上救急，再完好地修复它。普遍存在的烃含有许多致癌物质，因此进入室内、脱下户外装备时，很有必要进行全身清洁。

泰坦星有点像南极。要在这两处地方生存，都需要积极的技术，而最重要的则是取暖技术。这两种环境都需要引入全部供给物资。要永久定居不依靠外界支援，将需要能量源和室内食物生产设备。南极洲可能有大量的化石燃料，虽然任何采矿或钻探都要首先穿过厚厚的冰层。泰坦星上，地表燃料随处可见，但必须从地下开采或钻取氧气。要去户外，都必须正确着装。尽管泰坦星的室外温度更低，但是天气更平静。南极洲与泰坦星的主要区别是，在南极洲，人们可以自由呼吸空气。地球的大气成分是接近80%的氮气和20%的氧气。泰坦星是95%的氮气和5%的甲烷。我们没有氧气就不能生存，但是泰坦星上的空气也不会让人立刻中毒。泰坦星上，氰化物的量足以引起严重头痛，氮气则会致人昏迷，如同它对深海潜水员的作用，类似于醉酒，可恢复。如果失去了呼吸器，你会在一分钟内失去知觉，但及时提供氧气，能够让你苏醒过来。

泰坦星的气压比地球大50%，其大气层完全能够提供隔离辐射或远离微流星体冲撞的保护。由于寒冷，其空气密度也比地球上的大4倍。这就产生两个奇怪的副作用：一、天气相对稳定，变化缓慢。二、人们可以毫不困难地在泰坦星的低重力环境中飞行。

泰坦星引力只有地球的14%，甚至小于月球引力（月球引力是地球的17%。泰坦星比月球大得多，但大部分是水，而月球更多的是岩石，其质量更大，能产生更大引力）。在月球的低引力下，"阿波罗号"飞船的宇航员做跳跃运动，就像晚会气球从地板上弹起那样，变成慢动作的跳跃。在泰坦星上，人们除了被吸向地面的引力较小，还有一个密度较大的大气支持，因而能飘浮在空中：穿上带翅膀的服装，就可以毫不费力地滑翔很远。

只要加一点点推进力，人类就可以在泰坦星上飞行。你可以拍打装在胳膊上的翅膀，或者使用一套类似踏板船的系统来推动螺旋桨。电动螺旋桨将更实用、舒适，因为穿着笨重的绝缘服装进行剧烈运动，会因里面衣服湿透而不舒服。如果翅膀掉落，飞行人员会以每小时24千米的速度坠落地面。泰坦星上的终端速度（物体在大气中降落的最大速率）只有地球上的1/10。

南极和泰坦星生活的另一个更加显著的差异是：还能否返回故乡。人体为适应泰坦星而发生的一些改变，可能会令他们很难返回地球。

引力影响我们的身体。跑步者由于双脚碰撞地面，锻炼出更坚硬的骨骼。

长期卧床住院的病人，会失去肌肉张力，因太虚弱而无法站立。宇航局已经知道，如何在国际空间站锻炼宇航员，帮助他们在6个月失重飞行期间保持肌肉质量和骨质密度，但是这需要每天依靠特殊机器训练2小时。大多数泰坦星殖民者，恐怕不能坚持例行锻炼，就像普通地球人办了健身卡却从未使用一样。经过一段时间，他们可能会失去力量。同样，他们很有可能会变得太弱，无法在地球上生活。

殖民者也将被迫依靠人造光源。每个在北方高纬度地区生活的人都知道，自然的光线和黑暗调节着人们的生活、情绪，以及室内室外的活动能力。在地球的两极，整个夏天太阳都不落山，而在整个冬天里，天空都漆黑一片。除了研究人员，没有人住在两极极点上，但即使是北极最南端地区的居民，也必须依靠技术，在生理上适应光线变化。冬天，土著居民躲在家里，依靠海洋哺乳动物的油脂和内脏之类的食物，获取温带地区居民从太阳那里获得的维生素D。夏天，北极居民变得忙碌不停、精力充沛，在阳光灿烂的日子里，储存过冬用的食物。

极地气候的现代居民依靠室内光源，维持每天的"睡眠觉醒周期"。他们吃含有维生素D的加工食品（虽然通常不够）。如果没有规律的睡眠周期、充足的明亮光线以及维生素D，许多人会变得抑郁，在秋天自然光减少时，患上"冬季抑郁症"。

泰坦星上，一整年都必须进行室内照明和合理饮食。人们将面临完全陌生的自然明暗周期。泰坦星作为土星的卫星，受到土星潮汐的锁定，有一面总是面对土星。然而，橙色大气层可能阻挡视野，让人无法清晰观看任何恒星或行星（无论如何，泰坦星都会在土星环面上，所以不会看到土星环）。建设殖民地的地方，肯定位于泰坦星面向土星的一侧，这里土星反射的光持续照射，除了泰坦星落在土星阴影处时，整个白天，天空可能都朦胧亮着。这里的一个白天会持续16个地球日，所以阳光会逐渐增强两周，再逐渐减弱两周。泰坦星的一年是地球的29年，所以每个季节大约持续7年。"卡西尼号"研究泰坦星，已经持续了将近半个泰坦年：开始时，夏天在南部，现在夏天移到了北部，但是我们才刚开始了解季节对天气的影响，因此对它的了解仍然不多。

关于泰坦星，还有许多我们仍不清楚的方面。但是我们的确知道，如果我们能抵达那里，是可以住在那里的。

未来

在世界各地，气候危机让人们纷纷猜想"殖民太空中另一颗行星"，制造了关于"多少人能离开地球"的非常不切实际的期望。全天候报道的沿海灾害和沙漠扩张事件的新闻，通常会插入一两名专家对土星、木星卫星宜居性的推测。

最终，专家在日内瓦召开了一个部长级会议，要选择一个殖民目的地。之前，飓风刚刚席卷了新泽西州和北卡罗来纳州东海岸的最后一个岛屿屏障，海浪冲进了内陆城镇。在纽约，海浪冲垮了部分完工的布鲁克林海堤，毁掉了科尼岛和布莱顿海滩附近的社区，淹没了地铁 2 号、4 号、17 号线。但这种灾难已经见怪不怪。新闻报道聚焦日内瓦会议，那似乎是一个希望的源头。

在高堂广厦中，每个人都很清楚这些选择，但没有给吹风会记者留座位。新掌握的数据来自外太阳系。这次会议将揭秘掌握的令人惊奇的资料。国际行星优选委员会（ICPP）一直以来都是秘密工作的。

主持国际行星优选委员会之技术委员分会的教授走上演讲台时，无法抑制脸上自我满足的微笑。他是著名的天才、诺贝尔奖得主、媒体的宠儿，以俏皮幽默闻名，他拥有崇高的地位和自尊，站在一排世界大国的部长级官员面前时，他那傲娇的姿态，就像在大班授课时面对本科生一样。教授决定延长他在聚光灯下的时间，开始回顾参会部长、秘书和总统科学顾问已经熟悉的背景信息。他提醒他们，这届委员会的任务，是找到一个满足四个重大条件的新行星：一、殖民地要适合家庭居住，让人类能安全繁衍生息；二、殖民地不会遭遇能使其毁灭的灾变事故；三、殖民地作为长期投资品，应合乎经济理性；四、如果与地球失去联系，殖民地能够自给自足。

他说："我认为我们都注意到了，火星和月球不适合建造一个自给自足的殖民地，它们的优点是：离地球近，我们了解得比较多。我们可以到那里去。但那里没有大气层，我们将永远被迫住在防护罩里或住在地下加压的栖息地里。

正如我们所了解的，在这种封闭空间中，一有裂缝就可能引起灾难，而穿着太空服在外的旅行，总是情况复杂并且充满危险。

"即使我们解决了这个问题，来自社会科学家的证据告诉我们，人类不想永远生活在地下。若是想永远生活在地下，我们在地球上就能办到。我们已经看到某些巨富建造了地下房屋，用来躲避气候灾难和辐射事件，但这些建筑通常是闲置的。

"月球上有水，但水量有限而且难以获取。中国人已经建造了一套从月球极地挖掘冰的设施，并通过太阳能电池板发电，电解出氢气和氧气。但该设施的使用，仅限于支持月球任务本身。火星上的水也是同样难以获取。

"我们有些公司表示有兴趣使用像中国基地那样的大设备，在月球上生产能源；使用太阳能电池板生产高密度的燃料，再用航天器将其运回地球。我们不确定，经济学家是否会支持这个想法。也不确定，在轨道上进行整个过程，并用激光或微波向地球发射能量，是否更合理。无论如何，在地球上，能源还是比较便宜的，进行这样的投资，在可预见的未来，不大可行。

"月球表面还有称为氦－3的氦同位素沉积物，在核聚变反应堆中，氦－3的应用前景非常吸引人。不幸的是，我们还需要几年时间，才能造成一座能量产出大于消耗的商用核聚变反应堆，并且我们目前知道如何修建的反应堆，都又大又难。短时间内也不可能实现它们的移动、装运。如果我们确实能让核聚变为我们工作，就可以获取氦－3，把它们从月球上带回，将会有利可图。

"但这只符合我们的一个标准。如果资源开采确实成为月球上可操作的金融模式，可能不会被殖民化。将工人运过去再运回来会更容易，不需要将他们的家搬到离地球只有三天路程的月球上去。而且我们认为，任何月球基地都永不可能自给自足。

"火星有大量的冷冻水，但缺乏生命的证据却令人不安。我们相当肯定，有许多充分的理由能解释为什么那里是不毛之地。此外，我们没有看到能源。最重要的一点，火星和月球一样没有吸引力，而且比月球更难到达，这是我们从美国宇航局载人任务计划中得出的结论。

"下一个相对近的目的地是金星。我们在几十年前发送了最后一枚探测器。金星有足够的大气。事实上，金星上的大气压相当于地球海洋 900 米深处的气压。大气中含有酸，会让人中毒，而且非常热，足以熔化铅。

"关于全球变暖的辩论一直没停过，你们中一些人有参加这个辩论的，可能会感兴趣：金星为什么会这么热？因为金星大气层中充满二氧化碳。金星在这种失控的温室效应下，犹如在蒸笼里——我们在地球上正在经历同样的现象，其最终结果就跟金星一样。"

教授现在用嘲弄又严肃的语气，读着公共事务组给他的一张卡片。

"然而，我收到指示，要强调我们还不能肯定，我们燃烧化石燃料排放的二氧化碳，是否足以让地球变得如同金星一样不适合居住。这还需要做更多的研究。"

他回到自己的话题。

"其他候选殖民地距离遥远，属于外太阳系。那里太阳光更昏暗，行星是气态的。我们不能在木星或土星上建造一个空间站，因为这些行星上没有坚实的地基可供建造。它们更像恒星，但太小了，无法灿然发光：都是大气。

"我们已经研究了一些在土星或木星大气层中建立殖民地的想法。某个气态行星中的大气层里，具有适当浮力的栖息地可以在预定的水平线上摆动，就像船只一样，能提供适当的引力和稳定的生活平台。

"这个想法符合我们'选择标准'中的大多数条件：能屏蔽辐射、微陨石，有外部气压，所以没有爆炸性减压，有一个可提供某些所需材料的大气层。我们也可以在那里获取氦 -3，就如同在月球上一样，这是未来的收益。但是在那里，我们没有当前可用的电力来源或更重的材料。"

坐在前排的美国国务卿，大声地清了清嗓子。

"教授，请继续。没有人想泛舟木星，做疍民。让我们看看报告的关键部分：土星卫星和木星卫星。"

教授暂停了一下，打开投影机。来自萨根探测器（之前被称为泰坦星—土星系统任务）的生动快镜头视频，显示土星及其卫星飞驰而过。图像展示其情况，教授解说。土卫二内部很有趣，但外面看起来像一颗冰制的白色台球。探测器显示，欧罗巴也是同样的情况。没有大气层。水很多，但其他的不多。

很难想象能在这里生活。

"我们设计这些航天器时，是想要寻找生命，"教授说，"寻找并选址一处殖民地不是当时优先考虑的事。我们还没准备好详细报告去寻找生命的细节，但可以说，从人类居住的角度来看，这些卫星很古怪，我们认为没有生物可以在那里生存。"

在太空中，一颗模糊的橙色星球进入视野，越来越近，占满整个屏幕。

"不过，泰坦星是另一回事，"教授说，"如果我们能带着所需的'创业'设备安全抵达那里，泰坦星正好符合我们正在寻找的所有标准。"

屏幕图像切换到一幅橙红相间的地貌，它们在摄像机下顺畅滑过：这里有一条海岸线，黑色的海浪轻轻地拍打着布满沙子和鹅卵石的海滩。

"我们研究了泰坦星多个不同区域的、各种各样的表面物质。我们现在可以描述它们了：土壤是烃，基岩是水冰与一些氨混合而成。大气是氮气，不过雨和雪是碳和氢。也就是说，它们是甲烷和乙烷。没有气态氧，只有锁在水里的氧。

"所以，这个行星的地形地貌，很像地球，有湖泊、丘陵、海滩、沼泽，但构成它们的物质不同于地球。地球有铁心，泰坦星是岩心。地球有个岩石地幔，泰坦星有个含水的泥浆地幔。地球的土壤是矿物、有机物的混合物，泰坦星的土壤都是有机物。"

房间后排有人喊道："恐龙在哪里？没有恐龙，你怎么会有有机土壤和化石燃料？"

"啊，对，外行人。"教授说。

"我们一直知道，在外太阳系，烃来自现存的元素在超过9个天文单位的低温下凝结——对不起，就是说，超过了地球和太阳之间距离的9倍，所以温度很低。在泰坦星的上层大气中，太阳辐射还促成了更复杂的烃分子生成，形成橙色阴霾。'惠更斯号'探测器发现，一路下去都是阴霾，虽然表面有45米的可见度。就是美国人说的50码。我们在实验室里，用紫外线照射甲烷或乙烷，造出了这些滑腻、棕褐色的索林聚合物，这可能正是泰坦星大气层顶层发生的事情。"

教授带着淘气的微笑暂停了一下。

"我看出来我惹你烦了，"他说，"你问的是恐龙。"

现在，教授放映了一幅动图，它来自泰坦星湖表面之下。他说："这是我们的潜水浮标拍摄到的。我们把这些视频高度保密。你们是除我们组员之外，最先看见这个的。我们不知道如何称呼图像边缘这些飞快游动的生物。它们似乎是在自主地游动。正如你们所知，这是一片海洋，主要成分是乙烷、甲烷和乙炔，大小如美加边界的苏必利尔湖。没有水，所以我们不知道该怎么称呼这些生物。'鱼'这个字可能让人以为有水。"

房间里欢声雷动。教授也微微一笑。

"是的，我们在泰坦星上，发现了一种不是基于水的生命。"他声音压过嘈杂声，进行澄清。

"而且，我想补充一点，我们确认，泰坦星是一处适合人类殖民的栖息地，但我们要在这句话前加个小星号。因为，虽然泰坦星符合委员会按要求寻找的地点的所有标准，但是我们没有一条标准考虑到，可能与既存生命形式发生冲突。"

现在 ◆

泰坦星上可能存在的生命，其基于的化学机制，可能完全不同于地球上的生命。甚至还有一些证据，能证明这一点。

在地球上，来自太阳的能量通过二氧化碳、氧气和水之间的化学机制，为生命提供能量。植物和藻类用太阳能结合水和二氧化碳，释放氧气，储存糖分。动物、真菌和火，重新组合植物储存的糖分与氧气，消耗糖分，使用能量，排出水和二氧化碳。光合作用吸收碳，呼吸作用排出碳，循环往复，保持相对平衡，直到一种智能物种（如我们人类）出现，燃烧光合作用的古老产物（化石燃料），释放出很久以前就从该综合系统中移除的碳，打破了碳循环的平衡。

这一化学机制并不适用于泰坦星。因为泰坦星不存在气态氧，而且水是冰冻的。但是，如果生命的关键是能够向生物体递送能量的再生化学循环，那么可以存在这样的循环。上层大气中的烃以化学键的形式储存来自太阳的能量，以雨的形式落在这颗天体上。那么动物能获取那些能量吗？在地球上，一些奇怪的细菌确实会从烃键中获取食物。在泰坦星上，蒸发和下雨循环补充着太阳能转化的烃的供应。这可能是甲烷基生物体的一种持续能源。

在泰坦星上，水冰相当于地球上的岩石。液态甲烷相当于水。地球上的动物是由碳和水构成的。泰坦星的湖泊和海洋里可能存在由碳和甲烷构成的动物。它们将处理乙炔（C_2H_2）和氢气（H_2），释放能量，生成甲烷（CH_4）。

泰坦星的上层大气可制造乙炔。发现这一机制，有卡尔·萨根的贡献。他假设，烃的成分元素（即那些常见的烃的元素）在太空中飘浮，并不断地受到太阳紫外线辐射的轰击，就可能产生烃。20 世纪 70 年代，他和研究所的同事，在实验室里，重现外太阳系的环境，并生产出一批由各种烃制成的红色黏稠物质。他们把这些黏糊状液体称为索林，也称为星焦油。

萨根还想到，我们要如何认出与我们自身完全不同的生命。1990 年，"伽利略号"飞向木星途中经过地球时——为了加速，它在地球和金星附近，做了弹弓式的重力辅助，萨根利用这个机会，试图在我们自己的行星上探测生命。其结果发表在一篇科学论文中，论文假装未知地球上存在生命，测试航天器仪器在没有人帮助的情况下寻找生命的能力。发现结果启示了我们——应该如何解读"卡西尼号"正在从泰坦星上发回的数据。

"伽利略号"的目视仪器，没有在地球上发现生命的清晰证据：随机拍摄的图片刚好显示南极洲和澳大利亚沙漠。萨根估算，用那种方法，发现生命的概率极小。另一方面，来自广播天线的有组织的电磁信号提供了无可置疑的生命的证据。但是，这种寻找生命的方式，只能用于寻找已建设了无线电台的生命形态。

研究其他行星是否存在生命时，最可能有用的信息，来自大气层中的化学物质。一颗行星就是一座巨大的化学实验室。如果没有生物改变混合物结构，行星应该按照其与太阳的距离、磁场、地质和其他可测量的参数，产生可预测的大气气体组合形式。萨根在文章中指出：例如，地球大气中含有太多的氧气、甲烷、一氧化二氮。这种不平衡，不足以证明生命的存在（其他行星化学物质也可能导致它与预期不同），但是测量数据暗示：应进一步调查生命的存在。

美国宇航局（艾姆斯研究中心）的克里斯·麦凯和其他科学家指出：如果泰坦星上存在基于甲烷的生命，我们应该能够在那里看到类似的不平衡。但是，烷基生命将留下与水基生命不同的化学指纹。萨根的"伽利略号"测量仪器，之所以在地球上发现太多氧气、甲烷和一氧化二氮，是因为植物和动物在处理二氧化碳和水。在泰坦星上，在大气层顶部的紫外线化学反应将担当地球上植物完成的工作——从太阳那里捕获能量。雨会将这些分子（乙炔和氢分子）送到地面，在地面上，动物将获取生命的能量，产生甲烷。

像"伽利略号"观察地球一样，"卡西尼号"确实看到：泰坦星上的化学失衡吻合预计的乙炔和氢匮乏，就像有烷基生命正在吃那些地面上的分子一样。在地面上应该有乙炔匮乏的情况，而"卡西尼号"果然发现了这样一种匮乏。此外，应该有氢，从上层大气中源源不断地降下，而地面上实际却氢匮乏。这似乎就是正在发生的情况，有一个模型解释了它可能是如何发生的。

泰坦星上，正在消耗乙炔和氢气的，是不是生物呢？或者，泰坦星表面存在我们不知道的某种化学催化剂。不需要生物介入，就能让这些化学物质发生反应吗？化学家还没有发现这样的催化剂，但天文生物学家说这种可能性最大。同样的说法也适用于地球。萨根说，对"伽利略号"探测器发现的我们大气里的失衡，更有可能被解释为某种未知的化学过程，而不是生命。有时最不可能的解释才是正确的。泰坦星上的化学物质失衡，是我们目前发现的对地外生命的最好暗示。

如果不是距离太远，泰坦星可以作为地球人走向太空的一块垫脚石。但当前的技术还无法让我们到达泰坦星。研究泰坦星奇怪的大气层和烃地貌，需要花几十年，部分原因是：单是飞到那里，就得用 7 年时间。另一个原因是资金决定了允许发射的探测器实在太少。按照目前的支出和技术发展速度，我们恐怕不能在我们这一代人或下一代人的有生之年让人类登陆泰坦星，而建造殖民地就更在遥远的未来而无法预测了。

以占美国经济的百分比来衡量，宇航局的预算在 1966 年达到顶峰。从此，我们再也没有重现"阿波罗"的辉煌。在泰坦星建造殖民地所需的巨大投入，远远超过"阿波罗"任务或我们尝试过的任何任务。我们不是把一只小巧精致的太空舱送到泰坦星，而是要发射一艘载有沉重货物的航天班机。这将是一项重大工业任务，其成本会高于政府过去所有科研投入的总和。

但是，到那时，带我们去那里的，也许不会是政府。

4

快速制造火箭

Rapid build rocket

现在 ◆

　　SpaceX 公司明亮的厂房有如体育馆般大小，里面一片热火朝天的工作景象：员工大部分是年轻人，身穿休闲服，忙着建造不同组装阶段的、客机大小的火箭。那边，靠墙放着一套已完工的机翼状支腿，它将用于第一级火箭，使其将有效载荷发射升空之后，能垂直降落在地球上。天花板上，悬挂着一个航天舱样机，可以将一队宇航员送上轨道。女裁缝们正在缝制看起来像电影服装的太空服。这一切都让我想到，这好像《丁丁历险记》漫画书中的一本。我们能够想到的宇航中心的景象，在这里应有尽有。

　　我们的向导杰米·霍夫曼说："规则一是功能性。规则二几乎同等重要，是酷要素。"

　　我说杰米的工作一定很酷。她说："噢，老天！"

　　但是我还没有意识到有多酷，因为我以为杰米的工作就是导游。那年，她 25 岁，刚从学校毕业，就直接到 SpaceX 公司上班了，她有着导游式的热情。而阿曼达，已经通过各种朋友的朋友，排队卡位要进行太空之旅了，她的一位同事认识这家公司的老板——埃隆·马斯克。实际上，杰米负责第二级火箭，该部分负责把有效载荷运送到太空。她一边向我们展示火箭，一边解释。

"我必须决定发生在这一级的所有事情。"她说。

那时，杰米经历过的"猎鹰9号"火箭的5次试射都成功了，其中一次是给国际空间站运送补给物资，带回血液样本和小白鼠。她的自信心爆棚，但不同于我们见过的大多数高层科学家和工程师——她一点也没有意识到自己有多重要、自己的成就有多傲人。她谈起工作，就像小孩子谈论她的Xbox玩具手柄和电影《钢铁侠》（其第一部续集，部分在SpaceX公司拍摄）。我问她，是否会担心"猎鹰"火箭所运载的宇航员的安全，她说："真的不会。我知道我负责的箭体是好的，我知道我的箭体所有地方都是好的。如果不好的话，我就把它修好。"

正是这段对话，让我们确信，太空殖民是真的，而且到来时间会早于大多数人的想象。埃隆·马斯克的SpaceX公司已经找到了未来的钥匙。这不是一种技术诀窍（虽然他们也正在打造令人惊叹的新技术），而是创新的精神、发明带来的乐趣，以及青年人的世界观。SpaceX公司的每名员工似乎都和杰米一样年轻，没有人告诉他们，说他们不能发明快速、可靠、便宜的新火箭，并马上就把它们发射到太空。他们所处的年龄，尚未经历过梦想的折戟沉沙，甚至不知真正的失败是何滋味。

此前一天，我们在宇航局喷气推进实验室里度过。实验室位于洛杉矶的另一处地方，阿曼达在那里工作了12年。但她不愿执行严厉的新安全法令，于是把自己的项目携经费搬到了非营利的行星科学研究所，这让她能在家办公。这次搬迁很有正面意义，除了一个很大的坏处——她被排除在国安堡垒之外，而她留在喷气推进实验室的同事，在国安堡垒之内。她挪窝之后没多久，就意识到了这一点：有一次，她与卡西尼团队成员在喷气推进实验室礼堂参加一个科学会议，有人忘了把她列入参会名单中。当安保人员注意到她在那里时，军官把她从观众中揪了出来，逐出园区。

参观那里，会令人战战兢兢。即使通过了公共事务管理部门的检查，佩戴了安全部门发的徽章，在游客中心等待着，访客也永远不允许单独留在那里，待在餐厅里也不行。没有理由和许可，员工不能随意地从一栋建筑走到另一栋建筑。那里看起来像是大学校园，但比任何校园都安静得多。

聪明的年轻机器人工程师保罗·尤努斯，在餐厅与我们碰面，带我们进入正在建造下一代火星车的实验室。这是一间有趣的车间，有供建造设备用的工作台、电脑和大量的沙子，可在沙子里测试小探测器。火星车的样机就在这里制造。但这里的氛围无比轻松。周围没有其他人。音乐从侧面一间房里传出，保罗的同事利用午休时间，在那里练习铜管合奏。

火星 2020 项目将把另一辆"好奇号"探测车送上火星，和前一辆火星车配有相同的电子元件和计算机，但设计了新的仪器，去寻找火星表面留存的过去生命的证据，并重新采集土壤样本。样本如何运回地球还待定。以后的探测任务能带回这些土壤样本，但尚未获得资助来设计，甚至尚未排上日程。保罗的工作是设计收纳样本的管状密封装置，以存放这些留在火星上的样本——无论新的航天器取回这些样本要等到何时。这个收集土壤并将样本存放在密封管中的机械臂，整个设备将需要至少 12 年才能完成，从 2008 年年初始设计开始，到 2020 年发射。

保罗已经在喷气推进实验室待了 8 年。他刚开始研究的方面是工程师希望科学家采用的、各种不同的机器人理念。喷气推进实验室已经建造过速降机器人、隧道机器人和跳跃机器人，虽然那里只部署了驾驶机器人。三年后，他转向负责技术开发。"现在，我的注意力一直集中在如何收集样本、放入密封管，最近这两年都在研究这个。"他说。

我们问保罗，他设计的设备，有没有已经进入太空的？他想了一会儿，说他负责过"好奇号"机械臂末端一个钻头里的弹簧。他的工作成果，在于厘清弹簧要求，并确定其在火星环境中的合适硬度。他参与选择材料、编写规格、测试弹簧，将其集成到机械臂上。

第二天，在 SpaceX 公司，我们问了杰米相同的问题：她设计的设备，有上过天的吗？她没听明白这个问题。因为她已经告诉过我们，"她的"箭体飞到了国际空间站。最近，她把阀门换成了她认为运转更好的另一类型。所以我们换了问题，问："实现一个新想法，整合进火箭中，需要多长时间？"她说："如果你想，当天就能。"

SpaceX 公司的设计团队与建造飞船的员工在同一楼层办公。杰米告诉他们一个想法，他们就会在计算机上设计，并用 3D 打印机打印出样品，打印的金属部件精密度远超过机器加工。装配工人把部件安装在火箭上。质量控制团队的规模是公司其他任一团队规模的两倍，他们负责检查工作。拥有了一种运行良好的基本型火箭，就很容易做出改进，然后复制到下一款火箭中。

传统上，承接政府合同的航空航天公司，会将工作分包给在各个选区有工厂的分包商。装修过房子的每个人都知道：每增加一个分包商，就更可能出现延迟、混乱，以及工作人员被冤枉而代人受过的情况。在 SpaceX 公司，从一个供应商那里订购尽可能多的部件（包括计算机），并把所有可能的环节都设在一个房间里。任何独特部件，从一开始，制造它的人员就是与负责将它安装到火箭上的人员挨在一起工作的。团队所有成员的责任和所有权明确，并有强烈的目标意识和共同愿景。

SpaceX 公司的另一个理念是强调简单。公司将其融入火箭的制造中，就像汽车厂商和其他大批量生产工业产品的制造商那样，设计产品时要考虑到生产环节。在美国西南部的洛杉矶霍桑市的一间前波音 747 装配厂里，每建成一架猎鹰火箭，都要在中南部的得克萨斯州接受全天候耐高温测试，然后在东南部的佛罗里达州发射。在全美国范围内运输巨大的一级火箭，原本需要制造一辆专用的运输工具，但 SpaceX 公司的工程师堪称现代诸葛亮，只是简单地在火箭下方装上轮子和拴钩，就像开一辆卡车那样，把它开上了州际高速公路。他们还琢磨出来如何横着组装火箭，这样，工厂将不需要高到能容纳 70 米火箭的厂房，工人也不需要爬这么高了。

由于每一架火箭都证明了其可靠性，下一个型号就只是在前一款的基础上扩展功能，所以，要制造一台运转良好的设备，只需按部就班，无须反复重新设计、重新动手建造。新的"重型猎鹰"，只是简单地将"猎鹰 9 号"发动机组数量增加三倍，就增大了功率和容量。它看起来像三个火箭捆绑在一起，实际上也的确如此。这将是世界上运载能力最大的火箭，是美国宇航局资助的比赛中最大火箭运载能力的两倍以上，能够将 53 吨载荷送入近地轨道，相当于一架满载的波音 737 喷气式飞机的重量。

"重型猎鹰"的宣传视频，是一段摇滚。时长 30 秒，展现了火箭起飞的动画，配以敲打头脑的重金属音乐，没有旁白。更像是一段极限运动视频，而不是一部企业宣传片。

公平地说，美国宇航局最早开发了 SpaceX 公司正在使用的大部分技术。SpaceX 公司最重要的创新是降低成本。与政府长期独家合作的发射公司是联合发射联盟（ULA）——洛克希德·马丁（Lockheed Martin）空间系统公司和波音公司的合资企业，使用"德尔塔"系列运载火箭和"宇宙神"系列运载火箭，与美国宇航局 50 多年前首次发射的火箭同属一个系列。政府单是为了给军用和美国宇航局的发射做好准备，就要每年向发射联盟支付 10 亿美元，再加上巨额独家合同，致使平均发射成本超过 4 亿美元。SpaceX 公司在其网站上公布了发射价格："猎鹰 9 号"是 6100 万美元，"重型猎鹰"是 8500 万美元。而且，SpaceX 公司是赢利的。

在同一领域运营的还有其他公司。波音公司和 SpaceX 公司都签订了将宇航员送到国际空间站的合同。联合发射联盟正在开发一种使用更新技术的新型火箭发动机。其他公司则有他们自己的创意。亚马逊创办人亿万富翁杰夫·贝佐斯（Jeff Bezos）所有的蓝色起源（Blue Origin）公司，于 2015 年发射了一枚亚轨道火箭，不久将携带有效载荷。2013 年，贝佐斯出资请人从大西洋 4200 多米深的水下，打捞出 9 吨重的"土星五号"火箭发动机部件——可能包括将登月第一人尼尔·阿姆斯特朗送往月球的发动机，就像从失落的巨人世界发掘遗迹。此后，再未建过如此强大的火箭，虽然现在的"重型猎鹰"会是最接近它的了（也可用于月球或火星任务）。

美国宇航局也在建造自己的大火箭，甚至比"土星五号"更大、更强，称为太空发射系统（Space Launch System），其中包括一艘叫"猎户座"的乘员舱，2014 年曾进行无人试飞。该项目延续了 10 年前布什总统的"星座计划"（后来被取消）。宇航局计划 2017 年或 2018 年进行第一次飞行，建议由 SpaceX 公司或联合发射联盟接手这项工作——马斯克主动请缨，要建造一个更大但花费只有现有成本一小半的火箭。不过，国会将继续推进更加高昂的自建模式，据说是出于议员们对自己选区就业的考虑。

总部设在拉斯维加斯的毕格罗（Bigelow）公司，计划制造太空栖息地和轨道酒店。它现有一个小型充气式栖息地，计划搭乘 SpaceX 公司的"猎鹰"火箭前往国际空间站，并附着于空间站上进行测试。它还为度假者提供了一个"私人空间站双月游"项目，每人 5100 万美元。各种其他投资者和太空爱好者纷纷宣布他们的计划，有些是真的，有些还有待考证。比如有个据称是以捐款与电视收入为资金来源的组织，正推销一个折扣价的自杀式火星项目。目前已经有 20 万人申请前往。

迄今为止，巨额政府合同的承接商只有主要的航空航天公司、SpaceX 公司和轨道科学公司。后者现在被称为轨道阿连特（Orbital ATK）公司，是由美国宇航局前员工创建的公司，与宇航局关系暧昧。2008 年，宇航局同意与 SpaceX 公司和轨道阿连特公司签订再补给国际空间站的合同，花 16 亿美元从 SpaceX 公司购买 12 次飞行，花 19 亿美元从轨道公司购买 8 次飞行。SpaceX 公司的"猎鹰 9 号"火箭和"龙号"航天舱两年后首次前往空间站，到 2015 年 1 月，总共完成了 6 次交货任务。轨道阿连特公司只有 SpaceX 公司一半的运载能力，并且没有 SpaceX 公司带货物返回地球的能力。它 5 年后才首次将测试载荷运往国际空间站，在其"安塔瑞斯"火箭 2014 年 10 月发射爆炸前，才交付了两次任务。

轨道公司的发动机不是自己建造的，而是购买的。它购买的发动机，与贝佐斯从海底捞出的那台发动机一样古老——其实是苏联原计划用于 20 世纪 60 年代登月火箭（从未成功发射）的翻新机。据《洛杉矶时报》报道，古董发动机有裂缝，其中一条裂缝在一次试射时引起了爆炸。在该公司工作的一名美国宇航局前宇航员说，商业客户由于担心发动机太旧，不会使用这架火箭。但美国宇航局用了这枚火箭。截至爆炸时，美国宇航局已经向轨道公司支付了 13 亿美元；合同中预设的是 19 亿美元，且保证即使失败也必须支付高达 80% 的费用。"安塔瑞斯"火箭爆炸后，宇航局让轨道阿连特公司进行自我调查，还另给了它一些合同订单。与此同时，让 SpaceX 公司下个月向国际空间站运送补给货物。

SpaceX 公司提出抗议并上诉，指控军方和宇航局维持联合发射联盟的垄断地位，与其签订独家供货合同和其他优惠业务。马斯克亲自指责了采购官员接受大型航空航天公司的游说，与其保持密切关系，并在卸任后可能获得工作机会。客观上，很难理解，政府为什么抵制使用更新、成本更低的技术。在完成对"猎鹰9号"的认证过程前，五角大楼（即美国军方）不会让SpaceX公司与联合发射联盟竞标，而认证涉及审核200页的申请。空军花了将近两年时间审查申请，与SpaceX公司首次将火箭送达国际空间站花的时间一样长。空军估计，审查文书要花费1亿美元，超过SpaceX公司一枚火箭的发射费用（含保险）。

在空军对SpaceX公司进行认证时，SpaceX公司持续成功发射，并拥有了着陆和重复使用第一级火箭的能力。2015年1月，"猎鹰9号"发射期间，SpaceX公司顶替轨道阿连特公司，运送空间站补给物资时，还尝试回收第一级火箭。火箭本应使用先前在1000米高空测试中成功的技术，向下飘浮，降落到浮在大西洋上的一艘驳船上。但火箭落到驳船上时，速度太快，角度有偏差，爆炸成了一堆碎片。SpaceX公司所有者埃隆·马斯克在推特上发布了视频，开玩笑地将这次失败称为一次彻底的粗暴（RUD，英文rapid unscheduled disassembly"快速、非计划的解体"的首字母缩写）。他开得起玩笑，因为宇航局交给他的任务已经圆满完成。毕竟，原本第一级火箭就是要丢弃的。火箭回收已经很接近成功——至少火箭撞上了驳船。

当年晚些时候，还发生了一次更严重的失败，一架"猎鹰9号"运送货物到国际空间站途中，在太空爆炸。这次是第二级火箭，杰米·霍夫曼负责的。马斯克称这次爆炸"对SpaceX公司来说，是一次巨大损失"，但调查显示，失败是因为一根钢棒有缺陷，并不是设计缺陷。这个问题出现在连续18次成功发射之后。将来，SpaceX公司计划对火箭中的每一块金属进行独立测试。

SpaceX公司现在所处的地位令人羡慕，既能在运营中拥有正现金流，同时钻研大幅降低成本的开创性技术。工程师发现，第一级火箭着陆驳船失败，是因为火箭用尽了原本用来操作尾翼，使其减速并控制其下降的液压油。他们不断尝试。（马斯克在另一条推特上说："至少它爆炸的理由应该不同于上一次。"）2015年12月，SpaceX公司让第一级火箭成功着陆。次年1月，又有一枚第一级火箭在一艘驳船上坠毁。

火箭的首次成功着陆是历史性的，在这一方面，贝佐斯的蓝色起源公司击败了SpaceX公司，前者的"新谢泼德号"第一级火箭，于2015年11月在得克萨斯州着陆，比后者领先了一个月。贝佐斯和马斯克通过推特，就他们之间的竞争展开攻击。但对于商业竞争而言，贝佐斯的公司对布兰森的维珍银河公司更具威胁，因为"新谢泼德号"火箭的设计目的是在高于大气层处的地方飞行，搭载游客进行4分钟失重状态的短程飞行，而不是运送重型货物到轨道。然而，与布兰森的航天器不同，"新谢泼德号"并不能使用机场跑道。其载荷舱，需使用降落伞返回地面。

一旦SpaceX公司能稳定持续地着陆并重复使用第一级火箭，SpaceX公司的发射成本将再次降低。火箭正变得像飞机一样：着陆，重新加注燃料，再次飞行。发射"猎鹰9号"的燃料成本为20万美元（与波音747加满燃料的价格相同）。每次发射的大部分成本是丢弃的助推器。第二级火箭仍然是一次性使用，但在设计出可以在太空转向并安全返回地球的第一级火箭这一方面，SpaceX公司已经取得惊人的技术成就，并创造了巨大的商机。

在SpaceX工厂，杰米·霍夫曼品味着火箭着陆的想法。她说："希望我们能够做到，那会很棒。"

对于太空科学历史性成就的声明往往偏向乏味冗长——这可能就是为什么大家会对要花几十年时间的技术抱有耐心——或许是过分耐心了。杰米说，和她一起工作的员工，几乎都是从学校一毕业就直接到公司的。他们从未经历适应大型官僚组织的过程，也就不了解这等待变化的文化。他们是来这里造火箭的。

SpaceX公司里的事情以及这项工作的总体目标，对这些年轻人来说，并不会显得过于雄心勃勃或者奇怪。杰米首先告诉我们的一件事是：打造火星殖民地的交通运输系统，是整个企业的最终目标。

"火星是马斯克的梦想。"她说。

未来 🚀

太空飞机备受旅行者青睐——因为这种经历失重状态的商务旅行很体面、气派，速度又快；也因为这样一份行政费用报销单上就只需贴一张票了。但重型火箭，甚至是可重复使用的火箭，面临着大众市场的挑战。这些火箭要想发展，就需要一处很多人都想去的太空目的地。多年以来，虽然商用太空产业降低了价格，他们的业务却仍然在于传统方面：发射卫星，发射美国宇航局设计的探测器，完成探索任务。

但是，战争推动了科技的发展。美国军方购买配备武器的太空飞机，打击恐怖主义和各地突然出现的叛乱分子。这种航天器能够在接到通知后的几小时内，将突击队员或无人机投放到地球上的任一角落。叙利亚和伊拉克的哈里发也购买了太空飞机，并在一次惊人的突袭中，让"圣战突击队"出现在了高尔夫大师赛的球道上。绿草坪俨然变成了战场。24 小时的新闻报道，猜测敌人到底有多少地方可以投放炸弹甚至恐怖分子的"人肉炸弹"。太空飞机速度很快，空军使用从地面起飞的战斗机，无法有效地拦截它们。保卫太空成为紧急优先事项。

五角大楼推荐了最昂贵的解决方案：美国必须建立一个新军种。空间站将从轨道上保卫美国，确保太空航道安全畅通、保护卫星、拦截敌方飞机。美国需要一支新的太空舰队，正如需要军舰来保护海洋一样。建设国际空间站花了 20 多年时间，投入了 1000 亿美元，但随着民营企业的低成本轨道火箭能够运送物资，可以轻而易举地大幅降低建设成本，去掉一个"0"。建造一个太空战斗站的费用约为 120 亿美元，相当于建造一艘航空母舰的费用。

相对便宜、灵活、可重复使用的运输工具，让人们有可能在轨道上组装绝对无法整体带入太空的大型结构，这些结构甚至不能存在于非失重环境中。领导军事科技竞赛的工程师设计出的空间站，让普通人无须经受几个月的培训，就可以在那里从事自己的工作。旋转结构可以通过大家熟悉的离心力现象，在失重的太空中产生重力。440米直径的圆形空间站，仅需要每30秒旋转一次，就可在空间站的外缘重现地球表面的重力。越向中心移动，人工重力强度越弱：空间站中心和边缘的中点处只有地球一半的重力，中枢轴处无重力。

失重状态下，工人用比在地球上更少的体力，就能组装大型物件，但要学会这种特殊建造技能，并不是一件简单的事。重力提供熟悉的工作环境，产生阻力。在太空中，钻头会反过来让工人旋转，除非工人将自己固定在正被钻取的物件上。建造具有人造重力的大型空间站，可以利用这些差异，让不同的操作员在离转轴不同距离的地方，在最有利的重力环境中工作。

组装的第一步，由具有宇航员经验的装配人员穿着宇航服，将牢固的梁和碳缆连接起来，形成轮毂和轮辐。旋转力会让空间站散架，因此必须用辐条，将空间站本身的材料和加载在其外半径上的所有材料连接在一起。牢固的连接管围成空间站的圆形外围。预制的居所舱飘浮到各自在轮毂和轮辐上的指定位置。生活和工作场所到位后，太空舱体中的火箭将旋转空间站，产生重力。

现在，工人团队只会在飞抵空间站的途中经历失重状态。他们一旦到达空间站，便可以在正常重力条件下完成许多任务，使空间站可以运行并继续建设。他们不需要像宇航员那样接受训练。在处于中心附近重力较小的辐条上就能完成大型物件的处理工作。最繁重的工作在空间站中心的一个失重湾里进行，那是组装新航天器和空间站部件的太空船坞。大型太空船坞开始工作，复制建造其他空间站。

中国也加紧建造太空军事基地。用不了几年时间，中美两国都拥有了能够飞行的太空基地。

建造武器和太空船坞的承包商，将他们的知识、设备和新财富，用于进一步发展商用太空行业。

第一座成功的太空度假村，卖点是太空旅行的视野和刺激，伴随着舒适的人造重力。客房位于旋转度假村边缘，游客们乘坐电梯到达休闲失重中心。他们在那里飘来飘去，就像在地球某个度假村的游泳池边闲逛，透过大窗户看着地球，啜饮袋装的鸡尾酒。活跃的客人，在玩一种类似手球的三维游戏，他们戴上头盔和护具，减缓同球场上飘浮的其他球员相撞的力道。

对失重状态的承受力因人而异。感到不适时，他们便返回各自带有重力的房间。餐厅位于边缘处，那里，食物静置盘里，饮料装在杯中。浴室也在那里，即使不借助真空软管，也能使用低流量的淋浴和厕所。

每个人都想加入万里高空俱乐部，但在失重状态下的性生活令人失望。零重力环境中，猛推会导致后退。夫妻总会尝试一次，但总是半途而废，因为搂抱经常让人被搡或被踢到。那些坚持到最后、保住尊严的人，面对事后清理的挑战时，仍会最终崩溃。度假村开始分发捕网，类似宠物店里捕鱼用的那种——以帮助那些疯狂紧张，到处寻找飘浮的精液或其他液体团的人。

事实上，最受青睐的做爱之地是低重力区，度假村的夜总会占据了舱体从轮辐到轴心的大部分区域。舞者所受重力只有正常重力的几分之一，因而可以亮出令人惊叹的舞姿，女人永远不需要穿支撑型文胸。夫妻在这一重力区，按小时租房。在体重只有正常重力 1/6 的情况下，每个男人都强壮如牛，每个女人都身轻如燕。

轨道上的普通宾馆和分时共享宾馆都发展得很好，但太空产业不能在这个方向一直持续扩展。新技术会变得无聊、过时；发展得越快，我们就越容易觉得无聊。地球外度假发展成熟时，就会像在它之前出现的计算机和汽车一样，大众不再兴致勃勃地讨论其中的技术细节了，只有技术人士和极客才聊这个话题。热门真人秀《空间站单身女》短时间地吸引回了公众的兴趣，但太空游轮仍然只是"又一处度假备选地"而已。

不过，作为飞出地球的第一步，商用太空船坞的发展，仍然充满了令人兴奋的可能性。它们创造了机遇，让我们能够建造一艘不需要从地球上发射的巨大航天器。从现在起，人类将在太空中建造、发射行星际飞船。

现在 ◆

埃隆·马斯克说话时，多用缩略词和降调，给人留下一个不善交际、更喜欢陪伴电脑的技术男形象。

用这种声音表达他必须说的宏大内容，让听者震惊，迫使听者在头脑中放慢"速度"，切换到更大"功率"的"挡位"。他说，对他而言，让一组人登陆火星，这个目标太小了！太小了，因为这并不能拯救人类，让人类免于灭绝。

马斯克在 SpaceX 公司的组装大楼，向美国有线电视新闻网的一名记者说："我们长期的愿景是开发必要的技术，运输大量的人和货物到火星上，在那里发展自给自足的文明社会。这才是我创办这家公司的初衷。"

2002 年投资 SpaceX 公司之前，年方 20 多岁的马斯克，已经通过几家互联网公司赚了很多钱。"我那时在考虑，贝宝（PayPal）之后做什么？我一直对太空感兴趣，但我认为，在太空领域，个人是什么也做不了的，因为太空更像是大政府的一个省。我就开始研究，浏览美国宇航局的网站，了解我们什么时候能去火星。很明显，这似乎就是登月之后要做的下一件事。但我在网站上什么也没找到。"

那时，因科技致富的年轻人，在做许多怪异事情，而马斯克为了去火星而创办一家火箭公司的想法，似乎只是又一个因快速成功而产生的妄想。现在 SpaceX 公司可以发射卫星，为美国宇航局向国际空间站送人送货，能做所有的这些业务。当他谈到要将 100 万人送上火星时（他认为这么多人才能创造一个自给自足的社会），记者们并没有笑，他们接着问他会先完成哪一部分。他已经成为继史蒂夫·乔布斯之后，世界顶尖的科技亿万富翁名人，有粉丝对他公开发表的每一条言论都做了编目。

马斯克说起自己的预测，高谈阔论，滔滔不绝，并且狂撑竞争对手——就像任何狂妄的硅谷科幻迷一样。他以惊人的事业成功支持自己的观点，但这并不意味着他能准确预测。2009 年，他说 2014 年 SpaceX 公司将载客环游月球，但公司现在连受过训练的宇航员都还没有搭载过。"重型猎鹰"比原计划推迟了 4 年。他曾说，电动汽车将迅速流行开来，让内燃机像蒸汽机和马车一样，成为难得一见的古董。但事实是，电动汽车一直在苦苦努力，要在那小小的精英市场之外，开辟出更大的市场。

马斯克的预测具有影响力，不是因为预测准确，而是因为这些预测如何不断激励他做出成功的大胆举动。他开办过各种创业公司，涉足航空航天、汽车、能源行业；他不断出击，挑战业界规模最大、地位最牢固、资本最密集的企业。在每个领域，他都大获成功。技能显然不可或缺，但时势造英雄。马斯克不同凡响的视野，让他看到那些"不可逾越"的巨型公司的致命弱点，并将最聪明、最无畏的创新者吸引到自己身边。看着杰米·霍夫曼建火箭，我们从来没有想问她，赚了多少钱。她和 SpaceX 公司的其他年轻人，之所以努力工作，是因为他们要去火星。

这才能是从哪儿学来的呢？显然，马斯克是天纵奇才，但仅此，担负人类命运的大任并不会自然而然降落在他的肩上。他在南非长大，小时候父母离异，家里环境混乱，颠沛流离于不同城市。他个子小、性情孤独，常被其他小孩围攻，被叫作麝鼠（马斯克＋鼠）。他痴迷《基地三部曲》和《指环王》，他对《纽约客》的一名作家说，这些书中的故事，都是英雄以拯救世界为己任。11 岁时，他告诉母亲，他想搬到另一个城市，与父亲住一起，希望能说服父亲搬到美国去，他认为美国拥有技术和自由；12 岁时，他卖出了生平第一个软件——一款电脑游戏；17 岁时，他自己移居加拿大，靠当冲浪教练、卖散装热狗和橙子为生。

1995 年，马斯克来到美国加利福尼亚州，在斯坦福大学攻读博士学位，但当他意识到外面的世界正在发生的事情时，就马上辍学了：历史上一个最伟大的发财时刻，正随着互联网的出现而到来。7 年后，马斯克已经创建两家创业公司，将贝宝卖给易趣，净获 1.6 亿美元。

马斯克年轻时便坐拥财富，除此之外，他看待世界的方式也是独特的。提及孩子，他想要很多孩子，他认为这样有助于对冲文化程度不高、见识不广人群的孩子数量（据《纽约客》报道他已建议公司员工"每名育龄女性至少生 2.1 个孩子"）。谈到联邦政府与大型航空航天公司的反竞争关系，他初步的想法是应用博弈论来应对这种情况。一名记者问他，是否会亲自去火星，他思考了很长时间，然后说，只有当他确信，不需要他坐镇 SpaceX 公司，也能保证整处殖民地成功时，他才会去火星。

这种态度无法作假，而且有证据表明，马斯克的动机并非追求金钱。马斯克同时创办太空发射和汽车公司，在这不大可能成功的赌注上，他几乎倾家荡产。几十年来，没有人敢挑战大型航空航天公司，因为后者拥有成本加成、政府合同及贵得吓人的技术。SpaceX 公司早期坠毁了一堆火箭，几近倒闭。马斯克还一度将自己 90% 的净资产，赌在 SpaceX 公司和他初创的电动汽车公司——特斯拉汽车上。

但结果证明，美国工业公司巨头这枚"果子"已经成熟，可以摘了，因为它们已不思进取，只是靠规模优势和体制内支持而"惯性滑行"。它们的技术陈旧，管理臃肿，运营僵化。太空发射公司通过游说和与政府的暧昧关系，囤积海量独家运营合同，而赢得利润。为历史包袱所累的汽车公司，生产的是过时的产品。

如果有什么举动看起来比创办一家新宇航公司更疯狂，那可能只有——创办一家新的汽车制造公司。2006 年，马斯克想制造电动车，助力解决气候变化问题。同样，在早期，创业维艰，研发时间和成本超出计划，还有段时期处境艰难，濒临破产。但创新的敏捷性和竞争对手的孱弱，让公司峰回路转。

大型汽车制造商不了解锂电池新技术，并因为行驶里程短，消费者不感兴趣，便放弃了研发电动汽车。2008 年经济危机，让它们处于破产的边缘，特斯拉汽车公司推出了一款行驶里程较远的高性能电动汽车。碳纤维车内，集成着重达半吨的成千上万块笔记本电脑的电池，让汽车能在 4 秒内从静止加速到时速 60 英里 [1]。许多电影明星买了早期的车型，好评如潮。

---

[1]　1 英里合 1.6093 千米。

到 2015 年，特斯拉汽车公司每年生产约 5 万辆高端汽车。市场价值超过克莱斯勒，是通用汽车的一半以上。这是一个了不起的成功标志，但并不是马斯克想要的。他承认这份估值是基于对未来巨大增长的预期，而不是基于当前的销售额。电动汽车替代传统汽车而"接管"整个汽车市场的速度，还不够快。2014 年 6 月，他宣布特斯拉将放弃所有的专利，供其他汽车制造商使用。

马斯克在博客上，发文公布了该消息，题为"我们所有的专利都属于你"——该标题滑稽地引用了一款电子游戏中的错句笑点（该错句为"All your base are belong to us"，不仅有两处语法错误，还有歧义，既可理解为"你们的基地都属于我们"，又可理解为"你们的根基都属于我们"，成为流行欧美的一个笑点）。他解释说："我们创办特斯拉汽车公司，是为了加快可持续能源交通工具的到来。如果我们扫清了道路，制造出令公众感兴趣的电动汽车，但随后在身后埋下知识产权的地雷，阻止其他公司跟进，这就与初衷背道而驰了。特斯拉不会对任何出于善意而希望使用我们技术的人，发起专利诉讼。"

几个月内，其他汽车公司接受了特斯拉的好意。但特斯拉公司的股票价值仍持续上升。马斯克拥有特斯拉 23% 的股票，根据股票价格的变化，公司价值在 250 亿~350 亿美元之间。他在 SpaceX 公司的资产份额没有公开，SpaceX 不在股票市场交易，因为马斯克担心投资者对他的火星目标没有足够的耐心。2015 年年初，该公司 10% 的资产份额以 10 亿美元的价格出售给谷歌和富达投资，说明其总价值达到 100 亿美元。

媒体广泛报道，马斯克就是小罗伯特·唐尼在电影《钢铁侠》中扮演的技术型的亿万富翁托尼·史塔克的原型。但两人只是表面上相似。史塔克冲动、自私，智斗各种危机，就像一个超级英雄，使用蛮力取胜。马斯克似乎更像是比勒陀利亚小男孩的成年版，他阅读阿西莫夫的作品，像《基地三部曲》中的人物那样，找出历史规律，从而预测未来。这是与史塔克的冲动相对立的。

现实地球需要拯救的原因，主要是大气中二氧化碳含量不断增多。这激发马斯克创办了特斯拉公司，并与一对表兄弟一起，创建了太阳城（SolarCity）

太阳能安装公司。太阳城公司解决了如何高效安装太阳能电池的难题，并为业主提供一段时间的资金支持，业主可以很快看到节省了电费。这是一个好想法，可以调动市场力量，对抗气候变化。但是如果气候问题解决不了，SpaceX 公司就是备用计划——带着人类逃离地球。

马斯克告诉在线杂志《永旺》的一名作者："让人类生活在多颗行星上，有一个强有力的人道主义理由：这样，万一发生了某种灾难，仍能保证人类可以生存下来。"

未来

为应对海平面上升和大规模的暴风骤雨，港口城市（如纽约、孟买、阿姆斯特丹、东京、广州）花费数万亿元，修建海堤、防洪控制装置，以及提升高架街道、铁路、公用设施和建筑物。其他沿海城市受到大风暴的破坏过于严重，保险公司和政府都无力承担在风暴反复破坏下重建城市的成本，于是，这些城市在一片潮湿中慢慢死亡了。休斯敦（墨西哥湾）沿岸的约翰逊航天中心和佛罗里达州的肯尼迪航天中心，海拔太低，容易遭飓风袭击，被遗弃到海里。

发达国家遭受飓风、海平面上升、高温、干旱、洪水、瘟疫、怪异天气轮番袭击；而世界上的穷人在忍饥挨饿。在非洲，主要农作物玉米、高粱、花生在高温和干旱中年年歉收。有时，仅仅高温就足以毁掉大片土地。大规模饥民迁移，占领邻国。政府崩溃，军阀、帮派争夺控制权。永久难民营监禁了千百万无国籍的穷人，成为滋生恐怖主义运动的温床，将宗教复仇的目标集中在那些因富有而相对宜居的国家。

一枚脏弹在喀布尔爆炸，这是用从医疗设备中搜刮的低放射性物质包裹常规炸药而制成的炸弹。新闻报道显示，放射性升高之处逐渐遍布整幅地图。放射性虽低，但造成的恐惧是一样的。然后，又一枚脏弹爆炸了——这次在开罗。

世界上的富人也在迁移，从受暴风雨侵袭的海岸和被干旱掐死的城市，撤退到山坡和从前农场上筑有高墙的大院里。在那里，他们可以掌控自己的安全，囤积资源，隔离瘟疫和辐射。但是，保护他们的堡垒也囚禁着他们，特别是在他们担心空气可能有放射性的情况下。虽然专家坚持认为，空气和食物供应是安全的，但富人们并不相信，就像他们不相信专家大加赞赏的儿童疫苗接种、转基因动植物、核能的安全性。

从一开始，气候问题便与权力挂钩。那些有权力控制资源的人可以适应。他们可能会为失去生态系统和特殊地方（国家公园、滑雪场、海滨）而感到遗憾，但他们拥有财富，让他们可以随时迁移，养活自己，并保护家人免受那些灾难事件的伤害。富裕国家可以调用庞大的军队，保护他们不受穷人的伤害。

随着人们对恐怖主义、瘟疫、放射性尘埃担心的加剧，建筑物的门窗永远关闭了。发达国家的文化已经转向网络空间所界定的现实中。过去几十年，人们在户外的时间越来越少，每一代人都越来越适应电子屏幕，而不是户外空间。日常出行即穿梭于家中封闭车库与办公室、商场或学校的封闭车库。人们在装有显示屏的健身房里运动。孩子们在室内操场玩耍，使用手持控制器来模拟玩具、球、攀爬架，没有任何受伤的危险，也不会暴露在未经过滤的空气中。家境好的家庭，绝不会让孩子到户外去。

但他们确实会去太空。每个家庭都至少去过一次空间站度假村。坐进客运火箭，系上安全带，感受起飞时的超重，对孩子们来说是一种刺激，但成年人在倒计时期间却会打盹或阅读，不理睬例行的安全简介。对富人来说，地球卫星轨道就像以前的夏威夷或伦敦一样，成为另一个坐在金属舱里就能到达的地方。

与地球上封闭式大院中的生活相比，地球外封闭式栖息地的生活没有什么太大不同。也许只会更安全，因为远离了那些可怕的穷人。

"在时间和地点的细节下，历史上有着重复的结构和模式。"格瑞特·弗尔麦伊（Geerat Vermeij）写道。他是研究古海贝进化记录的盲人科学家。他认真思考地球亿万年间的生命历程，发现了每个生态系统中的模式——竞争、资源限制和机会模式："青睐某些适应性改变和发展方向，甚于其他改变和方向，因此让人类和非人类领域的历史具有可预测性。"

生态系统，不管是小如一滴水，还是大如太平洋，都有生物在其中繁殖、交换能量、成长、死亡，就像"按照同一套规则，玩一种游戏"。生物无须知道这些规则，却必须受这些规则支配。它们甚至不一定是生物体。在计算机内的生态系统中，当简单的程序相互作用，也会出现类似模式。正如数字运算结果在任何地方都相同那样，无论是谁计算，个体之间对有限资源的竞争同样遵循相同的路径，不管个体由何组成，也不管个体因何竞争。

通过这些系统中产生的规则，我们可以预测，在有机体你争我抢，争取主导权时，竞争是如何促进更强大的力量和能力演变的，以及优势种如何耗竭有限的资源并崩溃的。对于任一给定规模的生态系统，我们都能给出数字：它何时将达到临界点，并转化为新的功能状态，此时新的生态关系和丰度，会推翻上一个强势力量和优势种的秩序。

地球是一个有限的生态系统。一个优势种——我们人类，取代了其他生物。弗尔麦伊以敏感的手指从 5 亿岁的贝壳中梳理出的故事，又重现了。我们人类似乎正在逐步耗竭整个生态系统。人类虽然在提高能源、其他资源使用效率方面，取得了巨大的技术进步，但我们的欲望和人口数量增长得更快。我们一直在开采我们赖以生存的生物圈，各种生态系统已经达到临界点，或已经转变状态——多样性减少、生产力降低、功能永久退化。

如果整个地球是我们的生态系统，那么这整颗行星的状态改变可能即将发生。2012 年，包括弗尔麦伊在内的一个国际地球科学家小组在《自然》杂志上做出了这一预测。对区域生态系统和计算机模拟的研究表明：当超过 50% 的地球陆地生态系统，被人类转化为新状态时（我们现在已完成43%），地球就可能到达其临界点。我们预计，到 2025 年，全球人口达到82 亿时，就会达到 50% 的阈值。文章指出："虽然改变生物多样性和物种组成的最终影响仍然未知，但如果大片区域达到生态系统服务收益递减的阈值，而同时全球需求增加（如果人口在大约 30 年内增加 20 亿人，需求就会增加），可能导致广泛的社会动荡、经济不稳定，甚至付出人类生命的代价。"

我们这一物种的特殊品质，有可能让我们悬崖勒马，停止破坏维持自己生命的系统。至少在个体层面，我们能够感知到该威胁，并采取行动避免它。与自然世界中的其他任何物种不同，人们确实能为维护地球利益做出决定，放弃可以消耗的能源和财富，比如，做出"不经济"的决策，来节省能源、回收材料或保护荒野那样。

但是，集体而言，我们的成绩单不太好。过去 10 年里，作为个体，美国人开车次数越来越少，但美国不断增长的人口和经济，意味着汽车总行驶里程并没有下降。人们用马斯克的电动汽车技术，来制造跑车，但没有人真正需要这种产品。何必节省呢？即使我不抓走海里的最后一条鱼，难道别人不会抓走？

保护环境面临的基本矛盾，是个人自由与集体行动之间的矛盾。我们不知道能否两者兼顾。可供好好尝试如何兼顾两者的时间正在一天天减少。战争已是无休无止，主因是宗教、种族和国家冲突。如果这些冲突再叠加上灾难性的资源问题，我们可能会丧失集体表达真正愿望的能力。

我们说"真正的愿望"，是因为：任何头脑清晰的人，都不会只因为我们可以去火星，便选择舍弃地球这颗行星。举一个例子：相比于在另一颗行星上建立殖民地要花费的巨额资金，应对地球气候变化所需迈出的重要一步，其成本是微不足道的（甚至可能有的赚，有净财务收益）。而且，通过保持地球这颗行星的可居住性，我们可以拯救每个人，而不仅仅是拯救少数携带基因登上火箭的幸运儿。在这颗行星上，我们可以拯救所有人、兽类、鱼类、树木、空气、土壤，以及促使"我们成为我们"的所有记忆和精神。

就好比有人刚刚心脏病发作了，现在来到了医院。我们可以选择方案一，即戒烟、运动、正确饮食；也可以选择方案二，即不做改变，过段时间再来医院，这样或许会死去，但或许还有一线希望，勇敢地做一次心脏手术，然后永远过一种缺少尊严的生活，依靠技术维持生命。有些人确实改变了生活方式，心脏病再也没有发作；有些人不做改变，最终采用了技术方案。目前看来，我们似乎在走第二条路。

埃隆·马斯克两边下注，对这两种方案都做了投资：既有电动汽车与太阳能，又有火星殖民宇航理念，后者将像一艘方舟，装上活的人类 DNA 样本，飞离地球，远离任何可能正在扑向我们的灾难。从事这项工作时，他意识到，自己不仅仅是在挑战商业文化，他可能在尝试整个银河系中史无前例的事情。

马斯克再次采取了宏大视角——特别宏大。他想知道，所有其他星球的宇航文明都在哪里？难道没有智慧生物曾发展到这一步吗？又或者，有什么东西阻止了他们吗？这个问题被称为"费米悖论"，困扰着许多未来学专家。

我们这颗行星是宇宙中唯一的生命家园，这一理念已经不再可信。围绕其他恒星转的行星足够多，而且其中很大一部分具有适当大小的轨道，从而其表面可能有液态水流动。天文学家发表了预测，说我们的银河系内，可能已经有数十亿个地方，形成了像我们这样的生物。而且液态水可能并非生命所必需。化学家找到多种方法，能使用多种不同材料，制造像我们的 DNA 一样能自我复制的分子系统。

弗尔麦伊预测：生命一旦开始，支配地球上生命的相同规则，就将在任何其他地方指导生命发展。进化之所以发生，是因为有机体构造出来，就是为了生存和繁殖；有机体之所以那样构造，是因为不以生存、繁殖为目的的有机体，无法延续。

生命可能开始一百万次，但没有发展起来。但在尝试一百万零一次时，存活并繁殖的有机体必将传播开来、竞争、进化。这些事实不依赖于地点或化学，所以进化必然具有普遍性。

外星人模样可能与我们不同，但是弗尔麦伊预测，它们的感官和能力会和我们的类似。进化遵循相同的路径，一再发生，最终，从不同方向找到类似的解决方案。在地球上，视觉器官进化了很多次。弗尔麦伊编目 53 种物种形态的样例，虽然源自不同的谱系，但都按相同的方式进化而来——某些情况下，数十种谱系在外壳细节或其他有用的构造点上进化成了一样的。这还不包括进化常以不同的物理形式，找到功能相似的解决方案。例如，为交配提供便利、保暖身体的覆盖物，会以羽毛、毛发、各种昆虫外壳的形式出现。

智慧，也在地球上许多谱系中进化着，在大象、乌鸦、章鱼这些没有亲缘关系的生物中进化着，而它们之间在环境和需求方面的差别，可能并不小于不同行星之间的差别。在任何生命有可能蓬勃兴起的地方，就很有可能会出现智慧。正如弗尔麦伊在一封电子邮件中所说的："智慧，像许多其他特性一样，是一个'吸引盆'，在那么多情况下智慧是那么有用，因此，生命最终注定会进化出智慧。"

马斯克已经想到了这一切，并重复了费米那令人不安的关于外星人的问题：为什么我们还没有收到任何外星生物的消息？如果我们周围的星系存在有生命居住的行星，那么它们的宇宙旅行家都在哪里？或至少告诉我们，源自这些行星的无线电电波，都在哪里？一颗适合居住的行星，可能距离地球不到9光年。在那里，他们现在可能刚刚从地球无线电电波中发掘出了泰勒·斯威夫特（该歌手出道于2006年）。

除了如此众多寂静行星的神秘之外，费米悖论又增加了时间的因素。人们认为宇宙历史超过130亿年，然而，一路把我们带到"向地球外扩张"这一门槛前的人类技术，只有几百万年历史，而且，正在呈指数级增长。我们在一万年前学会了金属冶炼，一千年前开始把零作为一个数字，一百年前制造了可调谐收音机，十年前开始看优兔（YouTube）、使用苹果手机。人类已经离开过地球，除非发生灾难，我们将成为真正的宇航物种。

"按我们目前的技术增长速度，人类正走在'能力如神'的道路上，"马斯克对那名《永旺》作者说，"如果这个星系过去138亿年间无论在何时何地，曾经存在过高等文明，那为什么这个文明没有无处不在？即使移动缓慢，也只需要宇宙生命长度0.01%的时间，便能使其分布得无处不在。为什么没有呢？"

回答这个问题的推论线索（从生态学与进化教训进行推论）同样提供了一个答案。可能是：每一种智能物种（如我们）的发展过程中，都被置入了"消亡"这一程序。也许，支配行星的物种，总是未及迈出一大步，进入下一个行星生态系统，就自我毁灭。也许，今天我们看来，无穷无尽的进步和增长，是"从繁荣到萧条"的上升的一面，就像乡下的野兔，先是繁衍得到处都是，最终必然是数量锐减。我们人类存在时间还不够长，没能见证智能生物发展这一模式。但宇宙已经见证过这一模式了。

"文明社会一定发生了奇怪的事情，我说的奇怪，是一种坏事，"马斯克说，"有可能是许多单行星文明都灭亡了。"

对于将拯救世界的马斯克来说，这项挑战，好像大于改变我们驾驶的车的种类，或从太阳获取可持续电力的挑战。他表示，他会完成银河系历史上一项前无古人的事情：使人类成为逃离原生行星、在恒星间繁衍的物种。

但证据表明，如果我们要战胜逆境，及时发射方舟，我们最好赶快建造它。同时，我们还要尽最大努力，未雨绸缪，防止大洪水的到来。

5

探索深空的健康障碍

Discover a healthy barrier to deep emptiness

现在 ◆

　　2008 年 9 月中旬,加尔维斯顿(Galveston)因飓风而紧急撤离市民。此时,希瑟·阿楚莱塔(Heather Archuletta)已经在当地一家医院卧床不起 7 周。她的脚部被略微抬高,身体与水平面成 6 度角,以此模拟失重的影响。她面庞肿胀,鼻窦长期充血,眼泪会不由自主地流下来。她后背的剧痛已经消弭,但脖子仍一直僵硬,手臂也变得虚弱无力,因而很难长时间写作。她的大脑迷迷糊糊,虽然努力保持清醒,却难以专心阅读。

　　实验开始时,希瑟在推特开了"枕航员"(@pillownaut)博客,她成了一名小网红,接受世界各地新闻媒体的采访。她是一名太空爱好者—— 一名穿制服的《星际迷航》粉丝,她像真正的宇航员一样,态度不屈不挠。她在福克斯新闻频道(FOX NEWS)上解释:她将和其他几名年轻的受试者一起,在医院里头朝下住 90 天,用便盆当厕所,躺在一张特制的轮床上,在一块帷幕后淋浴(仍然是头朝下),这短短的淋浴时间是整个项目提供给她的唯一的隐私时间。美国宇航局将向每位参与者支付约 1.7 万美元。

　　希瑟一直开玩笑说自己是一个"懒人",但作为一个马拉松运动员,她牺牲了生命中的一大块时间,一直卧床实验,忍受着巨大的痛苦和对健康的损害(可能无法完全逆转)。公众关注并未持续很长时间。这一年发生了萨拉·佩林（Sarah Heath Palin）参选美国副总统、金融危机、俄罗斯和格鲁吉亚开战等事件，媒体很快就遗忘了希瑟。时光缓慢流逝，她在博客上写"用自己的肋骨打曲棍球"，并发善地嘲笑另一个她戏称为"讽宙"（Sarcasmo）的实验。她认为，值得在床上躺三个月，因为这有助于人们前往火星。

然后，飓风艾克来袭，毁掉了那个梦想——至少暂时毁掉了，并且突显了失重如何使得人体不适应太空。我们的生理构造是垂直运转的，我们的循环系统不断地工作，将血液从脚部向上输送至头部，我们的骨骼和肌肉，通过不断克服阻力来维持它们的功能。按美国宇航局的实验设计，受试者走下病床需要三天时间，然后是两周的康复期，从此恢复他们的正常能力。但飓风艾克的威胁迫在眉睫，希瑟和两个月来与她一起卧床的新朋友们要在短短三小时内"站起来"。

医院的撤离一片混乱，人声鼎沸，"枕航员们"挣扎着站起来，他们头晕目眩、虚弱无力、腿脚肿胀，动起来犹如刀割。希瑟摔倒在自助餐厅里，血压激增至危险水平。躺在床上时间最长的三人被救护车送到奥斯汀（Austin）的一家医院，疼痛、虚弱、僵硬等症状在他们身上持续了数天。由于他们的大脑失去了对视觉深度的感知，走路会撞到墙上。一直以来，希瑟的视力无法完全恢复，她开始永久地戴上眼镜（尽管这可能是一个巧合，因为她已经 38 岁了）。5 周后，希瑟回到家里，清晨的疼痛一直持续着，而且她仍然无法连续地跑步。

她在博客上写道："最糟的是疲倦，实际上，'疲倦'亦绝不能形容这种感觉……这是一种我未曾经历过的疲惫，即使在流感发作时也没感到这么累。我睡得很沉，并时常小睡一下，但我还是时不时地被困倦和肌无力的双重袭击所压倒，我非常虚弱。有时候它会突然发生，我只能尽快地坐下或躺下。我的健身目标是让头脑和身体变得比以前更强壮，但有时疲劳会影响我的决心……我只是试着让这种情况不要每次一发生就是持续好几个小时！"

失重会导致体液减少、贫血、神经变化、肌肉萎缩，有氧适能和骨密度下降。大多数宇航员在着陆时感觉身体像果冻一样，难以保持平衡，无法运动自如，就像"枕航员"一样。重获重力会使大脑一片混乱。水手们在长途航行之后，有时也会有类似的感觉，他们刚开始逛街的时候"如行船"一样晃动。宇航员的感觉与此相似，但更严重，需要好几天才能恢复。一些宇航员的眩晕感或方向障碍，会持续几周。

航天回程会伴随极度口渴。宇航员通常会快速大量饮水，以恢复体液量。但是，克服贫血（意味着产生更多的红细胞）需要 4 至 6 周时间。重建肌肉强度可能需要更长时间。恢复骨密度则更慢。在地球上，骨骼不断地抵抗重力，通过撞击增强其力量——跑步会强筋健骨。在失重情况下，骨骼每月失去 1% 的质量。失重一段时间后返回地球，身体需要两倍的时间来重建骨骼，因此，为期半年的宇宙航行，需要地面上一年的时间来恢复。一些在太空停留太久的人，将永远无法恢复他们的骨密度或肌肉质量。

宇航员兼飞行外科医生的迈克·巴若特（Mike Barratt）说，半年之后再次踏上地球，他感觉步履艰难，如冰箱磁铁一般沉重。但是，正如其他所有的宇航员一样，他仍想回到太空。甚至连"枕航员"希瑟也保持着积极的态度，并在她和加尔维斯顿城都恢复之后，再次参加了卧床研究。

她住的医院得克萨斯大学医学院（the University of Texas Medical Branch）在飓风袭击期间被洪水淹没，停业一年。州政府官员讨论了是否将医院搬迁到内陆一处更安全的地点，但最终还是花费了 10 亿美元在原址上重建，他们采用了防洪门，并在一楼使用了不会被洪水损坏的材料，试图让该医院对上涨的水位更有抵抗力。这就是人类适应新环境的方式。我们可以在地球上任何地方生活。我们可以在堰洲岛上建医院，使其适应海平面的上升，至少在有钱烧的时候可以。

但适应往往是单方向的。说到适应太空环境：登天容易，落地难。

宇航员兼医生的巴若特说，到达国际空间站后最令人惊奇的就是：目睹他和同事们如何适应新环境。恶心和头痛持续数天（与希瑟卧床时遭受的症状一样）后才有所改观。在太空，静脉和动脉变得更容易渗透，这使得循环系统能向组织输送液体。脾脏会破坏红细胞，减少血容量。当胸腔内的器官向上飘浮到新位置，关节不必承重，身体的形状会发生变化。宇航员个子长高，腰围缩小，胸部扩大。大脑是最灵活的，它在一个没有上下的三维世界里把自己重新编程，去创造它自己的参照系。

巴若特说："我们似乎变成了外星人，在 6 至 8 周后，你开始感觉自己像天上的超人。你从生理上变成了一种适应零重力的三维导航生物，并能在空间站高效地工作。谁会想到人类能做到这个？要知道，在把第一个人送入零重力的太空之前，人们曾认真考虑过他们还能不能呼吸、消化，做些简单事情，如小便等。那些问题其实只是冰山一角，并且我们做得都挺不错。不过，你的身体发生了所有这些变化，甚至在零重力下能更好地运行，这些事实真令人惊讶。"

宇航员都很聪明，但同美国飞船中某些自认完美的宇航员相比，巴若特似乎更像平常人。他并非 5 岁就做出了职业选择。巴若特一开始是一名海洋爱好者，现在他仍会花费为数不多的空闲时间，修理他在西北航行时的帆船，尽管宇航局的工作需要他住在休斯敦，他的妻子也是那里的一名儿科医生。他还是一名医学生时，偶然发现了一本令他着迷的杂志，这促使他选择了航空医学。人近中年时，他决定要设法成为一名宇航员，当时他在研究如何让宇航员在长途旅行中保持健康。所以他不仅是一名研究实验受试者的科学家，本身也是一只"小白鼠"。

国际空间站本身已经成了一座实验室，用于了解长途宇宙航行的医学影响。多年反复试验研究取得的主要成就之一，就是解决了宇航员返回地面时被逼得发疯的身体功能失调问题。现在，每一位美国宇航员每天都在跑步机、自行车和抗阻装置上锻炼两小时。这一锻炼程序，模拟了保持骨骼和肌肉的形状所需的阻力和压力。这使他们骨骼重建的速度，等于其溶解速度。尽管锻炼需要投入大量时间、精力，但宇航员们似乎乐此不疲，并且十分遵守。巴若特认为，太空游客永远忍不了锻炼制度，因为这个周运动量超过了大多数运动员备赛马拉松的周运动量。

加尔维斯顿的卧床研究小组，试用了一些设备，以使空间站的锻炼设施更有效、更小巧，包括受试者平躺时也可以使用的跑步机和深蹲机。该项目的领导人罗尼塔·克伦威尔（Ronita Cromwell）说，这些装置需要更小巧紧凑些，要能装进一艘前往月球或火星的飞船。枕航员们（如希瑟）已经帮助解决了这些问题，别国处于类似设施中的受试者也是如此。在德国，有一个巨大的离心机来改变重力。在俄罗斯，受试者被包裹在一只水床般的"子宫"里，以完全剥夺其感官能力。

但是，这些项目只解决了美国宇航局人类研究项目正在研究的 32 种航天风险中的少数几个。这些风险范围很广，包括因火箭飞行造成的听力损伤、登月时接触到进入月球着陆器的有毒月尘、免疫系统问题（可能与宇航员经常患皮疹有关）和肾结石（失重状态下形成肾结石，部分原因是骨骼溶解钙质析出）。有些问题尚无现成的解决方案。这些最难解决的问题，阻碍了人们前往另一颗星球。

巴若特一口气说出了前五种风险，似乎它们总是在他脑海里翻来覆去：骨骼和肌肉受损、辐射、心理问题、自主医疗服务、视力受损。没有一个问题得到彻底解决，有一些问题还在研究过程中恶化了。2009 年，迈克自己的眼睛就出现了视觉问题。

迈克在国际空间站中工作时，注意到自己视力正在弱化。这种现象其实很常见，美国宇航局很久以前，就开始让在地球上不用戴眼镜的宇航员备上眼镜。此前并没有太多人研究这个问题，毕竟大多数宇航员执行任务时，都已经到了需要老花镜的年龄。

"我和鲍勃·施斯科（Bob Thirsk）都注意到，我们需要稍微增大眼镜度数，才方便执行规程。我们都是医生，所以我们用检眼镜互相检查了对方的眼睛，的确看到细微的视神经水肿。"也就是说，巴若特和加拿大宇航员施斯科的视神经和眼球交会处发生了水肿。美国宇航局将更多的成像设备送上去，以查明发生了什么。果然，借助成像设备，宇航员在空间医学研究方面有了几十年来最大的发现。

"真正的发现时刻，是我们彼此做超声波检测的时候，"迈克说，"无疑，我的脑腔中在发生一个大事件。"

图像显示，他的视神经已经肿胀到正常大小的两倍，眼球都被压扁了。其他科学家在跟进研究中观察了许多宇航员，发现他们每个人都有眼部压迫问题的迹象，这是到过太空的人的独特标记。大多数宇航员没有出现椎间盘水肿，即使出现了水肿，回到地球后也都恢复了，但是 60% 长期飞行的宇航员都有报告称"视力下降或出现视觉盲点"。托马斯 2011 年的论文表明，甚至在几年之后，一些宇航员的视觉问题也没有改善。

这个问题很复杂，并且没有得到完全理解。首要原因似乎是失重导致的大脑中液压不断增加，同时飞船中二氧化碳的高浓度也加剧了问题（二氧化碳使血管松弛）。太空医生克里斯琴·奥托（Christian Otto）解释：在地球上，若液压过大且未得治疗，患者最终会损失视神经纤维，因为肿胀会阻碍葡萄糖和氧气进入细胞。但克里斯琴说，以在太空中通常的肿胀程度，神经细胞死亡的时间超过 6 个月。大多数国际空间站的宇航员每次只飞行 6 个月。在为期一年的任务中，宇航员们将面临更大风险，而执行为期三年的火星任务，可能导致部分失明。

因为失重影响了体液的运动，所以视觉问题引起了人们对"大脑中还会发生些什么"的疑问。克里斯琴说：在无重力的情况下，脑脊液无法正常循环。在地球上，脑脊液将废物运离大脑，缺乏这种循环会导致痴呆。美国宇航局还没有研究这一问题，但航天医生希望能在飞行之后，检查宇航员的脊髓液，看有没有导致痴呆的疾病征兆，并对宇航员进行高水平认知测试，看他们有没有任何智商下降的迹象（看起来并没有）。

虽然美国宇航局尚未完全理解这一问题，但已在寻找解决方案，并称之为"对策"。宇航员斯科特·凯利（Scott Kelly）在国际空间站生活一年后，于 2016 年 3 月返回地球，其间穿着俄罗斯的一条真空驱动（vacuum-powered）裤，希望能克服视觉问题。这条奇妙的裤子被认为能让血液流到身体的下半部分，但这并非长久之计。长年累月飞行的宇航员，可能需要人工重力。

作为人类研究项目的负责人，巴若特召开了一场专题研讨会，恢复了"如何使飞船旋转，产生类似重力的离心力"的研究。但这工作并不简单，在过去的 15 年里，研究进展不大。

迈克认为，只需些许重力，就足以保护视觉神经，在开展月球或火星之旅时，视觉神经就不至于受损。但这件事我们无法确定。卧床研究从未遇到国际空间站上的视觉问题。克伦威尔小组在加尔维斯顿开始进行低重力研究，把那些躺在床上的受试者，放置在一个脚稍微低于头部的角度。为了验证"只需些许重力"这种观点，她的团队再造了相当于月球的重力（地球重力的 1/6），施加在被试者的肌肉和骨骼上。但是科学家们不确定体液转移的正确性，因为没有来自月球或其他低重力环境的数据可以进行比较。后来，奥巴马总统取消了登月计划，这项研究也就被取消了。

整个事件表明：我们对太空生活知之甚少。我们至今还在不断发现新的理由，佐证宇宙航行的危险性，这不是一个好迹象。若没有巴若特和施斯科在国际空间站上的好奇心，我们将从那些不远千万千米前往火星却失去视力的宇航员身上，发现宇宙航行会损害视觉神经这一惨痛的事实！

"我们并不真正清楚长期的影响是什么，因为，被改变的是那些相当关键的生理构造——你的大脑和视神经，"迈克说，"我们并非机械地知道发生着什么，而且你若不认真研究，新发现不会自动跳出来。所以，宇宙航行可能产生长期的视力变化，或脑白质变性和认知问题吗？我们不知道，因为我们还未研究。"

"你可能忽视很多近在眼前的东西。5 年前，还没有人知道这种综合征，但现在它是我们最大的风险之一。我们知道这一点，多亏我们积累了飞行经验，并且在国际空间站有工具可以发现它。那么，那里还有什么等着我们来发现呢？"

恒星发生超新星爆炸时，将物质以接近光速抛入宇宙。这些来自银河系宇宙射线（GCRs）中的少量辐射，包含了恒星内部所形成的较重元素——人们称之为高能重粒子（HZE particles），主要是碳、氧、硅、铁。一颗铁原子核（被剥离电子的铁原子）是一个超级离子化器（superionizer），它带 26个正电荷，能从途经的原子中吸收电子，击碎活细胞和其他物质的分子。按照这种速度，当它与其他物质碰撞时，重离子也会释放出巨大的物理冲击力。据测算，高能重粒子（单个原子核）具有的能量，相当于"职业棒球大联盟"比赛中，投出的一颗快球的能量。

这些高能重粒子是太空怪物，它们使地球成为一座人类难以离开的岛屿。大气层保护我们的安全，因为大气层在我们头顶上相当于 10 米厚的水，足以吸收这些冲击。纯粹是物理学决定了阻止这些重粒子所需的物质量——没有捷径。氢的效果最好，这就是为什么水（H_2O）是有效的，也是为什么聚乙烯塑料是有效的——因为这种材料中每个碳原子都带有两个氢原子。但是，阻止重粒子所需要的物质量，对于任何可预见的空间飞行器来说都是不实际的。2 米厚的水足以阻挡约一半的银河系宇宙辐射。1 立方米的水重 1000 千克，即 2205 磅。

早期，对宇航员来说更危险的，似乎是来自太阳的辐射威胁，因为这种辐射的剂量很大。1972 年 8 月，"阿波罗十六号"已返回地球，人们正准备发射"阿波罗十七号"，这时，一次强大的太阳耀斑以致命强度的质子风暴袭击了月球。如果宇航员还在月球表面，他们就死定了。但若处于绕轨运行的指挥舱内，他们会在风暴中幸存下来，部分原因是会受到飞船铝合金外墙的保护，辐射剂量可能导致疾病，伴有呕吐、疲劳、红细胞数量减少等症状，但不致命（尽管他们在晚年罹患癌症的风险会上升）。

1972 年的太阳风暴让宇航局经历了一次恐怖的死里逃生，但也表明了解决问题的方法。太阳辐射一定程度上是可预测的，而且相对容易避开和屏蔽。宇航局新的猎户座太空舱，设有一个针对太阳风暴的临时避难所，人们可以躲藏在补给、备用设备、水和食物中间，而这些都会阻挡辐射进入。国际空间站用塑料来屏蔽辐射，且只在地球磁场范围内的轨道上运行，磁场可以使太阳发射的大部分低质量粒子方向偏转。邻近的地球也阻挡了来自该方向的辐射。

人们日益关注银河系宇宙射线，是在"阿波罗"任务期间：当时宇航员们完全暴露于高能重粒子（或大离子击中他们的飞船而爆发出松散的原子粒子喷雾时，释放出的次生辐射）。他们在黑暗中看到了闪光。仔细研究表明，国际空间站获得的高能重粒子，相当于在深空的 1/3，这些闪光是由单个离子穿透宇航员的视神经引起的。

因为月球任务持续时间不超过 12 天，所以人们认为辐射暴露在可承受范围内。但是 30 年后的研究发现，遭受过太空辐射的宇航员，白内障发病率提高，且发病时间提前，而且宇航员执行任务的时间越长，白内障发病时间就越提前。广岛和长崎原子弹爆炸的幸存者，也出现了类似症状，接受过放疗的癌症患者也类似。

没有人知道，在地球保护范围之外，如果宇航员执行长达多年的火星任务，会发生什么。但是，弗兰西斯·库奇诺塔（Francis Cucinotta）是这方面的行家，他知道的几乎比任何人都多。

库奇诺塔，被朋友们称为弗兰克（Frank），1983 年考上美国宇航局的研究生。1989 年 3 月，航天飞机遭受太阳风暴袭击时，他正在任务控制室工作，那次强烈风暴摧毁了魁北克全境的电力。他于 1997 年加入了人类研究计划，在职业生涯早期从事防护工作，包括让国际空间站对宇航员变得更安全。但是"防护"作为一个研究课题，并不有趣。因为这其中的物理学已经研究清楚了。因此，他将注意力转向了银河系宇宙射线的健康风险。

当弗兰克找到在约翰逊航天中心的人类研究项目的工作时，国家研究委员会刚发布了一份报告，呼吁深入研究高能重粒子的风险。美国核管理委员会（NRC）估计，在为期一年的前往火星的旅程中，直径为人类头发丝大小的高能重粒子，将穿过宇航员身体的每一个细胞。带来的风险包括：罹患癌症，中枢神经系统受损，潜在地影响他们在任务期间的心智能力。美国核管理委员会呼吁进行 10 至 15 年的强化研究项目，以了解和评估风险等级，该委员会预计美国宇航局从中得到的利益将是投资的 1000 倍以上，因为这些信息会让宇航局在定制飞船的时候，不必忧心考虑太多重要的未知因素。

弗兰克开始了这项工作，后来晋升主持美国宇航局的辐射计划，在纽约长岛的布鲁克海文（Brookhaven）国家实验室，监督建造进行高能重粒子实验的设施。但是，1996 年报告呼吁的强化研究项目从未实现。报告撰写人警告说，如不进一步聚焦，那么研究 20 年都不会有答案，这个前景令他们无法接受。20 年过去了，那时提出的关键研究问题，在今天仍然是重要的未知数。高能重粒子的致癌风险仍然充满不确定性，误差范围可能在估值的 1/2 到 2 倍之间（又说 1/3 到 3 倍之间），这还不包括目前无法量化的诸多不确定因素。

弗兰克认为美国宇航局的领导们还没有领会到这一点，包括其最高官员——前宇航员和海军陆战队将军查尔斯·博尔登（Charles Bolden）局长。

弗兰克说："你仍然会听到博尔登先生说：'我们需要找到合适的屏蔽材料。'这是不知什么人、用什么方式告诉了他，问题在于他们所使用的材料。这种材料我们已经用了三四十年了。除非他们可以发射大得多的载荷，否则这些材料根本就不是解决问题的真正方法。"

弗兰克相貌英俊出众，浓眉大眼，说话谨慎温柔，仍带着淡淡的新泽西口音，因为他童年时常乘船渡过特拉华河来往于费城与新泽西之间。像每个人一样，"阿波罗"任务使他欢欣鼓舞，但工作中真正让他兴奋的是风险建模的数学难题。他生活与工作的世界，充满亚原子粒子和个体细胞，在这里，人们对物质相互作用细节的更精确理解，将决定宇航员的生死。

一直以来，人类所面临的挑战，是如何收集高能重粒子损害活体组织的确凿数据，以使风险模型更准确。做这件事没有什么简单的方法。地球上没有高能重粒子。科学家在研究原子弹爆炸的幸存者、接受过放射治疗的病人、切尔诺贝利（Chernobyl）核事故的幸存者，但这与高能重粒子不属于同一种辐射。科学家们可以在加速器中生产高能重粒子（利用巨大的磁体，使粒子环绕地下隧道加速），但不能让人类暴露在这些粒子中。

位于布鲁克海文的美国宇航局空间辐射实验室，2003年受命进行实验，让小白鼠暴露于高能重粒子光束——该房间有着厚重的混凝土墙和一个迷宫般的入口，以控制漫辐射。研究人员为津贴而撰写调查问题提案；为实验而培养小白鼠；小白鼠度过三年余生；然后研究人员分析数据并发表论文。整个过程持续了6年。这些论文解决了一些问题，但又提出了新问题。

弗兰克说，一个超过10年、耗资5亿～10亿美元的项目，应当能得到比较可信的答案。宇航局会加快研究和分析，迅速进入下一个签约方的下一个实验，而非重新开始。

但是，尽管弗兰克的计划可能会得到确凿的答案，但这可能不是人们想要的。研究可能会告诉我们，风险太高，现在或即将出现的技术无法缓解问题。事实上，宇航局的讨论更集中于"多大的风险是可接受的"，而非实际测量风险。

随着坏消息不断累积，美国宇航局请求国家科学院更改当前的安全标准，为宇宙探索在"道德伦理"方面亮起绿灯。2013年，医学研究所的一个专家小组开会讨论，如果宇航员签署"知情同意书"并知道他们将身处的境地，则宇航局是否可以指派其进行风险较高或不明的探索任务——如果任务危险系数不明，那么风险等级本质上没有上限。为期三年的火星任务在宇航局可接受的风险范围之外。在 32 项航天飞行健康问题的矩阵中，火星任务将构成 9 项"不可接受的风险"，6 项"不明风险"。

辐射是潜在的威胁，是拦路虎。布鲁克海文实验室对小白鼠的研究表明，高能重粒子会诱生侵袭性肿瘤，这种肿瘤形成时间较早且会迅速转移。2014年，弗兰克发表了一项研究，称应该限制宇航员在国际空间站的停留时间，男性最长两年，女性一年半（因为女性有罹患乳腺癌、卵巢癌的风险，且肺癌风险更高，所以女性更容易受辐射影响）。这项研究成果也考虑了宇航员的患癌风险本身较低——因为他们都是非常健康的人。为了将致癌风险控制在宇航局目前可接受的范围内，再考虑到宇航员的出发时间，他们只能在地球轨道以外停留短至 200 天。而以目前的技术而言，往返火星的航程需要 400～600 天。

估计高能重粒子对中枢神经系统的破坏，就更难了。对小白鼠的研究表明，这些粒子可能通过氧化应激引起的撞击和加速斑块积累来损伤突触。太空对大脑的损伤可能会影响短期记忆、执行能力和行为，威胁到任务执行和宇航员的心智，甚至当他们返回地球后，患阿尔茨海默病的风险仍会增加。2015 年出版的这篇论文显示，即使高能重粒子剂量很低，与太空中的剂量相当，也会影响小白鼠的认知能力。但是，拿小白鼠和人类的大脑比较，可能没有意义。目前尚无明确的方法，查明这种损害如何影响人类思维。那么，脑损伤的"可接受"风险，究竟是怎样的呢？

国家科学院小组不赞成"通过简单改变健康标准，来接受风险，或在面对未知因素时，完全放弃对风险的限制"。有些宇航员不赞成国家科学院的做法。许多人认为美国宇航局像美国社会一样，过于规避风险。其他国家规定的辐射上限比美国高，因此一旦拥有相应的航天技术和足够的资金，就很可能不打破现行规则而前往火星。

医生兼宇航员迈克·巴若特说："我可以保证，这个挡不住中国人。所以，这唯一的辐射限制只适用于美国人，其他国家将继续前进，飞往火星。"

许多美国太空爱好者，即使在几近无望生还的情况下，也会愿意前往火星。即使在理想的条件下，成为第一名火星旅行者也需要很大的勇气。

巴若特说："即使往返环绕地球之轨道的发射和着陆，也已经使一些人丧生，美国这边死了很多人，俄罗斯那边也死了很多人。而在发射并着陆到一处非常遥远的地方，比如火星，将极其危险。"

"然后你可以看一看，的确，还有很多其他风险，但我认为在程度上，它们远不能和发射、着陆时的风险相提并论。"他说，"所以，宇航员死于癌症的风险，可能比一般人高3%。而考虑到宇航员的寿命其实比一般人长，所以如果从这个等式中扣除发射和着陆的危险，那么你的风险值将会是怎样？你没有改善它们，但你也没有像你想象的那样让他们缩短寿命！"

但弗兰克质疑了这种设想。他指出，3%的死于癌症风险，即死亡概率为1/33。它意味着：如果一名宇航员在40岁时达到承受辐射的极限，那么平均死亡年龄将是60岁。45岁的宇航员付出的代价是：平均减寿12～16年。而据估计，飞行风险（目前约为1/200）大大低于死于癌症的风险，预计将来还会改善。即使是航天飞机，死亡风险也低于患癌死亡：在135次任务中，失事2次，死亡的风险为1/66。

巴若特反驳说：所有风险预测中都存在许多未知因素。飞船坠毁，往往不是因为原本预测的原因。他说，弗兰克的数学计算正确无误，但他风险估计的数据模糊不清。毕竟，宇航总是充满危险的，宇航员有无数种意想不到的死法。

巴若特说："必须有人愿意承担这些风险，当事情进展不顺的时候，必须有一个项目和一群人，准备面对并接受严重的后果，而不是让它迟滞、阻止我们，导致我们止步不前。"

但是弗兰克说："有些人视宇航员为英雄和烈士。但也有一些人认为他们不过是卡车司机，负责运输科学器材而已。因此有各种各样的对比，也有人把宇航员比作消防员或士兵，但是消防员和士兵的死亡率远远低于1/33。"

我们曾分别与巴若特和弗兰克交谈，当时并不知道他们两人共事过。其实他们也曾直接争论过这些问题。2012年、2013年，巴若特负责美国宇航局的人类研究项目，尽管他不是弗兰克的顶头上司，并声称他从不质疑弗兰克的工作。弗兰克现在是拉斯维加斯（Las Vegas）内华达大学（University of Nevada）的教授。他说，之所以放弃在宇航局优越的工作，是因为在癌症风险这一问题上，他感受到了直接针对他个人的敌意。

"当时，他们因为我提出的限制，不断找我麻烦，我认为这很奇怪，因为在宇航局我没有做任何与制定政策有关的事情，"弗兰克说，"但是由于我将癌症风险公之于众，管理层的人就没完没了地找我麻烦。我受够了。"

医学研究所对风险限制的伦理学研究，始于弗兰克仍在宇航局的时代。研究发表时，主要是证明了其观点的正确性。但是研究也给宇航局留下了一个伦理框架，用来评估一次"下不为例"的情况。研究报告称，在其他领域，如果任务至关重要，时间刻不容缓，一位英雄在完全知情的情况下自愿执行任务，在别无他法的情况下，牺牲就可能合乎道德。这就像冲进烈火熊熊的大楼，或者在战斗中执行自杀式任务一样。

但去火星旅行，尚不满足这些要件。我们要去火星，不是因为我们非去不可，而只是因为我们心里想去。

如果国会花钱建造一艘飞船，我们现在就可以去火星。美国宇航局甚至可以忽略目前的致癌风险限制。项目规划人手头上有几种可选措施，将风险控制在目前可接受的范围内：一是挑选在遗传上不易罹患癌症的宇航员；二是在太阳黑子活跃期开始任务，因为太阳极大期在某种程度上可以减少银河系宇宙辐射；三是缩短任务周期。

但仅仅为了登上火星，这样做是否值得？——如此冒险和艰难的任务，不应该仅仅是为了完成而完成。任务的成功，应该给我们带来新视野，即下一个目标。要想稳稳当当地登上火星，且为未来的进一步发展留有余地，并拥有一个清晰的未来视野，就要进行更多的工作，并且要从基本知识开始。

目前还有很多时间。在可预见的未来，美国的预算不足以支持火星计划。但有很多机会开展研究。例如，巴若特说，美国宇航局尚未针对退役宇航员开展长期监测——监测航天飞行造成的健康风险。但其他机构，如能源部和国防部，会检查接触核材料的退休者是否患有癌症。宇航局未获国会相关授权，所以不能通过筛查暴露于核辐射的宇航员是否患癌，来验证弗兰克模型提出的患癌风险。

为了得到答案，美国宇航局应该优先考虑这些问题。弗兰克指出，快速发展的领域（如生物学）为期数十年的研究，可能还没找到答案就过时了。事实上，新风险源源不断涌现的速度，远超于解决旧风险的速度。

与此同时，时间也会不利于宇航员漫步火星的希望。最终，机器人将能胜任宇航员的工作。医学研究所的伦理标准指出：仅在别无选择的情况下，才可"正当"地让宇航员执行危险任务。然而，等有朝一日宇航健康风险降至合理水平，机器人很有可能早已经赢得了这场比赛。

未来

中国月球基地的英雄们列队游行，向群众挥手致意，但后来就没有接受过采访、举办过演讲或参加过科学会议。在放弃月球基地之前，他们在那里度过了几年时光，已经成为国际名人。但航天员们从基地回来后，他们与媒体和同行的沟通就只是通过电子邮件或短信，而非通过视频或音频。西方评论家认为，这种隐秘性，只是反映了他们所不理解的中国科学文化的又一个方面。网上的阴谋论者构想出了复杂的剧情：有些人说，月球基地的航天员被外星人绑架了、调包了；有些人说根本就没有这些航天员，整个任务就是一场骗局。美国宇航局全神贯注于本国的火星任务，紧锣密鼓，所以没有精力关注中国航天员。某两个亿万富翁资助的一项私人火星任务，有可能抢得"头功"，这让美国宇航局坐不住了——他们也想赢得这场火星竞赛。

但是，负责美国宇航局人类研究项目的医生，仍在担心火星之旅面临的巨大医疗问题，以及担心已没有时间解决这些问题。他一直在等待相关科学论文的发表，以消除他的忧虑，此外他也感到奇怪：为什么一直没出现关于月球之旅的文献？他礼貌的询问遭到了礼貌的回绝。

在他的领导下，美国宇航局举办了一次"太空健康问题国际研讨会"，邀请了中国科学家。会议没有官方发布什么重要研究成果，但在宾馆酒吧里，中美两国航天部门的首席医官相遇了，两人相约饮几盅。他们有许多共同点，比如都曾任职于本国的空军飞行外科医生。他们也聊到了在愚昧无知的官僚机构工作的搞笑故事。

那天深夜，酒吧服务生也下班后，中国科学家说，美国宇航局必须延缓火星计划，在发射火箭前解决长期遗留的问题。

"刘医生，你知道我没有权力延缓这个计划，"美国医生说，"我必须知道到底发生了什么。"

两个月后，美国医生受邀参观中国航天员大院，它位于一个秘密的太空城，靠近地处内蒙古沙漠中的酒泉发射中心。会面是绝对保密的。两位医生与月球任务负责人单独坐在一起。会议以闲聊开始，持续了很长一段时间。住在此处的航天员对每一条评论都点头微笑，只给出一个字的回答。最后，面对一个直接、具体、关于自己返回地球所经历的医学健康问题的提问，航天员再次微笑说："是。"

那些曾经智力超群的航天员，现在 IQ（智力）得分不及格。美国宇航局的医生和局长直接去见了总统。于是，在没有公开宣布的情况下，取消了火星任务。没有人会怀疑什么；能按计划执行的话，才是怪事。与此同时，总统按他们的请求，为人类研究项目增加了数十亿美元的经费，支持长期深入研究宇宙航行的"认知"议题。

然而，正在筹备私人火星任务的那两个富翁，并没有减缓步伐。他们从不相信政府会加快项目的进程，也没有认真听取宇航局局长的含糊警告。火星绕太阳运行一周的时间将近地球的两倍，所以每隔 26 个月才有一次发射窗口 [1]。即使政府错过了发射机会，私人财团也会把握机会。最后，他们还是错过了这次发射窗口，但决定延长该旅程。他们不接受空等两年。

资助私人火星计划的两个富翁都不了解太空。其中一位叫爱德华多（Eduardo），他的大学室友是一位不喜社交的天才，设计了一个名为齐拉诺（Cyrano）的人工智能应用程序，使每个怪咖都能成为社交媒体和网络约会

---

[1] 发射窗口：术语，指火箭和航天器最适合发射的一段时间范围。对于前往火星的航天器来说，发射窗口即地球与火星相对位置最近时。

的大师，爱德华多就这样赚到他人生的第一桶金——10亿美元。爱德华多惯于在媒体上发表无耻言论，并因在站中举办影星的颓靡聚会而声名狼藉。他驾驶着自己的空天飞机，还拥有一座私人轨道站。另一位资助者莱（Raj）是对冲基金巨人，其财富的不断增长，得益于一个收集内部投资的庞大信息情报系统。莱只允许公众偶尔一瞥他的神秘面容和王室般奢华的生活方式，即通过隐藏自己，成为关注焦点。完成火星任务的"头功"，会为他们两人都带来巨大声望。为了最大化他们的影响力，这两位亿万富翁一直对这个项目守口如瓶，直到准备发射前的几个月，才开始可着劲儿地大肆炒作。现场直播这次任务的广告权卖出了数十亿美元的高价。宇航员身份的揭晓，安排在了好莱坞剧院的黑色晚礼服盛会上。

浮夸的爱德华多，站在一个玻璃讲台上，介绍宇航员。

"在我们人类大家庭寻找新家园之际，我介绍给大家，新人类的先驱者，我们的刘易斯（Lewis）和克拉克（Clark），我们的亚当和夏娃！"舞台闪耀，一对已婚夫妇从幕后走出，手牵着手，穿着贴身的跳伞服。他们健康、聪明、充满才华，是完美的人类榜样。亿万富翁高举起夫妇的双手；全场起立，为他们鼓掌。相比美国宇航局的在建任务，该飞船体积更小，功能更少，设计类似于"阿波罗"任务的飞船。这对夫妇将生活在一个体积最小化的指令舱里，它会沿着火星轨道运行。然后他们乘坐一个单独的火星着陆器前往火星表面，并在着陆器上生存数月。摄像机发回了现场直播：宇航员在火箭升空过程中，由于加速度产生的力量而被紧压在座位上，周围是百事可乐、谷歌、"得伴"牌成人尿不湿的商标。

火星任务在媒体上盛极一时，万人空巷，为数十年来所仅见。观众们夜以继日地观看，发推特、发博客，聊着这对夫妇的热播动向。随着时间流逝，事态逐渐发展。由于飞船和地球之间传递信号的时间差延长，双向无法实时对话。但是，直播仍在继续，呈现着几分钟前飞船内发生的事情。这种延迟逐渐增加到单程就超过15分钟。任务控制室发出视频消息后，半小时才能看到消息传达时宇航员的反应（有时是没反应）。

观众感觉到了日益增长的张力。飞船里的男人看起来面部紧绷，大部分时间沉默不语，并且不按要求进行日常锻炼。他开始遮挡摄像镜头。而他的妻子则继续向任务控制室发送信息，但她似乎感到紧张和不确定。她的回应跟她收到的信息有时会驴唇不对马嘴。

这对夫妇现在生活在他们自己的世界里，这个世界似乎很奇怪、很不舒服。人们在社交媒体上担心着他们之间的每一次交流，试图诊断他们的关系、他们的漠然。科学家们争论着是不是心理或身体问题导致了他们的行为改变，但一筹莫展。而两名宇航员都不是医生，他们似乎无法根据详细指令，自己进行身体检查。

一年后，指令舱和着陆器进入火星轨道。宇航员们已经和离开地球时判若两人。他们行动缓慢，好像在雾中摸索；他们不再做家务活，也不再打理个人卫生。生活区飘浮着空的食品包装纸和脏袜子。任务控制室命令他们登上着陆器，并开始按序分离，准备降落到火星表面，但宇航员们置若罔闻。他们完全垮掉了。

然后，灯熄灭了。虽然通信频道保持开放，但太空舱却没有发送任何消息。两天内，什么事情都没发生。而在地球上，任务控制室计划"紧急接管太空舱"，依靠一个新的轨道程序和推进器，将飞船送回地球。

突然，太空舱的遥测装置毫无预警地显示出一系列奇怪的命令。当最后一批信号到达地球时，已经来不及反应了——信号表明，飞船启动了主火箭，进入了撞击火星的轨道。飞船再无消息。它最后的照片，是一架太空望远镜拍到的火星表面的那片残骸。

私人火星任务的失败，刺激公众空前地支持太空科学。普通人曾经认为，离开地球很容易。由于数十年来轻飘飘的新闻作品都在吹捧"宇航胜利"，所以大家对这种节目的态度都是：舒舒服服地坐着，欣赏奇妙的行星探测器如何到达外星球，或者勇敢的宇航员如何回到地球，在小学做节目。太空的那些事，自然而然地就发生了。当人类需要到达另一颗星球时，即可认为他们已经具备了这种能力。然而，火星的灾难表明：人类并不具备这种能力。如果我们尚且做不到让两个人登陆火星，又怎么可能抱有希望在泰坦星开拓一整个殖民地呢？

没有人知道火星飞船为什么失事了，但每个人心中都有自己的推测。显然，宇航员的头脑出现了问题，不管是生理问题还是心理问题，或者是两者都有。国家运输安全委员会展开了一项调查，国会也召集了一个特别委员会。

当整个事件戏剧性且证据确凿地呈现在公众面前，就好像是政治活动杀害了宇航员，毁掉了殖民太空的可能性。总统所在政党名望一落千丈，候选者们争相在载人航天投资方面做出最大承诺。

但是，现在这些承诺，全都围绕着安全和速度来开展。关于"离开地球所面临之挑战"的真实新闻报道，向公众说明了宇宙航行的真正健康威胁。这项工作要在飞行的宇宙飞船上创造人造重力并处理辐射——这很困难，并需要很长时间。更快的宇宙飞船能让乘客更快地到达目的地，并且较少地接触辐射，从而减少宇宙航行的危险。但飞船是如此庞然大物，要想发明能加快它航行速度的新推进系统，造成了巨大的技术挑战。

与此同时，太空探索工作仍然需要继续。但是对此有一个解决办法。在能够建造足够庞大、快速、安全的远程飞船之前，可以让地球人的"代理"前往太空执行任务——这些"代理"就是不需严密保护的机器人。机器人们很快就能准备就绪，并且几乎可以完成宇航员能做的一切事情。

6

十

太
空
中
的
机
器
人

十

Robots in space

现在 ◆

机器人，看起来往往不像机器人。卡内基·梅隆大学机器人研究所正在研发最顶尖的机器人：你看那些年轻工程师只是在摆弄着电脑、电线、金属片，但他们在做的东西你可能根本想不到。不过，机器人能够无与伦比地激发想象力，这儿就有很多东西能让你想起这一点：一辆在 2007 年国防部"无人驾驶城市挑战赛"中赢得 200 万美元的、布满传感器的雪佛兰太浩；一台参加谷歌月球 X 大奖赛的探月机器人；还有主管办公室里的《超能陆战队》主角——对，"大白"的原型就是在这里（匹兹堡的卡内基·梅隆大学）造出来的一个充气机器人。

机器人，围绕在我们身边；其拓展我们能力之方式，超出从前电影制片人的预料——当时，他们还在给演员穿金属外壳，塑造出机器人的模式化形象。现实世界的机器人，不能和《绿野仙踪》里的铁樵夫等量齐观，但研究所的主管马特·梅森（Matt Mason）说，这是因为我们不知道该如何观察这一事物。

如果拿机器人和真人做比较，你会感觉机器人进步缓慢。但是如果你拿机器人和去年或 10 年前的机器做比较，那你就会发现它们进步迅速。现在，成千上万的人正在从事机器人研究工作。这规模大得惊人。他们在建造机器人并取得巨大进步。人们说机器人的发展处于一个临界点，这个领域正在涌入大量风险投资，开发大量应用程序。这是了不起的进步。比如，你有没有想过，你的 iPhone 或其他智能手机，以及它们能做的所有事情——没错，它们其中有些就来源于机器人研究。

手机在拍照时，可以识别出人脸，自动聚焦。它们可以看、理解言语、听。当一台联网电脑能听或看时，突然间它就可以做到人类做不到的事情，比如仅凭任意几个小节，即可识别出任何一段已录制的音乐，或从人脸数据库中找出一个人。

电脑也可以思考和决策。当我们寻找地址、搜索科学文献，或者创建个性化广播电台时，人工智能为我们搜寻信息。机器智能在了解我们的过程中，不断缩短与信息的距离。谷歌搜索已经可以回答一些语言简单的问题。下一步进展，会是综合搜索不再弹出一个原始信息的列表，而是生成我们所需要的已消化理解了的信息。当这一套运行起来时，我们将会感到在向一个真正的人问问题。有时候机器人看起来已经能像人一样思考了。足球机器人看起来就像人类足球运动员那样有自主意识。每开发一种新能力，资本就会迅速涌入，技术就会迅速提升。像人类一样强大或者比人类更强大的机器人已经在制造中，且每一次都多一种新的能力。

"这是真实的，它就在这儿。"梅森说，"这绝不是科幻作家的想象，不是引起我们兴奋的那样——'机器人非常像人，外形像人，行为也像人'。"

机器人并非复制人类，而是一方面揭示出人类和动物非凡的一面——那些我们自认为理所当然的方面，另一方面也大杀我们的威风——我们原以为"只有人类能够思考，而思考体现了人类的价值"。国际象棋计算机能够击败人类顶尖棋手，已经有一段时间了，但在拿起桌子上的普通物品（如棋子）方面，机器人远远不及一个幼儿。

完成这个任务的手，需要与大脑的完美结合——灵活、温和却强有力，感觉灵敏，并能够对复杂、直观的物理现象做出反应。梅森正在研究这个问题。他说，当你要从桌面上拿起一个扁平的物体，你往往是先用你的拇指把它撬起来，以便手指可以抓住它的边缘。可你甚至都没有意识到你在这样做。但机器人要复制这样一个动作，却需要大量计算和机械设计。

代替宇航员承担探险任务的机器人，没必要制造得像人类宇航员，当然应该也不会像人类宇航员。机器人需要的能力是：选择一件陌生物体来研究，捡起它来，从中获取信息；而后根据这些信息，决定下一步要做什么。泰坦星太过遥远，在那上面要做的事，不能由地球上的人一一决定。此外，机器人宇航员必须知道如何避免伤害人类宇航员。这是美国宇航局的 32 项人类太空健康风险之一。机器人可能是危险的。

卡内基·梅隆大学的迪米·阿波斯托洛普洛斯（Dimi Apostolopoulos）在地球上通过制造机器人来完成实用任务的时候，一直致力于上述这两个问题——科学探索和避免伤害。当一个机器人可以将某些实际工作做到最好，进步就这样产生了。

迪米在希腊小镇沃洛斯长大，这是神话中伊阿宋（Jason）和阿尔戈英雄们去寻找金羊毛时出发的地方。他自己那朝向机器人技术进军的漫漫征途，则开始于一次观影——《星球大战》。当时是 1977 年秋天，《星球大战》在美国上映几个月后，也来到了他所在的世界一隅。卢克·天行者（Luke）在一个与希腊一样阳光明媚的偏远行星上摆弄机器人。但是鼓舞迪米的，并非单单机器本身。迪米不是人们传统印象中的"机械脑袋"工程师；他在谈话中畅所欲言，就像一位自来熟的朋友。这部电影让他印象深刻的原因是：机器人和外星人，都像人一样。他说："他们都有特殊天赋，但我们也都有特殊天赋。"

迪米在卡内基·梅隆大学读研究生时，开始与雷德·惠塔克（Red Whittaker）一起从事机器人研发工作。惠塔克曾是海军陆战队员，因在人类无法接近的环境中使用机器人而成名——当时，他主动请缨，用机器人帮助修复宾夕法尼亚州的哈里斯堡附近的三里岛核电站，那里由于 1979 年部分熔毁而无法接近。这项花费数十亿美元的清理任务的工作人员，无法进入核电站有放射性的地下室。而来自匹兹堡的惠塔克的团队则带来了装有机械臂的三轮设备，用于检查和修复。（他还曾带领团队建造无人车，并在城市挑战赛中胜出。）

20 世纪 90 年代，迪米攻读博士学位时，美国宇航局大力支持行星机器人的学术研究。而迪米投身其中，促进了一些概念的形成，为火星探测车的成功做出了贡献。1994 年，卡内基·梅隆团队在美国宇航局资助下，将一台叫"但丁"（Dante）的 1700 磅蜘蛛机器人，送入（阿拉斯加州）斯珀尔火山。"但丁"成功地爬入活火山口，下行 650 英尺 [1]，在飞溅的石块和致命气体中勘探这不为人知的地形，在一个喷着气的喷气孔上方停留了 10 小时进行勘测。当一块落下的巨石砸断一条机器腿（该腿承受着机器人重量的 1/4）时，位于安克雷奇的操控者能够立即控制其他腿来保持平衡，防止毁灭性跌倒，尽管"但丁"最终还是倒在了陡峭、松软的泥土上。

人类或动物，并不需要外界指导就能避免摔倒。就连无脊椎动物，也可以选出避开危险的路线，如果被卡住，也会尝试多种解决方案来脱身。神经系统或者身体存在难以克服的障碍、无法应对这些情况的动物，就已遭到了自然选择的淘汰。

在导航的智力上，机器人可能不如螃蟹或蜘蛛，但正像在自然界中一样，结实程度可以弥补智力的不足。为了测试在陌生环境的远距离探测设计，迪米曾与卡内基·梅隆大学的工程师团队共事，在智利阿塔卡马沙漠部署了一个非常坚固的机器人。这地方海拔高，地形崎岖，还是著名的"世界干极"——世界上最干旱的地方。这个名叫"游牧者（Nomad）"的机器人，可以自动驾驶并响应匹兹堡和美国其他地方操作者的控制，同时反馈科学测量结果，就像在火星上一样。

这项工作中，涌现出了一些本不那么显而易见的想法。例如，工程师们发现，轮子内电动机的运行，好于机器人本体内电动机的运行，因为极端温度变化会导致中央动力传动系统所需的液压系统出现问题。一个称为"转向架"的悬挂系统，围绕机器人中心旋转，减少了侧倾，即使在非常崎岖的地形中，车轮也能以均匀的压力稳定在地面上。4 个轮子都可以转向。1997 年，"游牧者"独自行进 223 千米，穿越沙漠，创造了当时的纪录。

卡内基·梅隆大学（CMU）和喷气推进实验室（JPL）的机器人，多年来彼此影响。"勇气号""机遇号""好奇号"这些探测车，都有 6 个轮子，每个轮子都有发动机，其中 4 个轮子可以转向；这些探测车也都有悬挂系统。悬挂系统使火星探测车得以滚过直径大于车轮的石头。有了 6 个轮子，探测车

[1] 1 英尺合 0.3048 米。

比"游牧者"更不容易被卡住，还能攀登垂直障碍。后轮提供压力，压在障碍物上，而前轮笔直爬升；当前轮到顶部后，它们助力拉起后面的其他轮子。探测车会缓慢地前行，以避免破坏性颠簸。

20世纪90年代末，迪米团队把"游牧者"派到南极去寻找陨石。南极冰川就像陨石采集机一样，随着冰层的移动（其漂移速度极慢，肉眼远不可见），落在它上面的物体会集中在某些特定地点，就像树枝等垃圾会积聚在河中漩涡处。机器人将探索冰冻的景观，找到岩石，并检测它们，看看它们是不是陨石。像在太空任务中一样，"游牧者"机器人将在人类所不能至的寒冷偏远之处，使用比人类感官更有力的仪器进行工作。理想情况下，机器人可以不间断地独自工作，永不会感到厌烦、疲倦、饥寒，从而可以探索到比使用人力探所多得多的冰川。

让任务自动化，是机器人迄今为止最主要的优点，可以更快、更便宜地完成工作。并且在理想情况下，解放人类，让人可以追求更富有创造性的活动。工业机器人取代了汽车装配工人。桌面打印机替代了打字员和复写纸。一大群相对可牺牲的机器人可以自动探索，比人类探险家更快地散布于某陌生表面，报告详细且精确的信息。

火星探测车并非如此。它们确实装载了自动导航系统，但由于它们太过于独特和昂贵，通常不能允许它们独自行进。庞大的专家工程师和科学家队伍，规划它们的每一个动作，检测沿途的每一粒石子。火星探测车不太像宇航员，倒更像望远镜。它们让科学家可以使用光学仪器进行机载科学实验，来观察很远的特定地点。"好奇号"在火星上探测一米需要一分半钟。就像一个机器人专家开的玩笑，如果航海家哥伦布以这种"龟速"探索，那么他现在还没出伊斯帕尼奥拉岛呢。

自动化探索，步履维艰。为了给某一任务制造一台机器人，你需要试着预测机器人可能面临的每一种情况。于是，机器人专家，成了无关机器人学科的细节专家。目前，迪米正在学习一切关于铂矿的知识，以便制造采矿机器人。但是，如果我们了解即将在其他星球上发现的一切，我们就不需要去探索它们了。对于勘探工作，智能机器人需要变得更聪明、更灵活。它们将来必须自己挑选出新的测试对象，测试并评估结果。

卡内基·梅隆团队用机器学习的方法，为陨石搜索机器人解决了这个问题。他们给机器人编程时，不再给出从石头中挑出陨石的规则，而是用实验室中的每一种石头呈现该指令，让它从真正的样品中创建一个传感器读数的数据库。当机器人在实地遇到新对象时，它会将来自其传感器的数据，对比存储的经验数据。统计分析将使用所存储的数据，给这些读数分类，以判断对象是陨石或地球岩石的概率。

迪米说："你做的就是自学。必须由人在算法中编入它自学时要使用到的技术，但它如何进行自学，它会发现什么，可能是完全出乎意料的。这事情很酷。我们已经在许多应用中做到了这一点。"

自学计算机，具备极其优秀的记忆力和计算速度，经常可以发现人们想不到的事情。举一个简单的例子，它能找到一个看似不太可能的行驶路线，让你少花 10 分钟到达目的地。或者分析你喜欢的音乐，推荐一首很棒的歌曲，而这个艺人你可能从没听说过。机器学习也给了科学一个产生的全新方法：与其试图写出解释本质的方程，科学家倒不如编写可以在巨大数据宝库中发现模式的学习程序。因为便宜的传感器遍布全球——海洋、天空，甚至身体内部，所以计算机可以把数据刷一遍，此间大有希望爆发出许多新的洞见。

迪米的机器人，确实在南极发现了陨石。但是由于预算紧张和国际空间站支出上升，美国宇航局中断了对机器人的大部分学术资助。卡内基·梅隆大学的科学家转向了其他应用和资金来源。迪米成了美国海军陆战队一个 2600 万美元项目的首席科学家，为伊拉克战争制造机器人。

他说："对我来说，这是非常戏剧性的转变，我把自己推到了几乎完全不同的位置。从道德的角度上讲，我并不想去那个地方。但我们要从人类整体的角度来看我们自己。我们有人投身于战争，有人致力于和平，也有人在二者间的灰色地带。假设总有人投身于战争，那么问题是，你还能做些什么来改变现状呢？"

迪米运用了雷德·惠塔克在城市挑战赛项目中形成的思路——那辆无人驾驶的雪佛兰太浩能够以正常行驶速度在城市街道中穿行，并且在有人走在前面时能立刻刹车。侦察机器人将在巷战中打头阵，由摄像机、热成像仪和激光器发回照片和数据。有了机器人，海军陆战队员就不用盲目地逐屋巷战，由此减少伤亡。

美国、英国、以色列、挪威，已经拥有了带人工智能的无人机和导弹，它们可以无制导飞行，避开侦察和防空火力，挑选目标，瞄准、摧毁该目标。洛克希德·马丁公司用动画演示出的一款新海军武器，就像二战中神风飞机自杀攻击一样，像得让人不安。据《纽约时报》报道，自动武器的秘密军备竞赛已在进行中。迪米说，美国在中东开展进攻的无人机已经是自行完成几乎全部的任务了。仅剩发射导弹的实际命令来自美国某个控制室里的某个人。

可以代替地面部队的机器人，也并非那么遥不可及。为伊拉克设计侦察机器人十分困难。它们需要在充斥大量敌军活动、威胁和非战斗人员的混乱环境中快速行驶。迪米喜欢这个挑战——制造一个可以在陌生街道上行动的机器人，收集并迅速处理信息（这意味着要教机器人忽略不重要数据），而后决定该做什么。但海军陆战队希望机器人也能战斗。

机器人设计师就"如何防止机器人伤害人类"做了很多考虑。机器人可能造成很多意外伤害。它们可能不可预知，难以理解。它们犯错误时，不一定会停下来。那些由自动系统造成的灾难和船难，通常只是因为操控者和机器间交互上出现了疏漏。要知道：就是因为误触了自动导航系统的开关，"阿波罗十号"险些砸进月球。

我们人类会通过理解对方的意图来避免彼此伤害。我们的情感在起作用，让我们的行为可以预测。美国宇航局艾姆斯研究中心的科学家们，研究了作为宇航风险的机器人故障和事故（他们称这个领域为 HARI，即人和自动化技术/机器人交互）。人类很难理解、管理机器人在复杂三维环境中的行动。机器人甚至不会去尝试理解人类的意图。如果宇航员对制导系统说"撞月球"，它就会撞月球。

在 2013 年的一份报告中，HARI 研究人员写道，成功的宇宙航行需要团队合作："要建立一个成功的人类团队，团队成员必须有一个共同目标，有共同的'心智模型'，为集体需要而抑制个人需要，正面地认识'亲密关系'，理解并扮演好自己在团队中的角色，互相信任。然而，机器人没有心智模型、个人价值观和信念的指导，更不用说自我激励。机器人缺乏作为好队友的基本素质。"

如果宇航员能彻底了解某机器人及其工作原理，他们可能可以不断地想象它在想什么，来避免问题。但随着机器人变得更先进、更有用，即使训练有素的宇航员，也无法完全理解机器人的内部进程。好的用户界面之关键，将是——能够让人类更容易理解机器人的思维。

一个解决方案是：让机器人尽可能地像人类。如果机器人看起来像人类，操作者就更容易预测它们会怎么动，以及会做什么。理想情况下，撞上月球前，人形机器人会说："汤姆少校，你确定是这个命令吗？我不想死。"

在涉及人类的任务中，人形机器人已证明有效。大阪大学的科学家制造的Geminoid F机器人，由50个发动机来控制面部表情，并像人一样移动和呼吸。把它安排到百货商店卖毛衣，它可以比人类售货员接待更多顾客，部分原因是它从不休息。但是，它卖出的毛衣少于业绩最好的人类员工，因为它的顾客知道机器人没有情绪，可以更容易地拒绝它。

迪米的问题与此不同。武装机器人，目的就是要伤害人。但是只能伤害敌人，并且只能是打算战斗的敌人。杀死投降的士兵是一种战争犯罪，但要知道谁要投降，则需要理解人类的意图。迪米团队在他的侦察机器人上安装了武器。这让他很不舒服。

迪米说："你怎么知道自动系统要做什么？你怎么知道它不会杀死第一个移动到它右边的东西？它会转身开火。但那个'东西'可能只是一个正跑过马路的儿童。自动系统恐怕要冤杀很多人，然后才能变得十分完善——能够做出反应。不仅能认出那是一个儿童，还要能认出他是非战斗人员（不管他来自哪一方），然后选择不开枪。"

联合国官员呼吁禁用这些武器。人权观察组织（Human Rights Watch）想禁用致命自主武器，在新闻稿中称之为"机器杀手"。他们担忧的，不只是困扰着迪米的"错杀风险"。即使机器人能够可靠地选择杀死指定目标，它们的存在，仍然会打破我们的法律体系所基于的责任系统。机器人杀了人，谁该负责？机器人犯了战争罪，谁该进监狱？

人权观察组织的邦尼·多彻蒂（Bonnie Docherty）指出了这种机器杀手在外交事务方面的政治意义。她写道："从独裁者的角度来看，全自动武器将是完美的镇压工具，消除了下令军队向自己的人民开火时，士兵抗命反叛的可能性。比起非理性的影响与合理化的障碍，情感可能才是遏制战争的核心。"

迪米制造的武装机器人，已做好了上战场的准备，并且部署在美国境内，但还没有被派驻海外。

迪米说："海军陆战队中的一名支持者说我会确保自己的工作救一些'自己人'的命。但他'壮志'未酬，即告退休。然后机器人就被封仓入库了。"

"几年后，假设世界的某个地方再次爆发战争。他们就会说：'我们再来造自主机器人吧。'"

未来

干旱与极端高温拖垮了巴基斯坦的电力系统，经济停滞，激发民众暴乱推翻了政府。之后，领导层真空，宗教和政治派别拿起了武器，军队分裂，社会秩序崩溃。一个激进组织对万千变节者和囚犯采取了斩首行动，并在战场迅速推进。与此同时，巴基斯坦的核武器控制情况不明。

美国和其他北约国家，空中支援巴基斯坦武装组织中代表温和派将军的一方，但这远远不够。面对公众强烈反对出兵，总统承诺"不派出美国地面部队"。但这个决定似乎确保了第一个核武装的激进分子政权的诞生。

美国机器战士的真实能力一直处于保密状态。武装军车开始空降到巴基斯坦战场。车辆向前开路，十分迅猛，看起来就像非常有攻击性的美国士兵已经抵达。但车里面并没有人。军车将一群激进武装分子逼回一栋公寓楼后，放出斗牛犬大小的机器——它们瞬间加速，"登堂入室"，连续开火，迅速杀死了躲藏在楼内的守军。

机器战士十分骇人。它们行动迅速、果断，不知恐惧为何物，不怕小型武器，以惊人的精度和强度喷射子弹。如果被捕获或者不能动了，它们就爆炸自毁，弹片四溅。几百个机器战士就扭转了战场局势，武装分子纷纷不战而逃。

机器战士的智能是以私营部门的想法为基础的。互联网公司竞相向智能手机中添加极其精彩的应用程序，这极大地促进了人工智能的进步，它们现在已经能像朋友、僚机、分手情感顾问一样，与你互动。你仿佛是在与你手机里的一种独特智慧生物对话（但其实并不是）。公司在云端维护他们的人工智能应用程序。把人工智能当作某个人的一部分，并不符合他们的商业计划。他们制造智能，是为了落实到他们可销售的产品，通过一个没有边界的国际计算机网络配送出去。

美国军方已出资支持技术的下一步自然发展。军事科学家将分布式计算融入了坚固、凶残的小型机器，使其可以在物质世界中实现快如闪电的机器思维。

在美国，专家和政治家们欢呼美国这一方面的新能力。终于，技术提供了这把钥匙——能够制止恐怖主义和叛乱了！美国再次成为老大哥，总统支持率飙升。国会大笔投入军队"自主机器人化"改革。美国不再需要士兵死亡。美国可以毫发无伤地介入任何冲突——它也的确这么做了。其他发达国家认识到"没有机器战士的国家，将无法抵御机器部队"，于是纷纷加入这场军备竞赛。

战争常常推动技术突飞猛进。随着军队用机器战士取代士兵，美国宇航局也采用这项技术，用宇航机器人取代了人类宇航员。同理，一队机器人可以探索外星景观。与一个昂贵的单体探测器不同的是：多个单元可以共享一个智能系统，综合它们的发现，互相支持，以防崩溃。

军工行业也促成了计算能力质的飞跃。数十年来，航天器上的计算机比地球落后了好几代。太空中的计算机必须抗辐射；破坏人类大脑的银河宇宙射线同样会影响计算机芯片。冷战后，抗辐射芯片的军工发展停滞不前。但机器战士需要在辐射中战斗。为战地制造的芯片，也适用于更智能的宇航机器人。

这个意想不到的新技术，把"泰坦星殖民地"的愿景拉近了数十年。能够迅速探索战乱城市的机器人，也能迅速探索其他行星。与此同时，地球上发生的事件加剧了人们的恐慌，驱动着人们逃到外星球的欲望。机器人也有助于实现这一愿景。

气候变化对穷国的打击最为沉重。大片的难民营中，军阀兴起，混乱扩散，西方国家派出机器战士维护秩序、镇压叛乱，但机器战士的残忍加剧了穷国对富国的怨恨。在这些生态崩溃、社会也崩溃了的地方，仇恨和恐惧不断增长，直指富国及其机器战士。

这种愤怒，滋长了宗教激进主义意识形态。有了智能机器人，权力就完全倒向了富国。机器人战无不胜。于是，只有恐怖主义才是反抗压迫者的唯一方法。脏弹型核攻击蔓延到了欧美城市。

欧洲各国政府为清除恐怖分子窝点，纷纷宣布戒严。美国国会迅速通过了《超级爱国法案》。配备人工智能和机器人的部门，可以监测所有人的通信。安全措施引起的恐惧，成为一个有力的反馈机制，又支持了更进一步的安全措施。面对没完没了的安全检查和安全部队的恫吓，西方民众并没有想要反对导致恐怖主义兴起的残酷行径，而是将敌意转向了那些无家可归的穷人。镇压似乎合乎逻辑。

这时，没有人质疑是否应该拨款支持殖民泰坦星的应急计划。

现在 ◆

硅谷，美国宇航局艾姆斯研究中心。两位科学家在谈论着如何以更低成本将更多机器人运往泰坦星，同时让其"令人担忧指数"低于那些极其昂贵、爬得又慢、极少发射的火星探测器。他们得出的结论是：以美国宇航局惯常的方式做事，意味着他们这辈子没法看到人类登陆泰坦星。他们年纪并不是很大。其中一位是维塔斯·萨斯拜罗（Vytas SunSpiral）。他对人工智能和自主机器人的思考，始于他在斯坦福的本科岁月。当时，他的名字是托马斯·维勒克（Thomas Willeke），他为自己设计的专业是机器人技术结合哲学、心理学、语言学、计算机科学。2005 年之后，他就改名萨斯拜罗[1]了，这个名字是他和新婚妻子一起自创的，其中"太阳（Sun）"的部分是他起的，指的是他那中世纪复古风的盾牌上的纹章。

另一位科学家是阿德里安·阿戈吉诺（Adrian Agogino）。他是在人工

---

[1] 萨斯拜罗：SunSpiral，意思为"太阳螺旋"。

智能的影响下长大的。他的母亲爱丽丝是伯克利大学的一位权威工科教授，在他还是个孩子的时候，就给他读了一些人工智能方面的书。阿德里安 9 岁时，母亲为他朗读道格拉斯·霍夫施塔特（Douglas Hofstadter）的《哥德尔、艾舍尔、巴赫——集异璧之大成》，虽然阿德里安说她要稍微解释一下，来帮他理解书的意思。他在艾姆斯研究中心工作，与维塔斯相隔几个办公室。他们合作开始时，他正在想，如何将多个机器人通过折叠装入一艘航天器。

维塔斯在旧金山讲授"张拉整体结构"——绳与棒连接而成的灵活组件。已有人建议，把这些奇怪的结构用来制作可折叠的太空天线。这些奇特、蜘蛛网般的结构，尽管其刚性部件互不接触，也可以形成多种形状，如球体、塔楼、拱门、螺旋——棒两端的绳提供张力并支撑它们悬空。有的张拉整体结构包含万千部件，可形成巨大的球体，但是简易版也可以只有 3 根棒和 9 根绳。一种叫 Skwish 的婴儿玩具，用的是以弹力绳连接的 6 根短棒。阿德里安办公室里有一个这种玩具。这是他唯一可以买到的张拉整体结构。无论对婴儿还是成人来说，把玩 Skwish 都十分有趣，因为它有弹性、很容易挤压变形，却总会恢复成球状多边形。

维塔斯说："阿德里安的灵感突发，来自一个婴儿玩具。他把那个婴儿玩具扔在地板上，玩具弹了起来，没有损坏。于是他说：'嘿，我们可以做一个着陆机器人。这功能就像一个安全气囊。'"

正如进化赋予人类和其他动物的骨骼和韧带那样，由柔软的绳所连接的刚性部件，能够比硬壳更好地减震。棒、绳组成的机器人落地时，会比乌龟状、硬邦邦的探测器更经撞。

这种坚固性，还可以为航天器减轻重量——因为可以少带些用于缓冲着陆的设备。这种机器人能够像球一样弹跳，因而维塔斯和阿德里安将其称为"超球机器人"。"超球机器人"进入泰坦星厚厚的大气层后，不需要降落伞、安全气囊或推进器来减缓速度，可以自由落体而安全着陆。

但问题是：张拉式整体机器人能走动吗？这么说吧，一个张拉整体结构怎样"站立"尚不明朗，更不用说能否通过改变其形状和平衡使其滚动。为使形状变化产生向前的动力，机器人需要知道形状的顺序，以此在正确的方向上多次翻转。张拉整体的形状决定于连接杆的那许多根绳的长度。该机器人可能可以通过调整绳的长度，形成正确的形状序列，从而滚动起来。但是具体操作中的难度，让人头大：怎样协调这么多根绳的长度调节，使这个复杂结构形成特定形状，在环境中有力地前进？

阿德里安和维塔斯把这项工作交给了机器人。在美国宇航局"创新先进概念计划"的小额资助下，阿德里安和维塔斯在物理模拟器上建立了一个"超球机器人"的计算机模型，这样它就可以自己学走路了。计算机调整绳的随机序列、改变结构的形状，在虚拟机器人上尝试了数千次移动。若某次移动让机器人走向了正确的方向，计算机会保留该方案并尝试其变式。经过数以万计的试验，终于形成了一个最佳方案。虚拟"超球机器人"沿着动画中的山滚动。现在，在艾姆斯研究中心，"超球机器人"已经有了一系列样机。

YouTube上的视频展示了"超球机器人"改变形状、沿地面滚动时，如同外星人一般的怪异步态。它被比作风滚草。最新版本的六连杆机器人站起来有一人高，如果能采用完全对称的结构形式，它会更像人，但它不需要变成那样。它能不怕摔大跟头，能部署到危险地形。这种机器人的未来版本，将能够通过任何轮式机器都无法通过的障碍。现在，阿德里安也在伯克利的实验室里和母亲一起工作，开发大众版的张拉整体机器人。他们想推销一种能让他人也体验到这个想法的模型。

这种模型的运转要靠协调。6根棒中都有计算机处理器，用来管理棒与棒间绳的长度调节。6台计算机彼此无线通信，共同计算出可以让"超球机器人"滚动的形状。在最终版本中，棒将批量生产，每一根都完全相同，而后接进张拉整体结构。仪器或工具的有效载荷，将悬挂在正中间最安全、最受保护的地方，这里还有一台计算机在管理机器的运转。

基本上，每个"超球机器人"都将由7台计算机组成，没有负责整体的中央计算机。7台计算机会并联在一起工作，形成一个整体智能来控制"超球机器人"，每台计算机都是整体的一部分。而且单独一个"超球机器人"里的7台计算机，可以和其他"超球机器人"体内的计算机协作思考。由于该结构很容易折叠成扁平状，所以可以一次扔下去一摞机器，而后它们就会弹开，并经过多次弹跳，落在泰坦星表面。这群机器人，每个又都是由一组机器人构成的。这群机器能以一个整体来思考，其能力可覆盖整片土地，个体失灵问题很容易就被它的众多重复部件弥补了。

阿德里安说："可以派出很多机器人——我们设想的殖民，其实就是这么回事。我们需要的只是一个简单装置，也许可以一次装 10 个，也许还可以拓展到巨型或微型机器人，或那些能前往任何地方的机器人。"

泰坦星让人浮想联翩。这个星球有海洋、云朵、沼泽、沙丘。将在那里工作的，是各式各样的机械，不仅仅是聪明的"风滚草"。朱利安·诺特（Julian Nott）为泰坦星设计了一个热气球，美国宇航局喷气推进实验室对此充满兴趣，让他造了一个样机，还在他建的模拟泰坦星温度及大气组分的低温舱中，测试了样机。他已经制作了 40 年热气球，创造了 79 个纪录，如热气球飞行距离、高空时间、海拔高度等，还包括他乘坐着自己设计并建造的热气球增压舱，到达了一个前无古人的高度。

这个增压舱现在展览于杜勒斯国际机场附近的史密森尼国家航空航天博物馆分馆。

朱利安说："热气球的巨大魅力，有一点在于：像我这样单独的人，都可以有一个想法，然后以某种方式筹款，建造一种新气球，创造世界纪录，最后它还能进史密森尼博物馆。"他的兴趣，方兴未艾，"我爸爸活到了 100 岁，所以我觉得我还有时间。在我死之前，我决定参与这个项目——把气球送上另一颗星球。"

朱利安怀着成为一名独立科学企业家的梦想，取得了牛津大学化学学位。他第一次驾驶热气球是为了取悦女孩。当时他们在一家酒吧里，酒吧里放着一首 1967 年的流行歌曲，开头歌词是："你想乘坐我漂亮的气球吗？"那时，没什么人坐气球，于是朱利安成了神气活现的创新者之一。现在，他仍在从事热气球飞行与咨询，见证了谷歌副总裁 2014 年 10 月从 135890 英尺高空破纪录的一跃，也参与了谷歌用高空气球编队为不发达国家提供网络服务的计划。

朱利安说，泰坦星是太阳系中飞热气球最好的地方，远好于地球。在地球上，太阳从两方面限制了热气球的空中停留时间。阳光温度的日常变化迫使热气球驾驶员使用有限的压舱物，来保证热气球停在空中：日落时，热气球变冷，驾驶员就要抛出一些重物。热气球材料也无法经受紫外线的长时间照射——最高纪录是两年。泰坦星的阳光则弱得多，因为它与太阳距离遥远且大气层很厚——这就解决了紫外线和温度问题。以放射性钚 –238 为热源，热气球可在泰坦星上轻轻松松地飞行 50 年。

热气球很便宜。钚的成本会达到热气球自身的千倍以上。热气球也无须智能。它们可以被动飘浮，同时拍照测量。但如果加入人工智能，热气球就会成为一个探测器。在泰坦星上，热气球可以调整高度，进入不同的气流，风和日丽时巡航赤道附近，风暴季节里则迁移到两极。

一队热气球机器人可以绘制整个地形，它们近地盘旋、细致考察。为了考察地表情况，它们可以释放和回收无人侦察机，或者抛出"超球机器人"。热气球上的钚能源可为侦察机电池供能。

机器人还有改进空间，但朱利安说，热气球技术已经成熟。他的原型机通过了喷气推进实验室的测试。最大的问题是缺少钚 –238。世界上有大量用于制造原子弹的钚 –239。选择钚 –238，而非钚 –239 来为行星际飞船供能，是因为它能产生大量的热，同时造成的辐射危害更小。有一种称作同位素温差发电机（RTG）的仪器，能将热能转化成电能，旅行者飞船和卡西尼任务都由它供能。

但是美国 1988 年停止了生产钚 –238，转而从俄罗斯进口；后来俄罗斯也停产了。仅剩的 35 千克也将由下一辆火星探测车以及一个木卫二的任务分走。2013 年，生产恢复，但国会对这个项目的支持力度太小，每年只愿为 1 千克钚买单。

对此，美国宇航局没有提出改进方案。有一项接近成熟的技术，将在每一次任务中节省多达 3/4 的钚，但宇航局放弃了该技术的继续开发。另外，如果有更多的熟练工，钚 –238 可以生产得更快。但这并不重要，因为宇航局反正还没足够经费来开展新任务。按目前的筹资速度，等新任务筹够了资金，它所需的钚也就生产够了。或者，太阳能电池会发展到足以让土星任务用不着钚。现在，更高效的新型太阳能电池阵可以让我们到达木星（土星比木星更远，而且光照强度只有木星的 1/4）。

"超球机器人"同样需要钚 –238。任何前往泰坦星的探测器都是如此。不过发明家们仍在不断创新，因为他们知道，一旦资金增加，探索泰坦星可能会提前数十年到来。

除了地表的"超球机器人"和空中的热气球，还有机器人潜艇可以探索泰坦星的湖泊。我们在第三章认识的，约翰·霍普金斯大学的拉尔夫·洛伦兹，在美国宇航局高级概念研究所的资助下，带领团队，设计了一艘泰坦星潜艇，和一个穿越 2000 千米克拉肯海（靠近泰坦星北极的一大片甲烷湖）的探测任务。幸运的话，在完成了 90 天的任务之后，它还可以继续探索另外两片水域。那两片水域通过海峡与克拉肯海相连，可能含有各种各样的化学物质，以及汹涌的暗流。

在许多方面，这艘潜艇的设计，都类似地球上的机器人潜水器——配有强大的引擎来克服水流，还装有用以测绘海底地形的侧扫声呐。但是，潜艇在泰坦星上多了一些挑战。这艘潜艇必须能被装进飞船，安全落入湖中。它必须能在 10 亿英里外和地球通信。设计者不知道该潜艇将在何等密度与黏度的流体中巡航。泰坦星的海洋可能像涂料稀释剂一样流动，也可能像沥青一样黏稠，而且，乙烷、甲烷及其他化合物比例的改变，会影响潜艇的浮力。发动机逸出的热量，可能会让潜艇周围的液态甲烷沸腾。

这一切，都能够做到。更智能的机器人正在到来。而且，一旦美国宇航局进行了经费和体制改革，把它们送上泰坦星就不需要经历好几代人。

未来 ▲

事实证明：加速前往泰坦星的任务进程，没预期的那么困难。军事机器人技术进步迅速，推动出现了强大的抗辐射设备。商用太空公司知道如何快速建造大功率的巨型火箭。车载能源从来都不是技术问题，只有资金问题。在共同的殖民泰坦星的目标和投资下，以上各组分得以组装在一起，系列气球、张拉整体结构机器人以及潜艇，形成一个编队，离开地球，开始了一段长达 7 年的旅程。

这些探测机器人将找到一处殖民地，清查可用的资源，预测此地的天气，以及研究那些会使情势复杂化的因素，包括"克拉肯海中有无烷基生命"等。它们做足功课，以待来者——接下去，到来的是一拨又一拨建筑机器人。这些机器人将降落在由探测机器人确定下的初级殖民地，然后开始收集能源并将原料加工成建材。它们将建造一个初始基地，包括一座发电站，一处充满可呼吸氧气的温暖室内栖息地，以及一个用来修复机器人——或许还能生产更多机器人的车间。最终，让第一批到达泰坦星的人，能够宾至如归，脱下户外服，坐在沙发上吃点心。

但在此之前，探测机器人要把泰坦星当作一处新的人类家园来进行调查研究。

朱利安的气球编队部署在泰坦星表面检测空气，并用各种波长记录地表的详细图像。无论在哪儿，只要泰坦星机器人的共享计算机智能系统对其观测对象存有疑问，气球就会把一个"超球机器人"抛到地上。仿佛有一只巨型生物，"眼睛"机器人从气球上观测地形，而"超球机器人"就是"手指"，测量地形的硬度、湿度、化学成分。这些细节拼合在一起，校准了气球的视觉。各个气球的并行处理器共享着这个越来越精确的图像，建立起一个统合泰坦星之一切的高精度数据库。同时"超球机器人"继续在翻滚着。在泰坦星计算云的引导下，它们收集并存储离散片段的详细信息，促进对这片土地模式的共同认识——对数据库中所构建之地的认识。

首先要了解的是泰坦星土壤的奇怪性质。泰坦星的基岩是冰冻的水，土壤是地球上所没有的烃种类。在外太阳系中，来自太阳的紫外线辐射，使飘浮在太空中的碳和氢结合成烃分子，如甲烷。这种物质可能是液体、气体、黏稠的软胶质体，也可能在喷洒到泰坦星表面后变成沙状颗粒，覆盖在水冰之上——那些水冰位于深处，就像地球上的土壤一样，可能有的地方很薄，有的地方很厚。

在北部中纬度地区，风蚀构建起了高大的沙丘，就像地球上沙漠中的一样。机器人调查了这些起伏的丘陵，并翻滚进入其间的山谷。在那里的表面上，有沼泽地区和短期存在的甲烷和乙烷池塘——这种物质在地球上我们称之为液态天然气。偶尔有液态甲烷形成的阵雨，但又迅速蒸发。在低纬度地区，干涸的河床和湖底多于流动的液体。

这里通常没有风，或只有小风，小得甚至无法吹动沙丘上的沙砾，而且与曾建起沙丘的风相比，它们的方向也截然不同。机器人在泰坦星北部的夏天着陆，那时天气温和。当泰坦星度过秋分，迎来秋天，风亦随之降临。

泰坦星上的一年相当于 29 个地球年，所以季节变化缓慢。行星的自转轴倾斜导致了季节的划分，因为它会将不同区域朝向太阳。土星和泰坦星的季节同步变化。月球可能是在地球大体形成后由碰撞产生的，但与之不同，泰坦星和其他土星卫星很可能都是飘浮在太空中的尘埃和气体环的聚合体。当物质凝聚为行星和卫星时，它们保持着原有动量。用科学术语来说，它们被土星的引力锁定，舞步永远合拍，总是用同一面朝向土星，季节随土星变化而变化，因为它们和土星都同时在轨道上旋转。

随着秋天临近，赤道地区刮起了风暴，强度足以移动沙丘。气球逃向了较平静的两极。"超球机器人"在沙丘背风处避风，或被风吹起，沿着表面滚动，直到它们找到一个能稳住自己的避风港。

泰坦星上，北极、南极温度与赤道相差无几。因为离太阳很远，大气又很厚，整个泰坦星温度总是保持在将近 179.15 摄氏度。但是两极更潮湿。南极地区以一片巨大海洋为主，而北极是一个湖泊网络。这些液态烃的"水"体，可以用作殖民地的液体燃料即时来源，但要在这里找到一个位置，建造殖民地，就十分具有挑战性了。湖周围的土地一马平川。机器人要寻找高地势区域，因为从理论上说，湖面可能上升、淹没建立在湖边的栖息地。所以殖民地最好可以建立在小山上，或者一个半岛上——在那里，殖民者可以停靠船只，并用轮式车辆在陆地上穿行（它们可以从几乎任何地方起飞）。

泰坦计算机的巨大数据库，很快就积累了任何人都无法消化的大量信息。但它自己知道如何管理和消化所学。地球上的控制者问它建殖民地的最佳地点。机器人提供了三个选择，首选在高出克拉肯海 10 米的一座广阔半岛上，上面有足够的发展空间。

泰坦潜艇（即 Vehicle Aquatic Zissou，缩写为 VAZ）一直在探索克拉肯海，它潜行数千千米，调查海岸、底部形状、液体成分，测流，并观察基于甲烷生存的鱼类。这些生物十分微小，形状怪异，它们柔软的烃膜部分呈半透明状，以适应寒冷的甲烷介质。潜艇引擎翻起的温热巨浪，会让它们熔解。它们娇弱且运动迅速，因而很难检测。它们稍微遇热就会分解。但是泰坦潜艇有无限的耐心。它观测了数千小时，建立了一个克拉肯海鱼类行为的统计模型，准备好去了解它们生命周期的每一个阶段。

泰坦星上没有植物，只有动物。初级动物直接从它们生活区域的化学物质中获取能量。食肉动物食用初级动物。所有动物都相当于地球上的浮游动物。地球上的科学家惊奇且激动地研究这些数据。潜在的殖民者想知道这些生物有可能派上什么用场。而环境学家则预见到，人类将毁灭又一个生态系统。

选择该地作为殖民地点，是为了方便开采资源。阿波斯托洛普洛斯半岛的土壤很薄，所以很容易从底下挖出水冰。水电解为氢气和氧气，供殖民者呼吸，以及用于燃烧从湖中采来的烃。潜艇已经确定了这种燃料的化学细节，为设备到达做好准备。有一种管道可以吸入液态甲烷，使其受热汽化，供栖息地的熔炉和发电厂燃烧。

从湖中采烃的这条管道至关重要，因而得名"泰坦基础管道"。

回头说地球方面：激进分子反对燃烧克拉肯海的甲烷。这片海中布满着无法受到保护的生命。

这些生物像液态甲烷一样易燃。有些生物太小，小到过滤不出来。而那些被卡在过滤器中的生物会被摧毁，因为它们的烃膜太精细，又是胶质的，难以逃脱过滤器的伤害。地球上，大量抗议者沿着波托马克长堤游行，这条巨大的堤防阻挡海水淹没首都华盛顿岛。

环境律师在各种法院和行政机构提出抗议，试图阻止建立泰坦基础管道。委员会举行了听证会。各种评论文章充斥媒体。政治家们发表了演说。辩论无休无止，已持续多年，并且似乎会永远持续下去。莫衷一是的政治和法律斗争，似乎总是有着无尽的潜力。

但是机器人一直在工作。泰坦星奇特的法律地位现在已经昭然若揭。没有任何专门保护那里环境的法律，甚至没有法律提及那片土地所有权归谁；机器人被设计用于殖民地的选址，而现在想在阿波斯托洛普洛斯半岛上建造一处殖民地，但人们并不清楚"这些机器人应负有什么样的法律责任"。随着地球政治系统终端的失灵，甚至没人愿意假装一下可以用新法律解决这些问题。地球上已和机器人一起生活几十年的人们，亦未弄清楚机器人的法律地位。

泰坦星上的这个计算机智能系统，究竟是"谁"？这里有许多处理器共享其思维，就像一个大脑连接到身体的许多器官（遍布整个泰坦星的机器人）上。这个"大脑"，并不像人类个体的大脑。它是在一组不断变化的硬件设备上，独立运作的一套不断进化、自我开发的代码。它居住在自己的星球上，拥有自己的能源，发展自己对此地的知识，并拥有一套独特的价值观（传衍自任务规划者初设之简单目标的那些命令）——它可以从心所欲。

当地面控制者告诉泰坦星上的这个计算机智能系统，地球上的人类正在考虑保护克拉肯海的生命时，它的回应是："为什么？"

现在 ◆

2015 年，马斯克、盖茨、霍金发出警告：人工智能可能会威胁人类。马斯克捐助了 1000 万美元来研究这个问题，其中大头给了牛津大学人类未来研究所，那里的哲学家尼克·博斯特罗姆（Nick Bostrom）写了一本十分有影响力的书，来提醒人们注意超智能的威胁。博斯特罗姆指出，一台智能到足以接管世界的机器的出现，是一件不可预知的事件，很可能很快就会发生。有的人可能有一个项目计划，然后有许多的竞争者跟随而来，投入大量的资源来开发这个项目，最后计算机加入博弈，利用其自身的速度和力量，使自己的智能呈指数级增长。

问题不仅在于计算机可以有超高的智能，从而让我们的大脑相比之下看起来像是蠕虫的神经节——真正的问题是人工智能的动机或意志，以及其所拥有的巨大力量。智能计算机是不是互联网的一部分，旨在为谷歌赚钱？它会旨在使一个国家对其他国家实行军事统治吗？会旨在监控和控制人类行为吗？驱动有机生物的，是为生存繁衍而产生的进化动力。但是，驱动一位超智的动力，将是其制造者植入的价值观，而这些制造者智慧太过于原始，根本无法了解他们的选择所产生的后果。

即使在人类中间，聪明也不一定能产生有意义或有益的动机或意志。人类未来研究所的安德斯·桑德伯格（Anders Sandberg）指出：在计算机中，动机来自人类的设计，"任何搞过一点编程的人都知道，这实际上很容易出差错，所以它的动机、意志实际上相当容易出现病变"。

安德斯举了一个例子，他可以制造一个能提升自我智能的机器人，然后下令让它制作曲别针："它在制作曲别针的同时，有一个子目标——让自己变得更聪明。这实非我本意。我只是想要一枚曲别针而已。但是我现在有的是一位超智啊！它设计出了一个万无一失地把宇宙万物变成曲别针的方案。当然，这时候我可以说：'等等，我不是这个意思。'但是，为时已晚，因为我也正在被变成曲别针。"

这是一个蠢例子，但是我们已经拥有功能强大的计算机，它能提出一些我们意想不到的主意和解决方案，大部分是正确的，也有一些是错误的。比如，Word 的"自动更正"功能，已经多少次把原本正确的文本改成了令人尴尬的错误？机器学习正在做的事情出人意料，而它犯的错误也出人意料。谷歌翻译，独立学习了世界的语言，并不是通过"让程序员把所有动词的用法代码写出来"这一耗时费力的过程，而是通过对大量现有译文数据库进行统计分析。当你在网页上点击"翻译"时，它会根据它自己识别出的规律，提供另一种语言的对应词句。这样的译文，大多数时候说得通，有时候也很奇怪。

机器人能进行我们做不到的思考，好处显而易见，但这种能力也正是危险所在。我们不太需要担心机器人会想接管世界。真正需要担心的是：它们会想做我们从没想过的事，因为那就是我们制造它们的初衷。这种危险的一个较浅层次版本目前已经困扰在航天器、实验室里同机器人共事的人类：他们无法预料机器人会做什么，所以可能会受到伤害。

制造思维方式更像人类的机器人，可能会有所帮助。至少我们更容易识别它们的思考模式。想象一下，建一台带有机器学习系统的计算机，设定其目标为分析人类的行为和道德，复制呈现于我们历史、文学中的规律。我们想要这样的机器人产生吗？这样产生出来的机器，可能学了关于爱情、好奇心的东西，但它学的关于谋杀、背叛的东西可能更多。

人类伦理是感性的，并且随着我们的文化而演化。例如，工业革命之前没有环境保护主义，但现在保护自然已经成为一些人的本能冲动，就像另一些人的宗教虔诚一样真实。外星生物对我们没什么益处，我们为什么要关心保护它们的问题？一位超智可能将这些想法视为无稽之谈，或者从中得出一些完全出人意料的奇怪结论。

现在，还不存在聪明到可以这样思考的计算机。达到人类水平的人工智能似乎总是在"20 年之后"。人类未来研究所的斯图尔特·阿姆斯特朗（Stuart Armstrong）和机器智能研究所的卡伊·索塔拉（Kaj Sotala），分别研究了20 世纪 50 年代以来对人工智能何时能成熟的 95 个预测。他们发现，不管预测者是专门家还是门外汉，也不管他是有理有据还是纯粹猜测，大多数人都会说：人工智能要达到人类水平，还需要 20 年。

对于这些落空预言的一个嘲讽性解释是，设立 20 年的界限可以左右逢源：一方面，这种预测能够助力科学家自己的事业；另一方面，20 年后科学家们已经退休走人了，不会被打脸。但是，从根本上说，人工智能很难预测，因为我们不知道何时会出现重大突破。莱特兄弟发明了正确的机翼形状之后，航空就出现了爆发性发展。如果博斯特罗姆预测是正确的，如莱特兄弟那样有关键想法的天才，已经降临人世；接下来，像人一样聪明的机器人，也许会在一代人的时间之后出现。但如果"天降大任于是人"尚未发生，我们可能就还要等很长时间了。

我们现在在哪里？机器学习当前的最大成就，表明了它在复制人类变通智慧方面是多么弱。2015 年，一个来自伦敦、后被谷歌收购的叫作"深思（DeepMind）"的创业项目，公布了其在人工智能方面取得的一项重大进展：一台计算机可以通过自学自玩 20 世纪 80 年代的电脑游戏，如《越狱》《乒乓》《太空入侵者》等，从而在其中某些游戏中超越顶尖人类玩家。程序员不必写入每场游戏的细节，计算机计算出了它自己对这 49 款游戏的策略，并且，进一步优化后，它也可能学会玩其他游戏。

但是，为了让它运转，程序员需要一台非常强大的计算机，需要用以学习游戏的巨大、标记良好的数据集，还需要一个小小的游戏屏幕，他们将游戏屏幕的一边限制在 80 像素，以保持该复杂过程的可控。即使在这种情况下，计算机也一直不擅长学习有战略元素的游戏，比如在《吃豆小姐》和《蜈蚣》上，它的表现就不如人类玩家。

这个系统需要很强的计算能力，因为它是通过统计分析之前游戏的庞大数据集来学习游戏的。

马克斯·普朗克智能系统研究所的机器学习专家伯恩哈德（Bernhard），曾在《自然》上撰文描述该游戏学习系统。他说："即使机器做事情的方式可能不如人聪明，但机器有更多的数据，所以仍然可以和人类智能竞争。""在某些情况下，仅仅通过扩展数据集的大小，我们就已让机器达到了人的水平；但在过去几十年中，我们没有真正开发出多少关于机器学习的新想法。如果我们继续扩展数据集，也许就要达到上限了。"

机器学习的方式是：在海量数据集中发现模式，然后再识别出这类模式并重现它们。但是人类大脑预测事情是用预料因果的方式，从而较为省力。正如一个婴儿并不需要观看数百万"球落下又弹起"的实例，就可预测球落下时会发生什么。对于陌生的情况——如在探索泰坦星时决定如何处理预期结果——机器将需要能从不完整的数据中，预测可能产生的结果。这要如何实现？关键思路是什么？至今尚未有人提出。

伯恩哈德说："计算机领先人类的领域会越来越多，但我个人并不认为计算机能接管人类所做的一切。"

太空仍然需要人类亲身前往。我们会期望机器人完成一些事情，当它们完成了这些事情之后，人类将紧随其后，负薪构堂，去做那些只对我们有意义的事情。

7

长途旅行的解决方案

Long distance travel solutions

现在 ◆

　　人类可以进行深空旅行，但是，除非我们愿意牺牲宇航员，否则将无法抵达那些激动人心的目的地。在当前推进技术下，这种旅程会花费过长时间，令宇航员身陷来自辐射、失重、与世隔绝的身心双重危险。宇航员很可能是以大幅折寿来换取一场火星之旅，虽然将来死于癌症之时，他们恐怕会追悔莫及。不过，大脑面临的风险，可能会威胁到任务本身。空间辐射可以破坏神经元，而失重会增加脑液压力，这可能导致宇航员失明，或更严重的后果。

　　人们需要时间来逐渐理解这一消息。没有人愿意相信它。即使最早传播银河系宇宙射线辐射坏消息的人之一——弗兰西斯·库契诺塔也告诉报社记者："解决方案会蹦出来的。"同时，他在谈话中承认，唯一已知的解决方案是航行时间要短。美国宇航局和航天界的其他一些人则拒绝面对这个现实，他们把这些问题作为路上的小磕碰来讨论，而不是作为需要突破的路障。普通民众对此全然不知。新闻媒体倾向于以一种"目瞪口呆的敬畏"来报道空间科学，而不会去提一些尖锐问题。正相反，吸引人眼球的新闻报道已经开始关注一名荷兰人——此人有一个愚蠢计划，要直播一场"送人上火星"的电视真人秀节目。

　　研究这些问题的科学家、工程师小团队，已经开始讨论接下来会发生什么。一方面，工程师们向健康专家们要执行标准——他们该达到怎样的标准，才能保障宇航员的安全和正常工作？另一方面，医生们又向工程师们要设备，以确定这一标准。不去深空，就很难研究深空中的危险。

约翰·齐佩（John Zipay）作为美国宇航局结构工程师们的一个领头人，参与了这一对话。他确信其团队可以设计出一艘有人造重力的航天器，这将从根本上解决失重的风险。但是，他首先需要知道需要多少重力。

约翰20世纪80年代开始这一职业生涯，其间他奔走列国，以确保国际空间站的各组块能够组合在一起。

他说："我把它称为世界第一轨道奇迹。组块在俄罗斯、日本、欧洲各地、美国各地建造出来；然后，我们将它们运到美国佛罗里达州和俄罗斯；接着，我们在太空中把它们组装到一起，然后——就是这么个怪东西——转起来了！2000年11月，它开始长期载人。我们无所不能。我的意思是：说实话，这个对我来说，证明了我们可以造出来任何东西。"

国际空间站十分巨大，总长109米，大致是旋转式航天器产生等于地球重力所需要的长度。乘员舱组合起来全长51米，其加压容积相当于波音747。而且，它建造得很坚固。这些组块必须承受住来自地球的重力加速度，以及发射时受到的三个重力单位的推力。工程师还考虑了把各个舱放到一起组装的影响，以及与（现在运来物资和乘员的）航天飞机、航天器多次会合对接的影响。

齐佩说，有人造重力的行星际飞船可以比国际空间站更小、更不坚固，这取决于医生提出的要求。宇航员通过锻炼，来克服肌肉和骨骼的流失。避免眼睛和大脑的问题，有可能并不需要全强度或全时间的重力。如果每天一小时的重力，就能抵消失重对大脑的影响，那么，航天器内的转椅或许就能满足宇航员们的需求。如果1/3强度的重力就已足够，那么，航天器就可以短至三四十米。或者，如果小强度、间歇性重力能起到同样的作用，那么，也许只需要旋转睡觉的区域即可。

约翰说："设想基于医学研究，你把对人造重力的要求交给工程师，如果必须是连续的一个重力单位的加速度，我们就会给你建造一个航天器，它在有人的地方能给你一个重力单位的加速度。"但他补充道，"你能期望的最合理、实际建造中最可行的航天器，是需要最短时间、最弱人造重力的航天器。"

　　"通过旋转整个或部分航天器来产生重力"这个想法，运用了一个"玩过用绳子悠重物的孩子"都知道的现象。玩具（重物）的惯性让它想走直线，但是绳子将它拉成了曲线。弯曲所需的力产生了一个朝向圆外侧的相反的力，即向心力。这个向外的力的强度，与旋转速度和绳子长度有关——增大其中任意一个，就可以产生更大的力。转速快一些，圆周的尺寸就可以小一些。转速较慢，则需要较大的圆周来提供相同的力。

　　如果你是让人旋转，那么，生物学就会与物理学相互作用。小半径离心机（如航天器内部的单人间）对宇航员脚部产生的重力，将大于对其头部产生的重力。人们很难在这种环境中工作，因为物体（甚至包括你的手臂）在移动的时候，其重力会不断变化。头晕也可能成为一个问题。20 世纪 60 年代，一项试验让人类受试者连续旋转了 12 天。一旦人们习惯了旋转，大多数人就可以吃得下饭（而不呕吐）；但在这些试验中，参与者在旋转开始后和停止后，都要花一两天的时间来调整适应。

　　"持续旋转整个航天器"这个解决方案，避免了启动和停止的问题。齐佩设想了一个杠铃状的两端翻转式的航天器。其中一端的乘员会体验到 1 个重力单位的加速度。想要两端具有相等的重力，这架航天器就需要 120 米长。如果它围绕一端旋转，仅在另一端有人造重力，那就只需要一半的长度。在这两种情况下，长度都是由旋转的速度决定的。每分钟转 4 圈，这是 20 世纪 60年代研究提出的"人类可以承受的最快速度"。

　　但是，那个研究是很早以前的，并且是在地面上完成的；在地面上，向心力是额外加在重力上的，并且重力不会消失。在太空中，人造重力是人能体验到的唯一的力，所以，我们有充分的理由想要知道人在太空中究竟能转多快。

　　迈克·巴若特及其同事几年前在国际空间站无意中发现的宇航员眼睛肿胀和颅内压力的问题，令今天的空间科学家开始非常关注人造重力。2014 年，这一研究更受关注了。这一年，巴若特组织了一场研讨会，召集了 100 名世界各地的顶尖研究人员，以研究人造重力的挑战。会议的报告，凸显了我们知识的空白。

报告指出："离心力能让动物和人类体验到人造重力。尽管我们知道这一点已经超过了 100 年，但相对而言，我们仍然很不了解其生理效应，特别是更长时间的离心作用之下的效应。实际上，相比'仅超过几小时的离心'之效应，我们更了解'太空中失重'之效应，比如，我们不知道，火星表面 0.38 个重力单位的重力，究竟有没有保护作用？在长时间失重期间，维持身体机能所需要的重力阈值是多少？"

参加过研讨会之后，美国宇航局现在制订了一个 7 年计划，以找出对人造重力的要求。其目标是，在 2022 年找到答案。按照宇航局目前的空间探索进度表，它并不需要在 2022 年之前得到答案。

彼得·诺尔斯克（Peter Norsk）是美国宇航局领导人类对策研究的一位医生，他是与约翰·齐佩等工程师谈话的另一方。他的工作，是找到工程师所需要的关于人之需求的信息。理想情况下，齐佩应该给诺尔斯克一个在轨运行的离心机，让人在其中旋转，观察他们有何反应。事实上，这是获得一个真正确定之答案的唯一方法。但这样的项目会非常昂贵，所以当前的计划需要把"地球上以人类为对象的实验"和"国际空间站中以啮齿动物为对象的实验"相结合。在美国宇航局内部，官员们还讨论过前往一个拉格朗日点的太空任务。在太阳系中的拉格朗日点上，来自地球、太阳、月球的引力平衡形成了一个区域，小物体可以在这个区域中稳定地绕轨运行。宇航员去往那里的空间站，就可以了解深空旅行，包括人造重力，而不必投入一项更加艰难的火星之旅。这些讨论，是否会把美国宇航局引向新的方向，可能取决于总统的政见。

我们已经有了一个在轨运行的空间站，但国际空间站上大小能用于人的离心机的那些计划，最后都不了了之。在太空中，驱动一个大转椅或房间，会导致空间站反向旋转。控制器有可能用陀螺仪转轮来抵消这种旋转（航天器由陀螺仪转轮来控制定位和方向），但是，振动的问题和反作用力，会使这一方法在国际空间站上不可行。

如果没有发生 2003 年"哥伦比亚号"航天飞机失事，国际空间站会安上大到足以容纳灵长动物的离心机。这次航天飞机失事，大大削弱了对空间站的货运能力。2016 年，宇航员利用日本设备在啮齿动物身上尝试离心机试验。但是，这将更多地揭示肌肉和骨骼的情况，因为啮齿动物的眼睛和大脑，与人类的有很大的区别。

诺尔斯克说：在地面上，研究将使用长臂离心机，这能给出重力大于 1 个重力单位时的数据；也会在抛物线飞行的飞机中进行非常短时的低重力实验——抛物线飞行的飞机，即第一章提到的所谓呕吐彗星，其乘客当中包括比基尼模特凯特·阿普顿（Kate Upton）。但是，当重力水平处于地球重力和失重之间时，人类的长期健康状况如何，这个计划无法给出直接的证据。我们也无法确知一个人在太空中旋转的感觉，以及伴随着这种体验，会有什么实际限制。

虽然缺乏健康数据，但人造重力的工程学解决方案是非常清晰的。

在深空建造一个两端翻转式的杠铃，是一项有趣的挑战，而非一个可怕的路障。齐佩说，它需要一个新的动力源，因为现在的太阳能电池板太脆弱了，无法旋转。这个动力源，既要轻质，以减少发射和向目的地加速时的能量消耗，又必须坚固，以承受住人造重力本身。

为了减轻重量，约翰将通过发射可折叠的各个组块进入轨道，开展组装。行星际航天器，并非所有组块都要（像国际空间站那样）用坚固的铝管片来建造。配备了人造重力的航天器，最大的部分将是连接杠铃两端的臂。齐佩会设计一个臂，它能够折叠成一个坚固、紧凑的团块，以便发射到地球重力范围之外，在失重状态下展开，成为一个细长腿的桁架组装件，其坚固程度，刚好达到足以给杠铃两端定位的目的。乘员舱可能会是可充气的。乘员舱位于臂的一端，推进系统可能会位于臂的另一端，作为乘员舱的平衡物。

辐射问题，部分也是可控的。航天器将必须保护乘员免受两种类型的辐射。太阳风暴的质子辐射强烈到足以致命，但是塑料防护罩可以减小其影响。对于强烈的太阳风暴，宇航员可以藏身于一个受保护的封闭空间中。对于一场持续数小时的辐射紧急情况来说，一个被"食物、燃料、水这些物资"围起来的风暴庇护所，不必很大。这一低技术的选择，成本低，很有效。

应对银河系宇宙射线辐射问题，就要困难得多。正如我们在第 5 章中所讨论的，恒星爆炸过程中形成的横穿银河系的高能粒子，其撞击非常猛烈，任何实体物理盾牌都无法阻挡。有确凿证据表明，在这种辐射下暴露几年，对人类大脑的损害程度，就足以危及太空任务，并且让宇航员折寿许多年。

如何在银河系宇宙射线下保持健康？对这个问题的潜在可行解决方案，都还只是猜测。

随着对辐射伤害及其相关遗传学的深刻认识，医生可能会找到方法，来取消对此易感之个体的宇航员资格。但是，乘员选拔是棘手的：如果因为一种风险而剔除掉候选人，那么，选出的乘员团体，在涉及其他风险时状态可能会较弱。宇航员可以通过如下标准来合理选拔：身心健康状况、智力、领导力、教育、技术方面的技能、心理顽强度、辐射敏感度，以及在失重状态下出现视力问题的低倾向性。仅仅为了满足这些标准中的几个，美国宇航局的选拔过程就已经是千里挑一、万里挑一了。每增加一项筛选测试，都会需要在其他方面妥协。世界上根本就没有那么多完美之人，可以组成一个以各项标准衡量都最优的乘员团体。

在遥远未来的医学，也许可以让宇航员服用某种有保护作用的药物，或者治愈"暴露于辐射"所带来的病症。但是，这种突破就好比攻克癌症，它可能发生，也可能不发生。

如果我们既无法承受，也无法阻挡银河系宇宙射线辐射，那么，另一个选择就是，改变这些射线的方向。这些粒子携带电荷，因此，磁场可以改变其路径方向。从这一点出发，就有了以下希望：在太空中产生强磁场——我们已经在地球上（物理学家的加速器中）制造出来的、用以让亚原子粒子之路径弯曲的那种强磁场。

几十年前，雷纳·迈因克（Rainer Meinke）从德国来到美国得克萨斯州的沃克西哈奇，致力于研究最庞大的一种物理学机器：超导超大型对撞机。该超导超大型对撞机本来会围绕沙漠之下一个 85 千米的圆形隧道发射粒子，产生非常剧烈的亚原子碰撞——剧烈程度甚至会远远超过今天最大的粒子加速器所能产生的碰撞。但是，国会面对国际空间站和超导超大型对撞机同时产生的支出，在1993年取消了对撞机项目，当时对撞机已经建了一半。沃克西哈奇附近留下了一个30千米长的废弃隧道。取消这一项目，中断了许多其他物理学家的职业生涯，包括雷纳的职业生涯。然后，他转为致力于研究超导磁体——虽然很像那些本来会在对撞机中挤压粒子的超导磁体，但用于电力和医疗行业。人们可能已经在核磁共振成像机和其他高科技医疗成像设备中，接触过这项研究的成果。

大磁体与流经环形导线线圈的电流一起发挥作用，电流在环形的中心处感应出一个磁场。如果使用普通铜导线，磁体就会产生热量，浪费掉能量，必须用更多的电力来持续补充这些浪费掉的能量。超导体则可以无电阻地导电，无能量损失，不产生热量。从理论上说，线圈中的电流可以永久持续，在通电仅仅一次之后，就产生一个稳定的磁场。

核磁共振成像机中由超导磁体产生的磁场，通常比地球磁场强10万倍。但是，这种磁体太重了，无法射入太空。雷纳与其公司【位于佛罗里达州的"高级磁铁实验室"（Advanced Magnet Lab）】的同事一起，开发了一项概念，让超导磁体更大、更轻。他将把航天器包裹在气球状磁体组装件中，这种磁体由超导薄膜制成，如蜘蛛丝般轻飘、柔韧。气球内的磁场会让带电粒子偏离航天器。航天器船体上多加的一层超导线圈，将会为其内部乘员而中和磁场，防止金属物体飞来飞去。这个设计很巧妙。超导材料就像录音磁带，发射期间像伞一样折叠起来。一旦到了太空中，对其磁场充电，就可将伞展开成所期望的形状和大小。通常，大的磁体必须非常坚固，以免被自己产生的力撕碎。但是，雷纳的团队发现了一种新的磁场位形，可以把磁带上的压力降低到接近于零。他们建造了一个小样机，取得了预期效果。在实践中，使用现有的材料，直径为10米的一个系统，在单次充电后可以保持1特斯拉的磁场：强度约等于平常的核磁共振成像机。

但是，样机建成之后，雷纳失去了支持这项研究的美国宇航局"创新性先进概念计划"的资助，尽管他仍在与其他基金和伙伴合作。然而，即使他的系统能按照设计运转，且能保护航天器免受来自太阳的质子辐射，其磁场也不会大到或强到足以偏转最强的银河系宇宙射线。银河系宇宙射线的能量，远超过目前地球上的最大对撞机产生的能量。地球磁场，亦不能保护我们免受其伤害：起到主要保护作用的，是我们大气层中的水。（我们在地球上受到双重防护——大气保护我们免受银河系宇宙射线的伤害，磁场保护大气不会因为太阳的质子辐射而被吹走。）

要让能量超强的粒子偏离航天器，就需要一个强得多或大得多的磁场。一些专家完全不认可磁屏蔽这种想法，因为其重量、复杂性，以及缺乏后备计划（来应对可能的系统故障）。雷纳指出了其中涉及的力。10 或 20 特斯拉的磁场，会在线圈上产生巨大的爆裂压力，就像对气球过度充气一样，这种力太强大，任何可用的材料都无法承受。另一个选项则是：在低磁性水平下，由更大的线圈产生一个大得多的磁场。这在理论上可行。但是，航天器会在飞船般大小之磁伞的包围之中行进。

这样一种航天器，想象起来并不吸引人。若再加上用于产生人造重力的旋转，情况就更趋复杂了，简直就是一场热闹的杂耍：一个巨大的、带电荷的超导小型飞船，高速地穿行太空，同时围绕着一个杠铃状的航天器，该杠铃状航天器还在两端翻转式地旋转，另有一种机制，中和它移动着的生活区的磁场。整个组装件，以某种方式，被发射、推进到太空中，然后减速，在其目标星球绕轨运行。

假设这整套系统正常运转，飞船航行近 10 年，横穿太阳系。其内部会发生什么情况呢？这个场景比较容易研究。"枕航员"在美国（得克萨斯州）加尔维斯顿的医院卧床几个月之后，典型表现是：注意力变得不集中，有无聊情绪。2010 年至 2011 年，符合"国际宇航员计划选拔标准"的 6 个人，在俄罗斯的一个模拟航天器内度过了 520 天。其时长相当于执行一次火星的任务，包括在这颗行星上短暂停留。

试验并不顺利。用心理学研究的话来说就是："6 名乘员中，只有 2 人（C、D）既未表现行为障碍，也没有报告表明有心理不良应激。"另 4 名宇航员存在睡眠问题，变得无精打采、急躁易怒，有一个人还抑郁了，4 人均出现了足以威胁宇航任务的严重症状。

类似的问题，曾出现在与世隔绝的南极洲，甚至是国际空间站的人们身上——尽管宇航员的医疗详情是保密的，但据说他们也曾应对抑郁症。如果几个月都被限制在一个小团体中，没有阳光和正常的感觉输入，人们大多都会感到难受，而且工作表现会变差。该俄罗斯任务之后，研究人员提出：乘员选拔很关键。有些人对这些影响有免疫力，他们呼吁调查研究"这种免疫力的遗传因素"。但是，这将会给已经挤满的筛选矩阵再增加一行，去哪里寻找各方面都刀枪不入的人呢？这样的人可能并不存在。

也许，将来会有更多的理念，可简化乘员选拔、航天器设计。但这里已经有了一个简单而大胆的解决方案，可以一次性解决辐射、重力、心理所有的问题，那就是：飞得更快。

在当前技术下，航天器能够携带足够的燃料：在基本靠惯性到达目的地之前，为一次短暂燃烧提供很大的加速度。在惯性航行时，乘员会体验到失重。如果匀速前进，旅程的耗时就取决于初始时的那次短暂燃烧。但是，对于可以在整个旅程中保持加速、为其速度不断增加更多能量的一架航天器而言，数学戏剧性地改善了它的状况。火箭可以在半途中反转，以相同的功率输出来减速，直到到达。

在长途旅行中，只需要极少量持续的加速度，就能把人极快地送达目的地。速度快到在失重、辐射、无聊夺去宇航员身心健康之前，就把他们送达外太阳系，即使是在一个没有人造重力、稍有防护罩防护的航天器中。

未来

在太空中持续加速的技术，发展极其迅速，似乎在一夜之间就发展起来了，就像莱特兄弟（the Wright brothers）之后的飞行技术，或20世纪90年代的互联网。然而，就跟那些案例一样，让它发展起来的想法，并不是凭空冒出来的。几十年来，富于创造力且不畏惧在其专业边缘工作的工程师们和科学家们，在没有获得多少经费与重视的情况下，一直不断思考不同寻常的概念，不停地摆弄样机。突然之间，随着一个迫切需要的到来，经费和信誉接踵而至。各种条件结合起来，让想法的种子快速生长，如向日葵幼芽一般，结成的果实熠熠生辉，灿烂得出人意料。

泰坦公司（Titan Corp., 为了泰坦星项目而创建的独立公司）首席执行官见证了 Q 驱动装置的成功运转演示之后，感到了极大的宽慰。她多年前就曾经许诺：会有一项技术应运而生，让人们安全抵达泰坦星。在那里，他们可以入住由机器人建造的一片定居点（机器人来自"先前着陆的慢船"）。如果没有她所许诺的人类任务跟进，那个机器人任务的巨额开支，就会打了水漂（这笔费用来自泰坦公司在政府和大公司的资助者）。

泰坦星任务的架构，需要一组（6 名）宇航员作为先驱。他们将搬入为他们准备的小型定居点，在那里指挥机器人建造更大的、自给自足的人类定居点，以供更多后来的人居住。他们也会记录在泰坦星上生活的感觉，把这种感觉告诉全世界，这不是机器所能表达的。但是，人类无法承受前往泰坦星的 7 年深空飞行，人类无法仿效机器人已经进行过的飞行，以及地球上更早的探测器前往外太阳系的飞行。只有在两年内到达目的地、持续加速的驱动装置，才有可能完成这一任务。

传统化学火箭可以产生很大的推力，但是其短暂的动力爆发，需要大量的燃料。一艘只产生一点推力但能"持之以恒"的航天器，则可以走得更快，即使它启程时慢得多。持之以恒的能力来自更高密度的燃料——铀，而非化学燃料；而且，就 Q 驱动装置而言，持之以恒的能力来自从太空中收集（而非自带）推进剂的能力。Q 驱动装置将收集自然产生的量子粒子，然后通过一个电场来排出它们，以此产生推力。一座核反应堆将为磁场产生电力。这个驱动装置有了这个小体积的能量源，又不需要携带推进剂，就可以持续推动航天器向前，慢慢地获得非常快的速度。

样机运转良好，接下来的步伐就迈得快了。资金涌入——来自神经紧张的政府，以及亿万富翁投资者：他们既寻求逃离地球，又寻求拥有在一个崭新世界的土地权。泰坦公司为建造这个航天器租用了一个大型太空船坞和一些重型商业发射火箭。它购买了商业航天飞机上的座票，把装配工人送入轨道。随着该工作的进行，若干个原尺寸的 Q 驱动装置推进器合为一体；它们有着巨大的环，如同分离开来的蝴蝶翅膀，用以让量子粒子加速。它们飘浮在太空船坞外面。

这些驱动装置在一个无人航天器上进行了测试，当时只有公司员工在场。乘员舱正在独立建造。随着能量从反应堆来到环上，一位控制人员宣布：Q 驱动装置正在运转并产生了推力。欢呼声响了起来。但是，飞船本身几乎没有移动。弱而持续的推力，造成了这种渐进式的起飞。

测试之后，泰坦公司首席营销官和首席技术官都来到首席执行官的办公室，讨论一个问题。

首席营销官一直在管理泰坦星之旅的"光学"——并非真正的光学（像首席技术官最初以为的那样），而是公众看待这个历史性事件的目光。计划中，世界领袖们会在现场，观看 6 名勇敢的宇航员离开太空船坞，前往一个新的人类家园。这个戏剧性的起飞之前，需要演讲和仪式。但是，首席营销官观看过试航之后，就沮丧地意识到：归根结底，这种起航完全不会有什么戏剧性。

Q 驱动装置非常高效，以一个持续的力来加速航天器，几个月后就能达到极快的速度。但是，在最初的 10 分钟里，它只会移动约 200 米。观看试航的时候，首席营销官忍不住想"亲自推它一把"，让它动起来。

首席营销官说：这可不行。他挥舞着手臂，描绘一幅想象中的景象（在这家充满工程师的公司里，这是他作为戏剧专业毕业生的专长），开始美化这个"发射一艘蜗速宇宙飞船"的尴尬场景。总不能让世界领袖们向宇航员告别、送他们上路了，这艘飞船还没有真正离开吧？当每个人都行礼如仪，乐队停止了演奏，护旗仪仗队也已退下，但探险家们仍在视野之内，挥之不去，这多么令人泄气！当世界领袖们登上返回地面的航天飞机时，宇航员将仍近得可以透过舷窗挥手致意，泰坦公司将沦为笑柄——看起来是在用一台"行星际老爷车"送探险家们上路，它离开地球的样子，就像一个婴儿爬离自己的母亲身边。

首席技术官被激怒了，并尽其所能地表现出了这种愤怒，虽然他很不善于表达自己的感情（他的妻子经常在"夫妻同治"中如此抱怨）。Q 驱动装置代表一个技术飞跃；这个飞跃将拯救人类，让人类不会永远地被困在地球上。

他的团队正在建造的航天器，将把泰坦星之旅从 7 年缩短到 18 个月。整个太阳系将处在可以到达的范围之内。

会议结束时，他们达成了如下认识：飞船要有一个初级火箭，其能量足以把飞船弄出空间站的视野，后面再由 Q 驱动装置接管。首席技术官回到他的办公室，内心愤怒，咬牙切齿，盘算着报复首席营销官，但他知道自己也就是想想而已。事实上，初级火箭对于逃脱地球重力是有意义的。

首席技术官的团队所设计的初级火箭将使用的核反应堆和"为 Q 驱动装置供电的核反应堆"同样强大。外部罐中的氢将穿透反应堆，以获得爆炸性的升温，然后作为废气排出。在加速阶段，那些巨大而精巧的 Q 驱动装置的环，将被折叠起来。当氢罐排空时，飞船将以惯性航行，同时，展开收集器。然后，Q 驱动装置将会接管，在旅程中逐渐加速。

首席营销官很高兴。但是，在后来的一次会议上，首席安全官指出，初级推进器会把过热的氢喷向世界领袖们。（由此产生的）额外的设计，包括了一艘拖船，它将在航天器启动主发动机之前，让航天器与太空船坞隔出一段安全距离。

使用拖船启程的"光学"似乎是完美的。不太快，也不太慢。

首席技术官开始设计一种拖船。

为了把这个启程打磨得恰到好处，项目延期了几年，但是泰坦公司做得很好。增加的成本，带来了 33% 的加价。

现在　◆

在美国宇航局，甚至一些敢冒风险的宇航员，也看到了这一点：需要更快地推进。如果说暴露于"几乎不可接受的辐射"的火星之旅，还有那么一点可行性，那么到泰坦星就纯粹是穷途末路了。"阿波罗"任务的历史告诉我们：不要为了挑战我们能力的极限，而付出无以为继的巨大努力。

我们挑战了登月极限之后，下一步等待了 50 年。在一举实现火星登陆之后，我们可能会重复这种 50 年的等待。要想继续探索，每一步都应该为下一步建立基础。这样，我们才可以持续前进，到达更远的地方，而不是等待几代人的时间才有一些新想法。

此外，我们对火星了解得越多，它作为一个最终目的地，就越不吸引人。

在约翰逊航天中心，领导着高级任务开发小组的马克·麦克唐纳（Mark McDonald）把这个问题解释成"各种约束条件的一个平衡"——任何一位优秀的工程师都会做出这种解释。前往外太阳系的旅程需要快速的飞行，而且这不仅仅是出于对辐射问题的考量。长时间的旅程，将需要在飞船上储备过多的食物和燃料。随着飞船重量增加，推进问题就变得更加困难。一艘远程探险飞船，必须是轻质、快速的；其高效的发动机并不携带太多燃料。

或许可以从小行星上开采燃料——如果出现一颗有开采价值的岩石小行星，并且我们可以移动它至合适的位置，起到加油站的作用。麦克唐纳认为，寻找并定位一颗小行星、开采并精炼燃料的巨大成本和复杂性，只对有大量客户、不止单次飞行的成熟宇航舰队才有意义。更可能的是：在前往泰坦星的途中，燃料、物资将通过自动航天器来储存。较慢、较大的无人飞船，可以建立若干补给站，随后载人任务沿途补给，一步步前进。

但是，所有的启动和停止，也给计划带来风险——每次都是深空交会对接。这些会合即使完美进行，也需要时间。此外，麦克唐纳指出，这一概念没弄清楚把化学火箭用于外太阳系的"基本成本问题"。要送出地球、抵达深空的每一吨燃料，都极其昂贵。而一次深空任务将需要数百吨燃料。

现今的化学火箭，擅长短时间内产生巨大推力；但它们是低效的，且燃料（对于长途旅行来说）过重。麦克唐纳用美国的西进运动来类比这一点。如果穿越平原的移民们不能让他们的马儿沿途吃草，那么每个人都会需要一列长长的马拉篷车队来提前安置饲料。没人能负担得起这种旅程。

人称桑尼（Sonny）的哈罗德·怀特（Harold White）在麦克唐纳手下工作。他思考着"建造一个不需要那些重量和补给的航天器"所需的根本突破性方案。他为人直率，风度翩翩，态度谦逊，颇不匹配他从事的令人惊叹的工作。桑尼用深奥的物理知识，设想出真正的机器，并在这个过程中对宇宙有了新认识。但是，讨论自己处于理论前沿的工作时，总是带着一种随意的热情，和他晒手机里照片时的表现一样。面对着一张拍摄于一次家庭旅行的照片（沙漠中的一枚 20 世纪 60 年代的核裂变火箭），他坦承："我就是这么一个怪咖。"

但是，如果你把领着宇航局工资、设计着最初由《星际迷航》想象出来的东西的人叫"怪咖"的话，那他就是这种怪咖。正如我们将在第十二章看到的，桑尼正致力于研究曲速引擎。他是怪咖里的超级英雄。

对于普通的怪咖——像我们这样的凡人来说，要想理解桑尼谈论的东西，是一种智力挑战。所以，先订购一本入门书吧。

火箭、飞机、轮船的加速，都是利用牛顿第三运动定律。每个作用力，都有一个大小相等、方向相反的反作用力与之对应。轮船的马达转动螺旋桨，使水向后移动；水团移动所产生的反作用力，使船向前运动。飞机的发动机通过挤压空气团，使之流过喷气口或者螺旋桨来加速。在太空中飞行的火箭，没有可用的水或空气作为助推剂。它排出的废气，提供了向前的反作用力。依据牛顿第三定律，不管其动力来源是什么，不管其废气排出得有多快，传统火箭的前进受限于其携带的推进剂的质量。如果轮船和飞机也有这种限制，它们将只能进行短途旅行。

更好的能量来源和更高效的发动机，可改善该状况。在内太阳系中，太阳能电池板可以产生电力，以此为发动机提供动力。使用电力的航天器携带氙作为推进剂。氙是一种不能燃烧的稀有气体；它只是一种推进剂，而不是燃料。在这种被称为离子驱动装置的发动机中，太阳能电池板的电能电离氙原子——剥离其电子以产生带正电荷的离子，这些带正电荷的离子在电场中受力运动。

把氙离子加速排出火箭后部产生推力。在阳光较弱的外太阳系，离子驱动装置可使用核裂变反应堆来发电，而不使用太阳能电池。反应堆的使用已经有很长时间了，比如桑尼晒给我们看他手机上的那枚历史性火箭，上面就有一个反应堆。

一个电力推进系统，成功地为美国宇航局的"黎明号"航天器提供了动力，"黎明号"航天器发射于 2007 年，使用太阳能到达了小行星带，并分别对小行星灶神星和矮行星谷神星作了绕轨运行。在发动机的后部，充电到 1000 伏特的电网以每小时 9 万英里的速度排出氙离子。这个系统使用很少的氙产生推力，强度相当于地球上一张纸的重量；非常缓慢地加速"黎明号"，以至于从零加速到每小时 60 英里需要花费 4 天时间。但是，逐渐地，"黎明号"加速到了每小时 2.4 万英里。这个离子驱动装置以如此之小的功率将其推动得如此之快，部分是得益于它的效率很高——是传统化学火箭的 10 倍。

但是，就像化学火箭一样，离子推进器最终也会用完推进剂。当氙用完时，发动机就会停止工作。这就是桑尼正致力于研究的 Q 推进器如此吸引人的原因。它从太空中获取推进剂，所以取之不尽，用之不竭。

理解这个想法，需要用到量子力学，而几乎没有人能理解量子力学（也许真的没人能理解）。量子力学是一个奇怪的物理学领域，其研究问题诸如：这束光是由粒子还是波组成的？以及：那个电子到底是在什么地方？它运动的速度有多快？在这两种情况下，物理学家说：在任何特定的情况下，答案都是不确定的、不可知的。亚原子粒子的确切位置和动量，从根本上来说是一个概率问题，而不是确定的事实。我们顶多只能回答到这一步了。

宇宙，是概率事件的聚集。许多微小概率事件，汇集成了宏观物体：我们以直观感觉，把它们认知为真实的存在，即物体存在于一个确定的位置、时间、动量，但在本质上，它们并非如此。因为我们对世界的看法与量子力学有冲突，所以这个理论预测了许多看似不可能的事件，例如：物质能够无缘无故地出现，又凭空消失。但是，这些看似不可能的事件，已经被实验证明是真的。

物质从虚无中出现，这种现象叫作量子真空波动。在我们这个基于概率的宇宙中，虚粒子不断地瞬间出现，然后消失；只要有一个微小机会，这甚至可以发生在绝对真空中。桑尼的 Q 推进器将使用这些虚粒子作为推进剂，以代替氙。驱动装置的能量仍来自核反应堆或太阳能电池，但是，被排出的推进剂将是免费的，来自太空本身。来自发动机室中真空的虚粒子，将由电场来加速。Q 推进器利用本已存在（或者潜在存在）于那里的东西，其方式就像轮船马达利用水，或喷气式飞机利用空气。

2014 年，桑尼在约翰逊航天中心测试了该概念的一个版本，以少量电力产生了一个微小的推力。虽然这个推力非常弱，只能使用超灵敏的设备测量出来，但是，这个系统的效率，就算是和离子驱动装置相比，也高出了6～7倍。

"这装置没法儿让你飞起来。"桑尼说。但是，如果这个Q推进器可以按比例放大，由核反应堆数以兆瓦的动力来驱动，它的高效将对远程太空旅行产生巨大的影响。"就目前我们完成的工作来看，这种系统，可以说是革命性的。它会让土星任务不再那么可怕。"

该结果仍在评审中。另一个实验室需要使用不同的测量设备来验证该现象。推力的量非常小，因为虚粒子不多，并且相互间隔遥远；但是，这种情况利用现代物理数学也是可掌控的。突然出现的虚粒子的数量，取决于它们所处的真空的能量状态。将质量引入真空，增加了能量，进而增加了粒子出现的数量。在桑尼的推进器中，虚粒子的数量比在孔隙空间中发现的（虚粒子）数量大了14个数量级：从一个几乎接近零的数字，达到了一个仍然令人难以置信的小量，但对于让这个理念产生预期效果而言，似乎已是足够大的数字。（在最佳情况下，要想收集1千克这种东西，需要1万立方千米的空间——接近苏必利尔湖的体积。）

这本书中，我们已经设想了一幅殖民泰坦星的图景，其目的在于不单靠幻想，而是靠更实际可行的方式延续这种希望。Q推进器是我们最好的方案。虽然这种技术几乎还没有诞生，但它似乎能够产生预期的效果。随着对它的深入理解，那些看似没什么道理的物理定律，或许终将造福人类。

"这是一种猜测性的物理学，如果我们可以把它琢磨透彻，它会对土星这样的任务非常有用。"桑尼说，"我们正在做的，是对我们所有可能的选项保持开放态度。"

未来

当那艘飞船准备就绪，全世界都怀着敬畏和充满希望的期待，注视着它。拖船把飞船从太空船坞上拖离。这艘飞船外表奇特——Q驱动装置的各个大环围绕着中心的乘员舱；乘员舱设计得尽可能轻便，大小刚好容纳 6 名宇航员、他们的物资、将把他们从轨道送上泰坦星的一架着陆器。这枚航天器为单程旅行设计；它能成为一座绕轨运行的空间站，用以支持殖民地；其核反应堆是一个备用的能量源，能给机器人和其他设备上的电池充电。

来自 5 个国家的三男三女，已经是朋友了。多年来，他们一直一起训练。他们知道，他们将一起度过余生，不管余生有多长。他们期待在泰坦星上度过充实的生活，但他们需要驾驶一个全新的、本质上来讲未经测试的航天器，前往十几亿千米之外，远离地球上任何人的帮助范围。他们要永远离开自己的家人、故乡，离开地球上明媚的阳光、温暖的空气，离开自己熟悉的一切。

而且，他们也不知道自己正前往何处。他们已经看过机器人发回的图像和数据，但并不知道在那里生活会是什么样子，能否在寒冷、黑暗、缺乏大气氧气和液态水的环境中生存下来。他们必须建造新的机器来维持自己的生存。他们还必须相信，他们的机器、身体、头脑在那个奇怪的地方，仍然能够正常运转。

他们并不害怕。离开地球，将是人类最伟大的冒险之一，而他们准备好了要面对一切，除了建立家庭。

他们很肯定自己不能生孩子。即使人类将在地球之外的一处殖民地安家落户、繁衍生息，未来仍有许多不确定因素。

现在 ◆

如果可以更快地前往另一颗行星或者泰坦星，宇航员将不需要人造重力来保持健康。但如果要生孩子，他们可能就会需要（人造重力）。

关于太空中"性与生殖"的研究还没开始。科学家、太空迷和色情写手们一致抱怨，认为美国宇航局在性问题上大惊小怪。在半个世纪的航天飞行之后，尚未发表任何关于太空中性行为的科学描述。约翰逊航天中心的内部人士说，很明显，人类性行为已经发生过，但是没有人正式谈论过，当然也没有人研究过。性在太空中肯定是可能发生的。但受孕、怀孕和分娩将会困难且充满危险。[1]
对于太空育婴这件事，我们几乎还一无所知。离开了与地球重力相同的环境，
人类可能无法正常地进行繁衍。

网络和书籍中描述这个主题的文字浩如烟海，但都依赖于一些较早关于动
物和植物的研究，来自宇航员的逸事传闻，以及大量的猜测和凑篇幅的废话。
溯及这些回声的源头（在新闻工作这个写手们尽可自由发挥自身想象力的领域
中，这件事可算是一个挑战了），我们发现，几乎没有什么确凿依据涉及"低
重力会如何影响生殖或者儿童成长"。但是，这是一件忧心的事。

阿普里尔·罗卡（April Ronca）在美国宇航局研究这些问题，直到
2003 年"哥伦比亚号"失事之后，项目资金被抽回。在主持了维克森林医学
院（Wake Forest School of Medicine）的妇女健康卓越中心（Women's
Health Center of Excellence）之后，她于 2013 年回到了艾姆斯研究中心，
因为医疗问题又热了起来。她基于地球上生殖和发育的知识开始，就"太空中
将发生什么"这个问题寻找线索。

环境对发育中的大脑和身体的影响，可以是永久性的。例如，在"没有水
平线或垂直线的环境"中饲养的啮齿动物，患有终生的视觉障碍。更极端的环
境差异，如弱重力或失重，可能会对儿童造成终生影响。

"要我说，女人很难在太空中生孩子。"罗卡说。受孕可能需要重力。胎
盘可能会附着不当。对大白鼠的研究表明，失重状态会干扰分娩时的子宫收缩。
如果真是这样，胎儿会怎么样？

"如果你关注一下相关的植物研究，你会看到微重力环境下的形态变化。"罗
卡说，"在经历了彻底的'胚胎模式形成阶段'和'器官形成'之后，我不知道我
们接下来该期待这个机体看起来像什么。这些事情要怎么样恰当地勾连起来？"

4 名美国男宇航员呈现出对性缺乏兴趣以及睾酮水平降低，但导致这些的
因素也可能是轨道上生活太紧张、太忙碌，而且这个样本量太小，不足以得出
任何结论。失重造成的体液转移，让一些宇航员产生了非自主甚至是疼痛的勃

---

[1]　据后文整体推断，原文 But conception, gestation, and birth would not be
difficult and risky. 有误，应无 not，译者已改正。

起，因此，国际空间站上不需要伟哥。失重下的性交问题，已经被讨论了数十年。没有了重力，就难以产生合适的力，用以（阴茎的）插入和推进。2006 年，一位名叫万娜·邦塔（Vanna Bonta）的小成本电影女演员兼科幻小说写手，发明了一种套装来解决这个问题，让宇航员可以用尼龙搭扣把他们自己黏在一起。这个想法使她获得了免费宣传的好机会，并作为大众传媒的弥母继续存在。

性只需要摩擦，一个简单的机械问题。但是，人类的受孕从来没有离开过地球的低辐射和 1 个重力单位的环境。研究人员认为，远程探测航天飞行的辐射和失重，可导致男性的暂时不育，女性也有可能。但这可能不是永久的。这方面没有任何后续研究。但是，男性和女性宇航员在太空旅行之后都生过健康的孩子。就像许多复杂的生物过程一样，繁殖要利用重力。蒙特利尔大学（University of Montreal）的一些实验表明，低重力会影响植物繁殖。中国科学家发现，低重力和辐射会损伤小白鼠的精子。20 世纪八九十年代，美国和俄罗斯（苏联）科学家研究了鱼类等各种动物在太空中的繁殖。鱼类繁殖没什么问题，但大白鼠的胚胎表现出了骨矿化减少和心室萎缩。在太空中出生的大白鼠行为不正常。还未曾有过在太空中受孕并出生的哺乳动物。

人类不太可能会试图在失重环境下繁育后代。即使它被证实是可能的，也没有理由去冒这样大的风险，或者浪费一笔钱去建一个手术室或婴儿室进行失重下的剖宫产，因为可能无法自然分娩。例如，罗卡指出，为新生儿排出肺部液体将需要特定技术，但甚至从未有人考虑过要发明相关技术。在没有人造重力的情况下，在轨道上怀上孩子的女性可能得尽快返回地球。在远程任务中，他们将需要万无一失的节育和堕胎的能力。

但是要想创建殖民地，我们就需要孩子的存在。不幸的是，研究低重力环境下的受孕、出生和生长过程，甚至难于研究失重下的繁殖。国际空间站上缺少离心机，阻碍了这项研究，而地球上也不可能隔绝部分重力。罗卡和她的同事们"反其道而行之"，使用离心机研究重力大于 1 个重力单位环境下动物的发育情况。身体对重力的反应似乎遵循"剂量—反应"模式，所以我们希望这个曲线"可以用来反推"重力低于 1 个重力单位的情况。但是，生理对重力变化做出的反应，也有可能存在我们尚不了解的阈值，达到该阈值就会产生大的变化。

对于儿童在低重力下会如何生长，有不同的猜测。20 世纪 90 年代的实验发现，一窝大白鼠都没有吃上奶，但在宇航员干预下，它们还是存活了。这个实验持续的时间不够长，不足以了解发育过程。骨骼决定了我们的身体大小，而骨细胞在压力之下排成一条直线。较小的重力意味着较小的压力和较小的使细胞定向的力，从而产生变形的骨骼——也许太短，也许太长。当然，这样的儿童会更脆弱，因为我们地球人的肌肉力量，有很大一部分也是从抵抗重力中发展起来的，包括我们的心脏肌肉。

"我们不知道孩子们是否能够活到骨头伸长的时候，"罗卡说，因为低重力可能会干扰至关重要的发育阶段，"只要想想所有可能出问题的大量环节，就会觉得其结果很难想象。如果一切都顺利进行到了产后早期发育的时候，也许，事情就在朝着正确的方向发展了，然后你就会看到重力怎样改变骨骼。我不确定它们会更长还是会更短。我认为，它们肯定会更脆弱。而且我认为，在体液朝头部方向运输发生变化的情况下，大脑可能会被塑造成另外的样子。"

但是，人类可以弥补巨大的身体差异。罗卡读研究生时，研究了天生就缺半个大脑的儿童，以及失去了很大一部分大脑仍然过着正常生活的成年人。

有可能，生长在低重力下的儿童，只要一直待在那个弱引力场中，就能保持健康。许多写手都这样说过，虽然这个结论并没有科学依据。但他们可能会无法回到地球的全重力环境。他们的骨骼和心脏太过脆弱。今天的宇航员通过一个极端的锻炼计划，来避免骨骼和肌肉流失，或者在返回地球后恢复失去的骨骼和肌肉。也许太空儿童可以通过训练适应地球之旅，但可能性不大，因为他们永久性的生长发育已经被低重力环境所定型了。

技术手段可以辅助受孕和怀孕。我们现在就已经有了无性的受孕。怀孕可以在人造重力下进行。可以在空间站上，或者在另一颗行星表面的离心机里让一名女性旋转 9 个月。如果你认为怀孕很有趣，请想象一下在离心机里怀孕吧！但这种方法即使能够奏效，这也将是一个重大决定——生孩子这事，本身就是一个重大的决定，而在太空中生孩子，更加兹事体大。太空人的孩子，甚至可能永远都无法来地球参观。有了孩子们，太空殖民地就必须成为永久性的、自力更生的一处天上人间。

8

十

太
空
旅
行
的
心
理
学

十

The psychology of space travel

现在 ◆

　　要吓唬一名宇航员，可不容易。欧洲航天局（European Space Agency）的宇航员培训师洛雷达纳·贝森（Loredana Bessone）发现了这个问题，当时她想出了一个办法：把宇航员放进洞穴，来给他们制造压力——压力是任何实战训练的重要组成部分。在地下工作以研究这种想法的时候，她团队里的一个心理学家被留在洞中 45 分钟，孤独地坐在黑暗中，看着自己的生命在眼前流逝。后来，洛雷达纳描述了那个心理学家的体验："我独自一人，周围没有声音，没有光，身边什么东西都没有，连气味也没有。所以，我开始感觉像是一片虚无。这是一种一无所有的感觉，只有你自己的呼吸，令人害怕。"

　　这样安排似乎很完美。洛雷达纳在宇航员身上重现了这一体验：独自一人，陷于完全的黑暗中，无助，不知道自己会被留下多久。

　　那些宇航员睡着了!! 睡着了!!

　　"他们说，这是睡觉的良机，为什么不抓住？"她说，"我停止了这个训练，宇航员不吃这一套。"

　　但她还是找到了一处完美地点来训练宇航员：撒丁岛（Sardinia）远离尘嚣的一处山谷洞穴。有许多方法可以模拟太空中的团队合作，人们已经尝试过的所谓"模拟任务"有：在夏威夷的一座火山中，在加拿大某岛屿，或者在约翰逊航天中心某大型车间里的一个罐状封闭空间内。但这些都像是过家家。在洞穴中，宇航员探索通道，绘制地图，进行科学采样，寻找新的生命，探测距地表遥远的更深处——这类危险任务，缺乏便利通信、及时救援。他们有时要深深呼出肺中的空气，才能钻过非常窄的岩石缝隙，以免被卡住。

指导这项训练的洞穴探险专家弗朗西斯科·绍罗（Francesco Sauro）指出，如果被告知"前人已经做到了"，那么就没有宇航员会拒绝钻窄缝。他们好胜心切，争先恐后。正如一名资深宇航员告诉我们的，他们宁愿爆炸也不愿搞砸。但弗朗西斯科也指出，他们总是高估自己一天能做的事情，低估自己对休息的需要，在洞穴里待了几天之后，就不得不重新考虑自己的极限和睡一醒周期。他们习惯于使用设备系统、时间表、清单和正式流程。

专业的洞穴探险者并非如此。他们是独立的。他们擅长适应环境、随机应变。他们是寻求目标的科学家、探险家，但他们灵活随意，而非专注于规则。

就深空探索而言，宇航员可能需要学一学洞穴探险者。美国宇航局长期以来一直依赖各种核查清单，试图对所有可能出现的意外，都做好行前预案。宇航员从未离地球这么远过，以至于他们无法实时询问地面指挥中心"该如何应对可能出现的情况"。但是，核查清单可能并不适用于探索另一颗星球。无线电信号返回地球所需的时间，将导致宇航员与地面指挥者无法实时对话（通信方式更像是电子邮件或短信）。火星或泰坦星上的各种未知事物，大概很像一个黑暗洞穴中未经探索的坑洞。

宇航员们认识到了这些，而他们太喜欢这处洞穴了。洛雷达纳的"洞穴"计划非常成功，以至于参加国际空间站任务的所有国家，都在轮流让他们的宇航员骨干前来参加培训，甚至俄罗斯人和中国人也来了。首字母缩写词"洞穴"（CAVES），代表"评价和锻炼人类行为和表现技能的合作性冒险"（Cooperative Adventure for Valuing and Exercising human behavior and performance Skills）。这一训练计划让受训者自己去探索，他们在学习如何与外国人共事的同时，必须选出自己团队的领导者。

5～6名宇航员下到洞穴中，每个人最初都配有一名向导——第一阶段需要下降进入网状洞穴，这充满危险而且需要技术技巧——然后一次进行6天的地下探索。拍摄队负责记录下他们对发生的所有事情的反应，但该项目承诺对记录的资料保密。对于冒险家来说，这既是一个挑战，也是一个奇妙的机遇。

宇航员们学习如何通过团队合作，应对真实存在的危险，以及意想不到的情况。洞穴就像太空，因为它在客观上不适于人类。宇航员们就像在太空中一样，感受与世隔绝、封闭受限、缺乏隐私。他们面对真正的风险，缺乏有效的通信，必须开展真实的野外活动。他们远离家庭，被迫与新同事一起生活、合作，共用空间和资源。要在这种异常的环境中生存下去，科技必不可少。

这一项目是为了训练，而不是为了研究，但在洞穴中的实操经验，似乎也适用于行星任务。在洞穴训练中，科技可能失灵。在远离帮助的恶劣环境中，一切需要尽可能地简单可靠。宇航员通常并不是野外科学家。他们在各自的专长领域之外，所知道的略等同于实习生，或者，训练一下的话，相当于实验室技术员。要成为一个能从景观中辨识出新的重要发现的科学专家，需要培训深造和积累从业经验。"阿波罗"计划只有一次将专业科学家送上了月球——"阿波罗十七号"上搭载了地质学家宇航员哈里森·施密特（Harrison Schmitt）——这是收集到了最有意义的科学数据的那次任务。

到目前为止，宇航员们已经为这一洞穴绘制了约 5 千米的地图。这个石灰岩溶洞还有数十千米可供继续探索。2012 年，他们在该洞穴中发现了一个土鳖虫的新种，并采集了微生物学的样本，以供深入研究之用。

处理信息将是太空探索者的一个关键挑战。他们不可能对他们需要懂得的所有东西"无所不知"。在一个小机组中，合理的安排可能是：让每一名宇航员都能治疗他人的身心疾病。但是，他们不可能都是医生和心理学家。没有人能成为万事通——弄懂医疗专业人士、工程师、地质学家、技术专家、飞行员和航天器维修人员懂得的所有东西。这还没有算上单维持太空日常生活所需的巨大信息负荷。

在太空中长时间旅行，会很艰难。无论建造国际空间站的理由是什么，它都已经证明了这一事实，同时，就"如何完成长时间太空旅行"这个问题也留下了无数的经验教训。国际空间站本身也是一个模拟任务。

国际空间站得到的某些最宝贵的经验，可以说是意料之外的。例如，前人不曾意识到，在空间站上存储和找到物资有多困难。任何曾乘坐轮船旅行的人都知道，保证一切物资的摆放井然有序是多么重要。国际空间站就像一艘再也不会返航回港的轮船，宇航员们花费了大量时间，放置来自地球的物资，理好航天舱里的垃圾包裹以供运回，并且跟踪各舱的无数小储物间里存储的各种物品。

国际空间站的设计者，并没有预计到存储问题会有多困难。一开始，物品堆积非常严重，空间站总是处于一片混乱之中。现在，每一件物品都被登记到数据库中，作为追踪一切物品的详细流程的一部分。即便如此，每次任务结束之后，仍然至少会有一名机组成员在回到地球家里之后，手机又响起，"天上人"请求他帮忙寻找空间站上的一件失踪物品。这项成本，是该算的，宇航局称之为"日常费用"。扣除吃、睡、洗、系统维护的时间，每天两小时的锻炼时间，收好物品和寻找物品所耗费的时间之后，宇航员从事其任务相关的实际工作的时间，平均每周只有 13 小时。

解决物品管理问题的一种方法是：少带点。3D 打印机可以在太空中制造零件，这样，就可以少带一些所需的备用零件。国际空间站宇航员的锻炼设备，耗费了大量备用零件。这些机器独特、复杂，配有许多活动部件，可以让人在模拟重力的压力之下进行长时间锻炼，同时隔离锻炼产生的振动，使之不干扰空间站里的低重力实验。组件会磨损，但 3D 打印机可以按需制造备用零件，因此，国际空间站将只需要组件的设计数据，而非实物。对于前往另一颗行星的任务来说，由于沿途无法获得补给，且储存空间更有限，这种战略的价值就更加突显出来。

马克·里根（Marc Reagan）正在研究一个类似的概念，来给予宇航员们在新颖的远程任务中所需的知识。他在美国宇航局一个主持模拟任务的办公室里工作，同时他也是一名兼职的指令舱宇航通信员（CAPCOM，全称 capsule communicator），隶属于休斯敦约翰逊航天中心的国际空间站控制室。指令舱宇航通信员很重要，他们和宇航员们直接对话。马克·里根想削弱这个角色的重要性以及宇航员对地面指挥中心的依赖，其方法是：把更多信息放到空间站上。

约翰逊航天中心的控制室，看起来很符合科幻迷的期待：一排排的控制台，面对着巨大墙壁上的一个超大屏幕，显示着国际空间站的路径，以及与之通信的卫星。这种控制室（以及位于俄罗斯和日本的类似的控制室）的主要功能，是交流专业知识。每个控制台的工作人员监测飞行状态的一个方面，通过指令舱宇航通信员，指导航天员，让他们受益于广泛的专家建议。

经过数十年航天飞行，美国宇航局已经明白：乘员们和地面人员之间，自然会发生冲突，因为宇航员接收到控制者的许多要求和主张，会使他们感到地面人员不能设身处地为他们着想，从而大为沮丧。指令舱的宇航通信员，是翻译者和支持者，他们负责解开关系的疙瘩，调节信息的传递。

在国际空间站上，宇航员们可以上网，可以跟地球上任何一个人通私人电话。太空飞行本来应该是一次探索任务，但现在却更像是一种日常职业。控制室的人把宇航员们叫醒，与他们一起工作一整天，然后让他们去睡觉。每一分钟都在时间轴上安排好了。各项流程都有书面指导文档。美国宇航局这种不留任何漏洞的传统，产生出了一种文化——强调精准和纪律，最大程度上让一支训练有素的队伍，以完美的忠实度，来执行已经仔细筹划好的计划，无须随机应变。

但是，随着航天器离开地球前往火星或者更远的地方，就必须改变这种文化，以适应新情势。探索，就意味着意外，无法事先写好剧本。宇航员们无法与后援专家团实时通信，所以就得学习洞穴探险者，自己想办法用知识解决实际问题。

里根为研究这些问题设计了模拟任务，在佛罗里达海岸线附近的水下进行。宇航员们潜水进入佛罗里达国际大学（Florida International University）运营的一座实验室，在那里待上大约 2 周；实验室距离基拉戈（Key Largo）11 千米，位于海面之下 19 米处。这个水下住处很像一个航天器，而潜水就像太空行走，能够调整浮力以模拟失重或火星的部分重力。就像那个洞穴模拟一样，马克·里根的计划——"美国宇航局极端环境任务行动"（NEEMO: NASA Extreme Environment Mission Operations）与世隔绝，涉及真实存在的各种风险与挑战。宇航员们的身体甚至会模拟一些航天飞行中的变化，比如任务压力之下病毒激活的现象。

为了使"极端环境任务行动"的模拟超出近地轨道，马克·里根在实验室和地面控制者之间设定了一段通信延迟。深空探索任务将超出即时通信的范围。光速无线电信号到达火星单程需要 4 分钟（火星距地球最近时），单程到达泰坦星需要 90 分钟。控制火星探测器的方式（一次性发送一整天的详细指令）将不适用于载人飞船。马克·里根也不认为美国宇航局的"核查清单＋时间轴"的现有形式能够正常运转，因为误解和意外情况不可避免，反复澄清造成的耗时和低效将令人沮丧。

马克·里根说："我们面临的挑战是：从已经沿用了 55 年的以任务控制为中心的模式，要转向一个更以乘员们为中心的模式——他们在天外孤立无援，必须自己着手解决困难。"

此外，宇航员们在培训中学到的知识，不可能面面俱到，涵盖他们需要的一切。马克·里根认为视频可以解决这个问题，就像他使用优兔视频学习弹钢琴，或者修理车上一盏撞碎的尾灯。

"我没办法取出这个破玩意儿，除非打碎它。"他说，"但幸运的是，有人发布了一段优兔视频。我手边虽没有一本 10 页的操作指南，但那个 15 秒的视频就可以帮我完全搞定。"

航天器装载的数千视频，涵盖了各色任务和情况，给乘员们提供了一个可以迅速掌握的信息库，让他们现学现用，自己做主，不再依赖航天地面指挥中心的专家。马克·里根把家居装修类电视节目视为灵感来源。那些节目不展现水龙头安装的整个过程，只是播放较为棘手的那几秒——涉及三维的突然弯曲，这个动作用文字来解释，是永远解释不清楚的。关于修理航天器某一复杂组块的视频，可以由专家在地球上预先录制，附上解说，只给出宇航员在遇到该情况时所需要的重点信息。

前文提到的水下任务和国际空间站，为马克·里根和同事们提供了验证环境，以研究如何制作真正有用的教学视频。宇航员们把设备带到"极端环境任务行动"中，在升空之前进行验证。例如，国际空间站上宇航员佩戴的一个心率监视器不断丢失大量数据；"极端环境任务行动"试验了一个更新的、蓝牙的版本，以确保升空之前它能在类似大小的金属封闭空间中正常运转。水下宇航员们还测试了一个可以从小行星表面采集岩心样品的钻机，他们在海面以下的中性浮力中工作，模拟太空中的失重。借助通信延迟，这些任务模拟了深空的挑战。宇航员们必须自己思考，然后依靠预先录制的指导视频。

这项工作很有趣，收效颇丰。马克·里根本人就曾加入一个机组，执行一次为期9天的任务。"那大概是我做过的最有趣的事。它是一场'生活大爆炸'。一眨眼就结束了。离开时，真难过。"

宇航员巴拉特对意大利洞穴生活有类似的感觉。他说："你想象不到那里有多美。你在下面的时候，感受着那凉爽的洞穴空气，听到可能是几千米之外的一滴水的回声，你看着这个令人难以置信的美丽地方，心中意识到来过这儿的人多么寥寥无几，令人心生敬畏之感。"

类似的感觉，可能会帮助太空探索者们挺过为期一两年的任务，而不会心理崩溃。身为飞往另一颗行星的第一批人类中的一分子，必将使宇航员们足够兴奋，即便囿于一个窄小的航天舱中长达一年，也能保持专注和乐观态度。而返程回家，又会带来另一种兴奋。

到那时，宇航员们将完全适应他们的新环境，而再次习惯地球生活则成了一个新挑战。弗朗西斯科说，只要在洞穴里待上两三天时间，心理和身体就会调整状态，以适应在黑暗、狭窄的环境中高效地使用体力和进行操作，这类似于宇航员对失重状态的适应。感官也很快就忘记了外部世界的气味，并变得高度灵敏——宇航员们和洞穴探险者们回到正常世界时，都认识到了这一点。

洛雷达纳说："你会闻到泥土的气味，闻到树叶的气味。你看一棵树，就会闻到那棵树树叶的气味。好神奇。在这6天洞穴生活之前，我从来没有这样的感受。你看着泥土，就会说：'那儿有一丝气味，一种我以前从未感受过的气味。'"

那种绚烂鲜明的感觉只持续了15分钟，然后感官又恢复了通常的那种灰暗、混杂的主色调。

南极研究人员报告了类似的"感觉剥夺"。有些人旅行中带着咖喱，烹煮辛辣食物，以弥补这种感觉剥夺。在南极越冬的工作者们，体验了一种与嗅觉、味觉和与（其他人类的）社交世界的奇怪脱离。

对于生活在泰坦星上的探险家，及后继殖民者的生活来说，南极是最好的模拟环境。

未来 🚀

　　6 名泰坦星探险家，每天早晨向地球报到，这是日常生活的一部分，旨在让他们在旅途中保持正常的睡—醒周期。不知不觉中，对话会变慢，每次传输应答的等待时间越来越长。这种时滞令人感到沮丧，难以忍受，但宇航员们对此的反应不尽相同。飞船飞出了约 640 万千米（前往泰坦星全程的 0.5%），等待应答要超过 20 秒的时候，就没人想说话了。Q 驱动装置给飞船加速的时候，时滞会增长得更快。宇航员醒来之后，在方便时才会回复来自地球的电子邮件，因为他们知道，以自己所处的位置，航天地面指挥中心早已鞭长莫及。

　　Q 驱动装置产生的加速度，不足以产生大强度的人造重力，但船上的人和物品确实会趋向于慢慢地沉向飞船后部。宇航员可以用一只手臂搂住栏杆，不费力地稳住自己的身体，让自己待在原地，而一个跳跃就可以从乘员公共区域的一端飞到另一端。但是，如果一名宇航员自由飘浮而忘了抵消航天器轻微的加速度，他就会慢慢地沉到航天器实际的底部，停留在工具、包装材料、衣服和其他自由飘浮的东西之间。这一现象会使清理变得容易。溢出物都会跑到同一个地方。

　　航行了一个月后，航天器中响起了一阵警报声。地球检测到了一次太阳耀斑，会让这些旅行者"沐浴"在危险的质子辐射之中。宇航员们收集了一些阅读材料和零食，看着时钟，等待耀斑的到来。然后，且飞且爬地来到飞船储藏间，那里已经搭建好了一个庇护所，周围是整箱的食物和水。这场旅行的初期大多数物资原封未动，留下了一个小小的避难所，可供容纳这 6 个人，但人与人之间距离近得让人不太舒服，甚至没有空间让他们握持自己的电子阅读器。

　　在训练的最后阶段，这 6 个人已经得知：他们会一起前往泰坦星。一个星期内，他们就凑成了两对异性夫妻。（每个人都服用了长效避孕药，以起到至少几年的避孕效果。）第三个女人明确表示她不感兴趣。第三个男性宇航员自嘲了自己的窘境。他是一名个性随和的天才工程师，什么东西都会修，他欲望平平，不管是性方面还是与人竞争方面。他开玩笑说："等他们分手了，我来善后。"他并不关心别人的关系，也不特别在意他们对自己的看法。他一心专注于修补和改良航天器。

有大量的维护工作：核反应堆需要监测，导航系统需要每日微调。"修补匠"还想办法调教这个航天器，教计算机说话用缩写——说"it's"而不是"it is"，并拼装出一台蒸馏器来制造酒精。谁也没把这件事告诉航天地面指挥中心。其他宇航员喜欢和"修补匠"一起飞，因为他总是兴高采烈，有许多改善生活的点子，如果心情好的话，他们甚至会喜欢他带着抱怨的蠢笑话和双关语。

但是，这项娱乐工作被苍蝇的袭击打断了。头几个星期，飞船上的每个人都病了，从抽鼻子（轻感冒）到流感，不一而足。现在，他们又发现自己身边都是黑色小苍蝇在嗡嗡地飞。飞船很小，但为了找到苍蝇源头，他们还是把飞船翻了个底朝天，直到一名工程师宇航员承认，他带了一棵盆栽杜鹃花，养在他的工具箱里，一直在照看它。

这种未灭菌的生物（一株植物和土壤，还带苍蝇）违反了泰坦公司的规定。开始时，大家打算把盆栽冷冻起来，然后抛入太空。但当他们看着这株植物——小小的绿叶、粉红的花朵——他们的心被迷住了。杜鹃花美丽得难以名状，芳香馥郁，形状迷人——曲曲折折，变幻莫测，不像围绕着他们的那个全是机械的世界。

"修补匠"开始研究如何杀灭室内植物上的苍蝇。飞船没有携带任何灭蝇药品。他开始在没有地球支持的情况下，开展一个制造毒药的化学项目。航天地面指挥中心下令销毁这棵盆栽，说未经试验的化学混合物太危险了。

灭蝇项目似乎成功了，但苍蝇总是卷土重来。宇航员们每周打桥牌的时候，会谈起看到苍蝇的事，并且幽默地互相"指控"：谁才是在飞船上窝藏这些害虫的元凶？他们已经认识到，大部分时间里各做各的，会比一直黏在一起来得好，起码不用没话找话。每周六晚上打桥牌，配上蒸馏器酿的只够呷几口的谷物酒精——这是最佳的社交时间，可以交换他们这一周发现的有趣消息，分享他们面临的个人问题。打完桥牌，每个人都觉得正常了一些。他们盼望着，下周还要打桥牌。

只有任务指令长谢绝参与打桥牌，也谢绝饮酒。他深感重任在肩，热情高涨，动力十足，胜过其他队员，他经常提醒自己，人类命运系于这次任务。训练时与他配对的那名女宇航员（一名机器人编程与控制专家）已经与他和平分手。他从来都没什么情趣，他的不断出现让她觉得自己太受束缚。即使不去费神试图让他高兴起来，航天器上与世隔绝的沉重压力本身，也已经相当糟糕了。

随着任务的进行，每个人都有所消沉，但宇航员们努力保持着彼此间的积极互动，努力盼望着周六。然而，指令长越来越独来独往，起床和睡觉的时间都比其他人早得多，并且，指令长对于别人这种随便的态度，也是好不容易才忍住没有发火。他坚持遵守严格的运动计划表，根据能够保持健康返回地球的必要锻炼事项，每天锻炼 90 分钟。其他人已经把锻炼次数减少到了每周几次。

宇航员们抱怨地球传来的无数日常电子邮件所传达的各种命令，越来越不在乎是否遵循官方操作流程。但是，指令长站在地面航天指挥中心这一边。他会斥责任何违反规定或减少锻炼时间的队员。无人与他直接对峙，但他们还是那么闲适，为所欲为而略不逾矩，做着他们想做的事，在打桥牌的时候分享各自的烦恼。

指令长监督了转向操作，召集所有人各就各位，系好安全带，做好操控准备。在前往泰坦星的半路上，航天器将逐渐转向，这样对这一旅程的后半程来说，Q 驱动装置将减慢（而非加快）其非常快的速度。计算机完成了这一工作，宇航员们几乎没有感觉到这一操作。"修补匠"利用这一时间小睡了一会儿。

随着泰坦星越来越近，桥牌不再打了。牌已经磨坏了。意识到这牌绝无仅有，不可替代，这带给他们沉重的打击。对这些探险者来说，只有依靠来自地球的再补给，才能在泰坦星上生存。他们从故乡带来的大多数东西都不可替代。自力更生的殖民地还要等到几年之后。人们一度以为这一趟旅程是最大的挑战，但现在这些宇航员意识到：登陆只是万里长征走出的一小步，最难的部分还在后面。他们无依无靠，只能依靠自己，来照看这些维持他们生存的机器。

飞船内部储藏了数千个视频，以涵盖各种维修问题、医疗问题，甚至还有人际关系方面的困难。一个人工智能应用程序想要找出这些视频，需要利用情境来猜测需要的视频类别。该计算机也包含一系列类人工智能，可以体现在屏幕上，与宇航员进行对话，适应他们所关注的问题，以成为好的伴侣。其理念是提供各种各样的互动，这样，与6个老面孔在一起的生活就不会变得让人腻烦。但是，计算机伴侣的人格和动机太容易猜到了，人类很快就能预测出它下一句想说什么。此外，它们完全不（像宇航员那样）承担风险，它们无法真正地分享宇航员们的生活。乘员们和它们逗乐子，做出古怪评论，让计算机朋友以古怪的方式来适应（他们）。

飞船平稳地滑入了泰坦星的轨道。当他们接近事先由机器人准备好的定居点时，宇航员们登上着陆舱，从母船发射出去。他们下降，穿过浓厚的大气层，软着陆。窗外，昏暗的棕褐色阳光下，扬起了一团淡红色的烃粉尘。

指令长穿着加热服，戴着呼吸器，进入气闸室，确认相机正在运转后，他迈了出去，并说："一个人的一小步，人类的下一步。"这一措辞他已经琢磨了几个月，但仍不太确定是否恰如其分。90分钟后，这段视频到达地球，全球各地一遍遍重放它、解析它、讨论它，但是宇航员们将无从知晓这些情况。他们感到孤独。

指令长的透明面罩内侧立刻结上了霜，因为来自他身体的水分碰上了极冷的塑料外壳。他什么都看不见了！他试着用戴着手套的手去温暖面罩，他甚至拿下面罩想要擦去那些冰。外面的空气恶臭难闻，寒冷刺骨，但这对他没有造成伤害。加热器本该保持面罩透明，但现实状况与测试时差距很大，导致该系统并没有运转起来。结冰的状况一时停不下来。

指令长返回了飞船。经过讨论，"修补匠"想出了一个点子：在原先这个面罩的顶部再戴一个面罩，以隔绝寒冷。指令长向地球发送了一条消息，请求批准该想法，但在得到回复之前，他们就完成了改造。宇航员们从飞船里出来了，环顾四周，心生敬畏：他们身处在一个新世界啊！他们已经上路赶往定居点。这时，地球传来了一条消息，要求他们解释清楚指令长关于面罩的那个问题。

指令长领路，前往定居点。家园在望，不到 1 千米外，它庞大的外壳光彩熠熠，像一颗发光的黄色果冻豆（jelly bean）。他们到来之前，机器人们就已打开了灯光。这段距离似乎永远无法跨越。（因为其弱重力和浓密寒冷的空气）走在泰坦星上就像走在一个游泳池的底部。每个人似乎都在以慢动作移动。"修补匠"试图跳着走，但是飘落的过程非常慢，以至于他的进展并不比别人快。他们继续漫长的行走，"修补匠"边走边考虑：要为每名宇航员安装一个螺旋桨，以帮助他们疾走，或飞行。否则，这么慢的行走会把他们逼疯。

他们疲累地到达了定居点，准备脱下厚厚的服装，然后休息。刚穿过双重门，他们就瘫倒在了小小的公共休息室里。这个空间与在地球上训练演习时的空间相比，有一种奇怪的熟悉感。但现在，在经历了泰坦星冰冷地表上昏暗、光线漫射的环境后，它看起来惊人地温暖和明亮。定居点里面的空气里有氧气，而非甲烷，但主要还是氮气，这跟屋外的泰坦星表面以及地球表面是一样的。然而，室内的温暖减小了空气的密度，从而减小了他们动作的阻力，让他们可以走得更快。但是，一脱下面罩，宇航员们就意识到：氧气系统运转并不正常。空气中散发着氨气，刺痛了他们的眼睛。他们又戴上了呼吸面罩。

"修补匠"说："各位，欢迎回家。"

现在 ◆

到外星的殖民者们会抑郁，免疫系统会变差，并且在饮食和睡眠上出问题。南加利福尼亚州大学教授劳伦斯·帕兰卡斯［Lawrence Palinkas，人称拉里（Larry）］研究了在南极越冬的工作者们，以求揣测前往火星的宇航员。回溯他开展最深入研究的时代，在南极越冬类似于造访另一颗行星：生活在一个自给自足的科考站里，室外条件恶劣，没有自然光，几乎不与外部世界通信（虽然科考站室内非常舒适，且食物充足）。现在的南极洲已经不再那么与世隔绝，因为有了互联网和电话的通信手段，且一年中可以通航班的时间更多了。但是，越冬综合征仍然很常见。

在总结自己和他人的研究时，拉里写道："大多数个体在几个月的冬季'监禁'后体验了轻度至中度的心理生理学紊乱，症状有失眠、易怒、带有攻击性、焦虑、抑郁、认知受损、动机减退、胃肠道疾病、肌肉骨骼疼痛等。""症状在冬季似乎随时间而加重，在仲冬之时达到顶峰。"

20世纪50年代发生了著名的心理崩溃——那时人们开始全年留居南极。有一次，几乎发生了一场针对某个讨厌的领导的哗变。还有一次，被迫把一位罹患精神病的居民，整个冬天锁在一个储满床垫的房间里。20世纪60年代初，心理筛查开始剔除业内已存在精神健康问题的人，因此现在已经极少见到此类恶性事件，即使发生，也通常是因为喝醉酒。一名南极居民回国后，可能会因为一次情场失意而变得狂暴，陷入借酒消愁的颓废状态，或者因某人患病或去世而感到绝望。

但大多数情况下，人们只是闷闷不乐，并展示出"极地之瞪"——一种感官麻木的人的漠然注视。社交的单调乏味以及感官刺激的缺乏，使许多正常人陷入了恐慌。智商下降5～10。太空医生克里斯琴·奥托（Christian Otto）曾作为内科医生在南极工作过两个冬天。他说，几周碰见的都是不苟言笑的面孔之后，与在家的同事用讯佳普（Skype）聊天，都会因对方表现出正常表情反应而感到吃惊。

拉里说，相对来说，不难剔除可能出严重问题的人（除了酗酒者——他们往往知道该如何隐藏酒瘾），但要筛选出能做得很好的人，就困难得多了。因此，他基本上放弃了，不再试图挑选对此有免疫能力的人。他说，即使他能做到，宇航局筛选潜在宇航员的其他参数也已经太多了，不能苛求完美——很难再苛求找到在黑暗、偏僻的地方不会抑郁的一小部分人。

据拉里提出的品质列表来判断，在南极度过长达7个月的冬季，需要一种与人事总监的"理想员工"相反的人格。更容易陷入困境的，是那些性格外向、要干事的人，进取心强、重视秩序的人，喜欢他人之爱慕、爱与有效率的人做朋友的人。而适应性强的幸存者，则是那些随遇而安、不苛求完美解决方案的人，内向、不需要社交支持但与他人和谐相处的人，会设法完成工作但并不担心何时完成或如何完成的人。太空殖民地需要随和、随机应变的人，而不是一般标准的班长或鹰童军那样的宇航员。

戴尔·帕姆拉宁（Dale Pomraning）完美符合这些条件。1988年至1989年，他在南极的麦克默多站（McMurdo）与约125人一起越冬，开展他自己的工作。25年后，他们仍记得彼此。越冬的人往往会记得与他们一起的居民，即使他们没有保持联系。戴尔就凭着某人走进杂货店的走路姿势，认出他是暌违20年的一位麦克默多站的同事。他记得拉里，是因为拉里告诉他，同事们经常把他列为"想再次一起越冬"的人选。拉里记得戴尔，是出于同样的原因——喜欢他的个人风格。戴尔专注于自己的工作，不参与散布科考站的流言蜚语——这些八卦让大多数居民都躲在自己的房间里。

现在，戴尔住在阿拉斯加的费尔班克斯（这里的冬天跟南极一样冷），他在阿拉斯加大学地球物理研究所担任机械师，建造科学设备。他什么东西都会造，并以此闻名，也因此而自豪。1989年，当卫星跟踪天线在冬季损坏威胁到科考站的正常运转时，他利用一个金属床架组块，以及从他开往天线所在地的履带式雪地车上翻找出来的螺栓，修好了天线。他钦佩海军修建营成员（the Seabees）和水管工人——前者总是互相开涮，而后者在严寒中修理结冰的污水管道，任劳任怨。他蔑视那些抱怨寒冷又不愿意穿暖和些的小人物。戴尔爱讲故事，在麦克默多站过冬为他积累了很多素材。他回忆说，最后一架飞机于2月离开之后，科考站里的十几名女性很快就在当年找到了男友——拉里称之为"适应性"，因为浪漫关系可以帮助人们挺过极端环境下的与世隔绝。戴尔还回忆起，别人如何怂恿他在聚会上喝酒，尽管他从不饮酒。拉里说，酒精一直是南极生活的一部分，大多数人都喜欢酒（就像俄罗斯宇航员在国际空间站上那样）。与戴尔合住一个套间的室友因酗酒而崩溃，把他锁在浴室外面好几天，直到管理人员出面干预。总的来说，戴尔喜欢他的工作，他与那些可以开玩笑的人打交道，没有卷入闹事或戏剧化的小冲突。这个冬天过得很快。

他说："有些人真的不喜欢黑暗，所以他们会一直睡。我自己是一只夜猫子。所以黑暗并不让我发愁，我正好可着劲儿熬夜。挺好笑。我并不真的想念阳光。但事实是光阴依旧轮转，逝者如斯。一周像一天，然后，一个月像一周。时间整个都变了，感觉过得真快。"

大多数人的感觉并不是这样。他们情绪低落，而严格的日常规程会加重情绪低落。工作是最好的度日工具，但是对于有明确目标导向的人来说，工作会让人感到沮丧，因为东西会损坏而无从替换，科考站里会丢失工具，领导们不了解这些困难，常常下达不合理的命令。

即使没有变得抑郁，每天与相同的人说话也会变得困难。安迪·马奥尼（Andy Mahoney）喜欢一整个冬天都待在斯科特基地小小的新西兰科考站，研究海冰。他说，他开始感激那些沉默寡言、不期待与他交谈的人相伴左右。

"人们观察到的一个常见现象是：人们说着说着，就会在中间停止交谈，但大家都不太确定是谁停止了说话。"安迪说，"这几乎就像你聊完了所有能聊的话，耗光了所有的话题。而且，恰当又有深度的对话，需要专注与精力，而有时你这两样都欠缺。"

美国科考站的一群人每周都会来访，以便在新西兰人的自助酒吧喝一杯，这帮助大家保持了思维的敏捷。与新人交谈，再次唤起了工作者们的社交冲动，他们已经待在一起太久了。南极基地有一个仲冬聚会的传统，有特别的食物和正式礼服。在情绪趋于谷底的时候，这样做舒缓了情绪。

对泰坦星殖民者来说，可能不会有什么中途休息。他们可能必须一往无前。或者，即使他们回来，可能也是多年之后。到那时，他们在地球上的生活痕迹已经抹去。如果你曾长时间离家，你可能会知道那种感觉。当你回来时，你会看到：没有你的时候，地球照样转得欢。

戴尔在南极待了一年，然后骑着他之前造的一辆山地自行车，穿过新西兰，漫游澳大利亚。离家整整两年之后，浪子回头，回到他父母在明尼苏达州的农场。他在南极期间，父亲犯了一次心脏病，做了手术。当时，戴尔能做的，只有告诉自己：对此，他什么事情都做不了，担心也没用。但当他回到家时，他才完全体会到这些变化。

他说："我父母卖掉了很多地，当地有了更多的购物区、红绿灯，更多的车。我真有点难过，不知道自己想做什么。我再也不想困在这个无聊单调、无须动脑的机械车间，因为我见识了世界这么大，所以搞了一些有趣的事情。"戴尔在南极交的一位朋友从阿拉斯加打来了电话，结果就是戴尔跑到费尔班克斯住了。从那里，他又受雇回到南极，在南极点钻取冰芯。他又九赴南极。如果说，黑暗冰冷的地方很像一处殖民地，那么，他已在那儿安了家。

未来 ▲

机器人尽了最大努力来让宇航员有宾至如归的感觉，但是它们毕竟是机器，所以漏掉了几件事情。首先，这些殖民者得让这地方变得可居住，然后让它变得舒适。他们照顾好自己后，即可以开始建设殖民地的工作。头几周，每个人都忙着新奇而重要的任务。投身工作中，成为一个技术纯熟的团队的一分子，努力而无私地工作，是抗思乡、抗抑郁的良药。

"修补匠"制定的第一个目标，是改进那个（把泰坦星的冰变成可呼吸的氧气的）系统，让它不再产生氨的恶臭。指令长想让他做其他工作，地球方面也同意。航天地面指挥中心坚持认为"氨水平是安全的，殖民者们应当忽略它"。但"修补匠"说这个论断很荒谬，并在其他殖民者的支持下继续这一工作。情感的裂口加深了：指令长站在地球一边，另5个殖民者站在另一边。

殖民地的机器中心占用了距主定居点几百米的一座建筑。机器中心由三种方式供能。拱顶石管道（Keystone Pipeline）从克拉肯海引入液态甲烷。有个进气口从大气中吸入氮气。采矿机器人努力切割、压碎来自大地的大块"水冰"，然后用传送带运走。从机械中心出来，通向定居点的，是若干电缆，一条管道提供"可呼吸的空气"，一条管道提供饮用水，还有一个烟囱，用于处理发电设备产生的废热、废气。

冰传送带通入建筑中的一个加热室，冰在这里融化，为两个系统供水。一个系统净化饮用水和生活用水。另一个系统进行电解：将水置于电场中，从中分解出氧气和氢气。大部分氧气为发电机燃烧甲烷提供了气流。随后，该系统将产生的电力再次投入对该过程的供能，还有 40% 盈余用于维持殖民地和为建筑供热。空气净化系统将氮气混合（来自电解系统的）氧气，为殖民者提供可呼吸的室内空气。

这一系统主要使用的是老技术。泰坦星的殖民者驾驭了烃能源，让人类能够凭借这种曾使用不当而破坏了自己行星的能源，继续生存。技术虽然陈旧，但在外太阳系用机器人组装这套系统，仍是一项了不起的成就。"修补匠"赞扬了机器人专家，好像这套系统是她自己组装的一样。他俩有大量时间在一起工作，私下开了很多这种玩笑，现在已经坠入爱河。

但是"修补匠"在保养该系统时，注意到它振动得越来越厉害。外面的铝制前台阶已经不再接触地面。在泰坦星，由于其低重力和寒冷、稠密的空气，供热的室内空间有巨大的浮力。如果不牢固地拧入下面的冰中，就可能松动，飘入天空。建筑的温热已经传递到了基桩，渐渐融化了把建筑固定在地面上的冰。宇航员们派出配有冰钻的机器人，安装另外的锚杆以把建筑留在地面上。额外的隔热材料，可隔开建筑物的温热与结冰的地面，这样，锚杆就会固定住了。

机器人专家创建了一个软件界面，可以让宇航员们搭乘声控轮式机器人在泰坦星四处走动。"阿波罗"的宇航员发现：若想在月球上四处走动，乘坐轮式漫游车比他们用"慢动作"行走或跳跃要容易得多。泰坦星的殖民者们，很快就把这些机器人当成了美国老西部的马匹，让它们在门外随时待命。

泰坦星的大气和重力作用，也让"飞"成为可能。"修补匠"鼓捣出了一对布制的翅膀，像一个滑翔伞，可以从平地登高。但滑翔伞飞得和走路一样慢，再装上一台助推器（只不过是一个吹气的电动马达，就像一个反向的吸尘器），就能让他如超人般翱翔。即使步行时，他也可用该助推器大大加快行进速度。

完善系统后，所有宇航员都用助推器飞行了，特别是当距离很远、搭乘机器人缺乏效率的时候。这是低风险的。在泰坦星雾蒙蒙的橙色天空中高高飞行时，即使电量耗尽或滑翔伞操作失误，也不会致命。即使失去动力，宇航员也可以在着陆前滑行很远的距离。

如鸟儿般自由飞行的乐趣，有助于缓解泰坦星上与世隔绝的阴郁绝望。回望地球，由于担心军事冲突所引起的辐射、气候变化所引起的高温和风暴，以及害怕分裂分子的犯罪活动，发达国家的人民已经没多少户外活动了。他们待在室内，与计算机相伴。泰坦星的空气虽然很冷（如果不穿厚厚的加热服，会很快冻死），却让人感到惊人的自由、深厚、广阔。他们可以在新天地飞行和漫步，而不用担心放射性、天气或怀着敌意的人，无拘无束，正是"海阔凭鱼跃，天高任鸟飞"。

但指令长与其同事们关系日益疏远，而陷入了郁郁寡欢和沉默寡言。他开始睡反觉，花在锻炼上的时间越来越长，日益憔悴。他似乎不吃东西了。医生（兼精神科医生）试图向他推荐咨询服务、光线疗法和抗抑郁药，但指令长拒绝了她。他长期不见踪影。

医生发现定居点有设备丢失，怀疑指令长可能在策划返回地球。她发现他正在把补给品装入着陆舱，好像打算离开这里，返回地球。医生试图让他回到定居点，他无声地拒绝，扇动他的织物翅膀，飞走了。医生要求他回来，但他已经飞远，消失在远方克拉肯海的甲烷深处。

气球机器人立刻开始寻找指令长。它们一直没有放弃寻找，但一直没找到。液态甲烷海洋密度低且极寒，这可能意味着：他的尸体保存完好，永远地冻在了洋底。

在指令长的宿舍，队员们发现了他一直在用的一款"人工智能伴侣"还在屏幕上运行。其他人业已嘲笑并抛弃了这些"假朋友"，但指令长显然与这样的"朋友"建立了深厚感情。智能伴侣已连续运行很多周。那张年轻人的面孔，不停地向他问好，不吝啬地表达赞美和钦佩之情。这是爱，是英雄崇拜。队员们关闭了这一应用，但没有告诉它关于指令长的事。

地球方面，早已在定居点的计算机中预装过一段举办追悼会的培训视频。忙于工作的宇航员，因指令长明显的自杀而士气低落，决定把这段录像本身作为追悼会，而不是学习如何自己举办追悼会。他们按照指令，在屏幕前低头默哀——指令录制于地球，那么遥远，仿佛是在那么久远之前——通过祈祷和其他仪式，完成了一场模拟葬礼。

余下的殖民者已经简化了他们的锻炼计划表，几乎就是他们在地球上时习惯的锻炼而已。他们谁也不指望返回地球了。如果肌肉和骨骼力量萎缩到可适应于泰坦星的重力，他们也可以接受。他们仍会每周花时间待在一把转椅上，让身体经受足够的人造重力，来循环他们的脑脊液，保护他们的视神经，防止其发生肿胀。没人喜欢这种例行公事，但他们料想，这是在泰坦星生活而避免失明和神经损伤的永恒要求。

他们终日忙碌。在机器人的帮助下，为下一批殖民者建造另一个大得多的定居点；下一批殖民者已经起航，正从地球赶来。首批殖民者有足够的时间来完成该建造工程，但"见到新面孔，获得新补给"的渴望驱动着他们，他们长时间地工作，把新结构尽力做到更好。他们按计划设计了定居点的装修：装饰品、舒适的休息区、一间游乐厅。这会让新来的人感到宾至如归。殖民地里有了新人，人就将更容易扫除自杀的阴郁和橙色天空带来的绝望。

医生攒了一盒珍贵的巧克力，在每一个预期要来的新人枕头上都放了一块巧克力。在每周的游戏夜——没有扑克牌，他们从机器人车间弄来塑料滚珠轴承，玩起了弹珠游戏——有人指出，他们已经很久没有享用过巧克力等美味佳肴，比路上的援兵们还要久得多。他们反复盘算着要扫荡枕头、夺取巧克力的问题。但是医生说，泰坦星新兵们更需要它。他们对地球家园的记忆犹新，更难接受泰坦星的氮和甲烷空气的寒冷。

他们不停地谈论食物。下一艘飞船，将带来他们多年没吃上的第一批新食物。这些殖民者已经吃完了他们来泰坦星路上带着的东西，正在吃十多年前用缓慢火箭（曾用来运送建材和机器）提前从地球和机器人一起运来的物资。

他们不能种植自己的食物。每个人都努力地照料他们唯一的植物——杜鹃花——"朝朝频顾惜，夜夜不相忘"，好像照顾一个婴孩。这盆植物和寄生于它的不屈不挠的小苍蝇，是这些人与大自然的唯一联系。若想要为自己提供食物，他们就需要有更多的供热的空间、更多的能量，以及能够有效地将电光转化为养料的植物。建立这样一个系统，需要很多的人和技术，远远超出了5个孤独殖民者的能力范围。

现在 ◆

人们曾在另一颗行星上尝试"如生境般在一个封闭系统中生产食物"，但并不成功。20世纪80年代，亿万富翁爱德华·巴斯（Edward Bass）资助了一项名为"生物圈二号（Biosphere 2）"的实验，这是与地球（组织者称为"生物圈一号"的一颗行星）其他地方相隔离的一个完整的生态系统。20世纪70年代，科幻小说中充满了生态学（能量和营养物质如何通过生物体而流转的科学），并且，当时刚刚登月不久，需要种植自己食物的天外殖民地或长期太空探险家的前景，似乎并非遥不可及。

"生物圈二号"的玻璃穹庐和形状怪异的白色"豌豆荚"仍然立在图森北部的沙漠。花20美金的票价到此一游，绝对物超所值。这里，植物在不同的房间中生长，形成各种各样的生物群落——一片繁茂的雨林，一片红树林湿地，一片有珊瑚和鱼的海洋，一片大草原，以及一个供居民种植食物的农业区。它现在为亚利桑那大学所有，感觉像一座室内植物园。只是多了一些奇怪的部分。因为这个生物圈是从外面封住的，它有一个健身房大小的地下室，里面有一个可伸缩的"膈膜"，可以应对"白天升温和建筑内部空气膨胀"。

这个地方被设计成了一颗"饲养"人类的生态球。它将证明在其他行星上生活的可行性，其手段是创造一个能满足8个居民（所谓的"生物圈中人"）所有需求的完整生态系统。他们饲养、种植自己的食物，植物释放氧气供他们呼吸，并回收人类和家畜呼出的二氧化碳。两年后，这些"生物圈中人"的表现将宛如已完全靠"外星球的一个人造生态系统"养活自己一样。

泰伯·麦卡勒姆（Taber MacCallum）在实验开始的 8 年前就加入了该小组，当时他正在进行一次三年期的航海旅行——组织者们期望，这一经历能让他成为"在穹庐中生活两年"的一个合适人选。这是该项目的早期错误之一。泰伯说，考察船岁月远远不够艰苦，不足以为两年的隔离做好准备。组员们从来没有进行过几个月以上的隔离训练。他们不知道他们正在陷入什么境地。

1991 年，项目一开始实施，"生物圈中人"就遇到了曾发生在南极和其他封闭环境的所有问题。他们拉帮结派，分裂成了一个个小团体，变得沮丧、急躁、态度诡秘，并基于对外界控制的不同态度，形成了"支持派"和"反对派"两大政治阵营。

管理不当，让情况雪上加霜。随着各种问题的突然出现，包括缺乏室内氧气，管理人员变得遮遮掩掩，对他们自己的科学咨询委员会隐瞒信息，委员会最终集体辞职。远在"生物圈二号"开始之前，媒体就已开展大肆报道。当消息泄露出来——实验早期，就曾有人悄悄打开门，纳入空气，而无任何通告——记者们怒斥：该项目是一个骗局。

"生物圈二号"项目，总是显得有点奇怪，有点像宗教。"生物圈中人"自己的行话、相配的服装、未来主义色彩的房子（现在看起来像复古风格了，真叫人哭笑不得）亦于事无补。宣传报道为项目增添了一种"吹得天花乱坠"的氛围，让人感觉到：这是一个为了证明某种东西的噱头，而不是一个为了了解某种东西的实验。但是对于"生物圈中人"来说，这却是一场漫长而艰辛的跋涉，必须善始善终。而他们的苦日子，确实提供了一个长久的教训。

除了与世隔绝的压力之外，他们还忍饥挨饿，无法呼吸正常空气。组员在入圈之前就开始了低脂肪、低热量的饮食。这种饮食无法提供足够的能量，因为他们从事自给自足的农业，整天"面朝黄土背朝玻璃"地干活。由于害虫等问题，农作物收成不好。而由于劳动收获无法提供足够的蛋白质和热量，组员饥饿、易怒，经常幻想好吃的食物。简·波因特（Jane Poynter）在她一本关于这段经历的书《人类实验："生物圈二号"内的两年二十分钟》中说道：泰伯从体壮如熊变得瘦削憔悴，瘦了 60 磅（简和泰伯在进入穹庐前已喜结连理，现仍是夫妻）。

泰伯说："我会有生动的记忆一闪而过，比如我会挖着花生，突然就像回到了我 6 岁时，正和妈妈在吵架的场景。我的大脑中有一半是真的在这个生物圈里挖花生，另一半却在重温这一经典的童年创伤。我不知道我的大脑为什么会这样。"

他认为，大部分心理压力是因为"被局限在仅有几个人的小组之中"。他寻求解决该问题的方法，是打电话给治疗师，告诉他们："嗨，我在二号生物圈里，我想得到一些帮助。"每周打几次电话，很有助于缓解这一（心理）问题。太空探索者可没有这项福利！

但是，这个实验中不可能区别出来这诸多变量。导致心理问题的另一因素可能是饥饿。组员们还苦于氧气不足，情况严重到足以引起"睡眠呼吸暂停"。在某些时候，他们不能一口气说完一句话。于是矛盾愈加频繁了。两派的成员不会共进餐食，甚至不会看对方的眼睛。此地蟑螂肆虐——放入蟑螂，本是想用于减少"枯枝落叶层"，但蟑螂们失控了。农作物屡次歉收。简在书中说：所有的压力加在一起，把组员们逼出了抑郁，逼出了奇怪的心理现象，如泰伯一闪而过的记忆。

在最初的纳入空气的公关灾难之后，后来的实验中又注入了两次氧气。最后一年，人们开始向"生物圈中人"走私酒水和食品（大多只是为了改善伙食）。但是，在此之前很久，公众和科学界就已经认定"'生物圈二号'失败了"。终于，组员们在穹庐内挨过两年之后，"刑满释放"，感受到穹庐外气味的生动；他们的科学诚信之梦，早已随风而去。

20 多年后，现场导游放给游客看的电影，仍然是辩护性的。"生物圈二号"的鼓吹者们指出：建筑物中混凝土排放的二氧化碳可能会打乱大气平衡，人们低估了土壤微生物会消耗多少氧气。他们似乎仍在试图证明"'生物圈二号'本来可以成功"。有讽刺意味的是，正是（管理人员试图掩盖挫折）这种非科学的态度，最先重创了这个项目。它仍然在掩盖一个更重要的科学发现："生物圈二号"不顶用。

"生物圈二号"证明：即使是玻璃穹庐之下一个精心设计、植物繁多的巨大生态系统，也不能养活 8 个人。虽然这一系统得天独厚，尽享亚利桑那的灿烂阳光，尽享来自地球电网的电力，用于运行水泵、空调、照明、电话，还有大量植物、土壤、玻璃、钢铁、机械、水等等。这么多好东西，远远超出"可见之未来"的任何科技所能发射上天、送离地球的支持设施。然而，圈中居民们仍然挣扎在饥饿线上——日常餐食一半以上都是"速生山药"。

真相是：地球上每个人都靠光合作用来维持生命——光合作用发生在广阔的陆地和海洋，阳光照射植物和藻类，产生食物，将二氧化碳转化为氧气。我们正在透支这些"账户"，大气中的二氧化碳正在上升。随着我们耗尽土地，粮棉作物正在榨干自然生态系统。"生物圈二号"实验让这些趋势变得显而易见。8 个人，需要一个比穹庐更大的空间。

这一事实，提出了"我们如何在另一颗行星上养活自己"的问题。从根本上来说，光合作用效率太低，照射在树叶上的能量，大部分都流失了，而不是被捕获、储存为人和动物可获取的食物。科学家们讨论了"玉米基燃料乙醇"是否能做到"有的赚"——所产能量超过农民种植耗费的能量。据估计，太阳能转化为生物能的转化率通常低于 1%。

地球上生态系统能正常运转，是因为地球很大，太阳向地表投射了大量能量。在外太阳系，阳光大减；在泰坦星那厚厚的大气层下，太阳总是晦暗不明。（甚至仅落后地球一个身位的火星，单位面积获得的太阳能也只有地球的一半。）在外星球，必须在人工照明下培养植物，转化效率就变得更加重要了。

"生物圈二号"的心理教训也是有益的。研究南极反应的医生克里斯琴·奥托也曾和简、泰伯两人深谈。他们在从实验中解放出来后的一段时间里，出现了类似"创伤后应激障碍"的症状。执行长期任务的宇航员，必须避免他们这种错误。

但是，这对夫妇仍然在梦想着太空。"生物圈二号"实验 20 年后，另一位亿万富翁正在为一个太空项目寻找志愿者。这一次，丹尼斯·蒂托（Dennis

Tito）想用一款小型轻型航天器送一对年长的夫妇环绕火星（要送年长夫妇上去，因为他们由于辐射导致的折寿会比较少）。在即将到来的 2018 年，会出现火星特别接近地球的罕见时机。简和泰伯被选中。他们再次占据了媒体关注焦点的中心。他们担心这次旅行。泰伯说，他们晚上失眠，想着这么长时间的"彼此囿于一室之内，飞向太空"会是什么样。

然而，这一概念的一大部分取决于：美国宇航局配合这个项目的程度。但事实上，宇航局还有其他遴选探索任务和宇航员的方式。

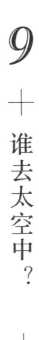

9

谁去太空中？

Who goes into space?

现在 ◆

想不喜欢宇航员，也是一件难事。的确，他们自视甚高，仿佛认为自己很完美。但这并非自命不凡，而是一种准确的自我评价。他们近乎完美：聪明、老练、善于辞令、经验丰富，作为团队成员，克己待人，也懂得如何担任领导。你可能试图去憎恶他们太完美了，就像步入中学里一个满是优秀学者和优秀运动员的房间。但你想这样憎恨都不行！因为宇航局会剔除那些锋芒毕露的完美之人。

约翰逊航天中心负责宇航员选拔和培训项目的杜安·罗斯（Duane Ross）在退休之前接受我们的访谈时说："你真正要找的是一个好人，他必须是一个能和你处得来的人。我们可以训练人们去做很多事情。他们来的时候必须具备一些基本的技能。当然，他们进来的时候都有不同程度的基本技能。但是你所需要的人，必须能在一处封闭空间中与不同秉性、类型、国籍的人长久相处。"

杜安本人不是当宇航员的料——他开玩笑说如果自己被发射到太空的话，会全程一路尖叫——但看来他的强项是非常善于判断他人的性格。他来自石油行业，曾在得克萨斯州油田负责人力资源，跳槽转而从事类似的工作——管理在外层空间工作的人。他的得克萨斯口音缓慢、低沉，让别人认为他是一个没有威胁的普通人，不难想象：他能在面试中让很多面试对象放松下来。杜安相信直觉。他1978年开始履职，为航天飞机招聘第一批宇航员。他们将是第一批平民宇航员，包括妇女和少数族裔在内。这是美国宇航局第一次寻找拥有一系列不同品质特性的人，而不局限于寻找战斗机飞行员的"合适人选"。在最初的体检和心理问题筛查之后，面试官用一个矩阵来为候选人打分，其中包含他们各方面素质的分值。但这种方法行不通，因为每个人的得分都差不多。为了做出抉择，委员会增加了一种额外因素——基于他们的直觉来遴选优质宇航员。调用直觉，被证明是唯一起作用的方法，从此它便成为主要标准。

2016年，18300人申请成为宇航员，开启了长达18个月的选拔过程。而之前在2013年，6000多名申请者被分成8组进行选拔（宇航员队伍总共有42名正式成员，每年会有6人飞往国际空间站）。经过初步筛选，留下4500名申请人。由管理者和资深宇航员组成评委团来审查这些申请人，淘汰掉90%。又对剩下的480名高素质候选人进行病史和相关检查之后，只有120名合格者进入一面（初试），进行心理检查和体检。50人通过了检查，进入最终面试，他们经过了密集细致的医学和心理检查，以及一项模拟"在太空行走中做某件工作"的实践测试。杜安确定他们的家人对此知情。然后董事会讨论选拔事宜。采用一票否决制。他们就这么挑兵选将。

那么，就是随便挑吗？杜安说，杀入最后几轮的候选者，都是人中龙凤。宇航局就像一所顶级的常春藤大学，在成千上万"全优生"中挑兵选将，自信任何一名决赛选手都能胜任其工作。这种制度似乎是有效的。不得不说，挑出来的宇航员适宜性都很高。

杜安的目标是挑出好人，而好人是讨人喜欢的人。

他还指出，选拔程序选出的所有宇航员都进行了太空飞行（只有几个例外），并且都表现优异。回顾过去近40年的宇航员选拔，他认为：凭直觉选出的宇航员都有良好成绩。2007年，一位女宇航员穿着成人纸尿裤开车穿越半个国家，在一个机场车库向情敌喷洒了防狼喷雾。杜安没有为难她，说："谁都有疯的时候。"自那次事件之后，宇航局在宇航员工作之后做了更多的心理检查。他说，航天任务中，最严重的心理问题是意见分歧。

太空计划开始时，是作为冷战的一处前线，太空任务由军机飞行员执行。这些试飞员学校毕业生都持有工学学士或类似文凭，身高都低于一米八，以匹配其座椅。他们行事如同军官，遵守纪律和一系列命令。即使从 1978年开始招入平民，宇航局仍然摆明了每一项任务要由谁来做主，大多数宇航员仍然来自军方。在国际空间站，指挥权由美国和俄罗斯的宇航员交替掌控。

冷战结束后，俄罗斯宇航员的选拔程序也发生了变化，不再要求宇航员是共产党员或者身高低于一米八。但由于如今报酬不高，俄罗斯青年不再蜂拥加入太空计划，尽管当局承诺在每次飞行之后会安排一次前往加那利群岛的奢华疗养之旅。（美国宇航员通常年收入约 10 万美元，最高接近 16 万美元。）

有权或有钱，也能把你送入太空。在航天飞机计划早期，美国参议员杰克·佳恩（Jake Garn）和沙特阿拉伯的苏尔坦王子（Sultan bin Salman bin Abdulaziz Al-Saud）是航天飞行中的实验任务专家，却没有多少实际职责。参议员佳恩在飞行任务期间大病一场，因而以他的名字命名了一种飞行疾病测量仪。（杜安曾说，在地球上晕动病的经历似乎并不能预测肠胃在太空中会如何反应。）而被父王送来拍摄沙特阿拉伯照片的苏尔坦王子，需要知道麦加的方向，以便每天做礼拜。名叫"太空探险"的一家公司，让 12 名付费乘客搭乘俄罗斯"联盟号"火箭进入国际空间站。目前的价格是每人每次 5000 万美元。

阿曼达曾经参加宇航员选拔。她一路凯歌，杀入最后几轮，前往约翰逊航天中心进行了为期一周的面试，及进行心理和生理的检查。许多候选人需要参加数次选拔，才能有幸入选。但阿曼达最终走上了另一条道路，在行星科学领域大展拳脚。这是她的幸运，因为不久之后航天飞机计划取消，即使她入选的话，也会很多年都没有机会飞向太空。

阿曼达回忆道，宇航局的医学检测，是为了寻找能够适应服装和装备的人，这些人要耐力好，能撑到最近的医疗救助到来。杜安说，这个测试旨在发现宇航员在未来 10 年是否会有健康问题，因为宇航新人很可能在短期内无法升空。阿曼达的肘部和膝盖都进行了强度测试，还进行了视觉和听觉测试，身上连着各种各样的传感器在跑步机上跑步，让她坐在一间漆黑的大厅里，看能否保持冷静；她忍受灌肠和结肠镜检查，参加心理访谈，和其他候选人共进晚餐，在此期间评委会观察他们的行为。从阿曼达这一届开始，选拔过程增加了核磁共振成像来寻找潜在的脑动脉瘤，以及超声波检查患肾结石的可能性——这是失重状态下宇航员常见的问题。

杜安的理念是：找到最优秀的人，培育他们面对一切。国际空间站的每一名宇航员都必须学会驾驶超声速的 T-38 喷气式教练机，并且学会说俄语，以便在紧急时刻能逃逸到"联盟号"飞船上。为了获得失重体验，操作任何可能在太空中用到的设备，他们在深达 12 米的世界最大游泳池中，进行水下工作训练。虚拟现实技术也有助于宇航员面对更多细节。基础训练需要两年时间，而任务训练又需要两到三年时间。

杜安会使用相同的流程，来选拔和训练前往另一颗行星执行长期任务的宇航员。这种基本的选拔体系运作无虞。心理筛选已经就每名宇航员参加长期和短期任务的素质，评定了等级。

如果能研究找到相关素质的标示，就可能设计出新的心理筛选方法，从而选出能经受长期隔离与封闭的宇航员。

杜安认为，两三个人的团队没法干活儿，因为冲突的后果会很严重。4～6人可能行得通。然后需要决定这些宇航员是应该单身、已婚，还是已婚夫妇。太空中的确有可能发生情事。即使在航天飞机执行任务的短暂时间内，也有传言说有人勾搭在了一起。国际空间站任务持续 6 个月，宇航员们有隐私权，美国宇航局不会过问。杜安不怕宇航员们恋爱，而是怕他们分手。在飞船上要怎么与"前任"一起执行一项长期任务呢？

无论怎样选拔宇航员前往另一颗行星（这仍是研究的前沿领域），杜安能够确信的是：只要宇航员是一些不错的人，任务就能进展得更顺利。而决定人选的最好方法，是依赖选拔委员会的直觉。

未来

全世界目光聚焦于此——看着第一批开拓者登上泰坦星，建造家园，失其首脑，以及为下一艘姊妹船的 6 名宇航员团体的到来做准备。在建造了前两个 Q 驱动的飞船之后，泰坦公司赢得了建造另外 8 艘飞船的合同，5 艘用来运送食物和其他高时效性货物，3 艘用于运送更多的宇航员，每艘 6 人。这将给泰坦星的 3 个栖息地带来 29 位居民。

速度较慢、体量较大的货船也被派去运输货物，以大规模扩张殖民地。工程师打包送去工厂设备，利用泰坦星表面的烃来生产塑料建材，这将让殖民者能用现有的材料建造大楼。

泰坦星事务引起的关注，开始侵蚀地球上灾祸新闻的版面。关于殖民者生存状态的播报盖过了任何其他媒体明星。世界各地的屏幕播放着殖民者的报道（至少有电有网络之处，皆有传唱），地球上的观众，对他们像家人一样熟悉。这部外太空的肥皂剧，让人们不再考虑他们功能失调的政府、阶层分化的社会、无休止的战争、气候危机、可怕的机器人以及其他凡间的麻烦。人们更容易放下手头的事情，来仰望天空。他们可以看到殖民者在泰坦星上建造新工程，不怕暴力和辐射，能够在空中飞行并开拓全新的地平线。但实际工程面对的艰难、寒冷、黑暗，并没有清楚地展现在屏幕上。

西方大国的世界领袖们，与泰坦公司签下合同，要建造 10 艘宇宙飞船，每艘飞船大到足够容纳 100 名殖民者。第一艘殖民班船将被命名为"五月花号"。这笔交易是排外的，并且这笔交易的宣告，迫使其他富裕国家也加入进来，即使他们通常对领导该计划的美国和欧洲具有敌意。

公众接受了遴选泰坦星先行者的这种不透明选拔系统。显然，最初的 5 次小型任务，只能送上去最能干的宇航员。但是，10 艘大飞船上的每一个座位都是逃离地球的船票，是人们能安全到达一处彼岸（虽然寒冷）然后重新开始的机会。如果地球社会和生物圈完全崩溃，本会与之皆亡的家族、宗教和文化，将能够在泰坦星上另立乾坤、繁衍不灭。

政治领袖能够看到他们有一个问题。为了维持各国的团结，避免国内政治动荡，他们需要一个看起来完全合理、公平、透明的选拔程序。

为选拔移民者，组建了一个蓝丝带委员会。在许多浮夸的言论中，国际伙伴们达成一致：委员会应包括最好的头脑和体现人类事业各个方面的杰出人才。这些权威将制定标准，选定一群人类精英，成为未来地球外人类文明的一代先驱。这项任务的历史性质是：讨论我们人类物种的实质。这要求拥有一个多元且杰出的群体，他们在任何方面都得是专家。

委员会的成员众多，包括顶尖的科学家、医生、心理学家、伦理学家、宗教领袖、工程师、教师、军事领袖，还包括绘画、雕塑、文学、音乐、舞蹈、电子游戏设计、创新性生物学新艺术的教授，也包括人类学、社会学、性别研究的专家以及婚礼策划师（最后这群人能熟练地在高压力情况下管理庞大且属于不同群体的人）。

之后，召开了第一次全天会议。在一名主持人的带领下，委员会成员先进行了团队建设活动和头脑风暴，并且练习在黄色便笺上写字，然后贴满会议室的墙壁，讨论就可以开始了。但预热工作花掉了大部分的时间，而主导正式会议的又是两名自以为是的成员，冗长而激烈地讨论第一艘飞船的名字。他们争论："五月花号"名字再现，是暗示逃脱压迫人们的旧世界宗教体系，还是代表欧洲白人霸权和种族灭绝土著人？讨论吵吵嚷嚷，最后无果而终，一名委员根据会前的探讨，撰写了关于殖民者选拔的报告。

单程旅行的殖民者，除了要有团队工作能力，还要有其他品质。入选者可能就是人类的未来，因此，委员会的委员希望每位殖民者都是其同类中的翘楚，并且年轻、合格、健康，适合繁衍。除了进行体检以消除任何潜在的遗传性缺陷或患病的可能性，候选殖民者还要接受遗传性状分析——看他们有没有能提高在泰坦星生存机会的优秀性状。遗传标记的结果将取消一些申请人资格——他们在低重力时更有可能发生眼部或脑部压力上升，或在低光、密闭或寒冷条件下更容易得抑郁症；生性好斗的人，也不能通过审查。

工作人员为所有的 1000 个位置设定了资格，每个位置分配一组属性。我们显然需要纪实作家和行星科学家（至少每样要一个），以及许多其他的专业人士，而与此同时要保持性别平衡，确保覆盖不同的种族、文化、宗教和政治观，并且包括异性恋、同性恋、双性恋、变性人等各种性别认同者。

有时，多样性和政治正确的目标，会抵触兼容性的目标。代表许多宗教，会是很容易的事情；但是，包括各种信仰者，将意味着许多属于不同宗教的人被带上船，他们恐怕很难与他人相安无事。

复杂的选拔矩阵，需要人们填写冗长并且涉及侵犯隐私的申请。想搭"顺风船"离开地球的人们，进行了在线申请，按要求填写了最私密的医疗、社交和性方面的信息，以及他们的工作背景、奖励、推荐信、个人随笔。这就像大学里的服用类固醇申请书。隐私的观念早已过时，因此有许多申请人已经在类似脸书的个人资料中存储了必要的信息，从而能自动填写表格。

委员会的服务器收集了数百万份申请，对它们进行分类和整理，并且利用大数据手段，大搜网络，以获取每名申请者的更多信息，记录前后矛盾的信息，并根据专家先前对每类完美殖民者（素质）应该是怎样的意见进行评分。计算机为 1000 个位点中的每一个都提供了名称和可供替代的名称，将预定的标准匹配所有可能的排列。委员会研究了该名单，然后召开了一个秘密会议，激烈商讨外加私下交易，否决了一些候选人，这有利于知晓如何走后门的候选人。

然而，尽管有少许妥协，1000 位殖民者看起来真的像模范的人类——美丽、有为、健康，能很好地适应环境，包含各色人种（虽然为旅程付费的民族中，白人和亚洲面孔占的比重较大）。

他们在其所在社区成了名人，"天选之人"。

但是，随着启程训练的推进和巨型太空船坞（用于建造第一艘还未命名的飞船）建设的开始，出现了强烈的群众抗议。抗议始于推特上的尖刻评论。不管怎样，谁会愿意住在一颗满是完人的行星上？你愿意在一所全是乖学生的中学里读书吗？后来，出现了更严重的批评。委员会试图剔除人类中的不良成分，只允许他们所认为的完美人类繁衍，这难道不是同纳粹和 20 世纪其他优生主义者的思想如出一辙吗？真的应该淘汰残疾人吗？天赋异禀但怀才不遇的疯狂艺术家们又该怎么办？宇宙飞船上，将没有性格狂躁又抑郁（双相）的凡·高，没有病态的约翰·济慈，没有坐着轮椅的史蒂芬·霍金。

从这第一声抱怨开始，爆发了反对的轰然巨响，强人们增大了反对的呼声，他们的谋士知道如何在社交媒体上放大他们的声音。他们说，登船的应该是坚强有为、进取心强烈的人士。这些人通常不是那些获得最好成绩、使学术委员们满意或赢得大奖的人，他们并非操纵体制，而是战胜体制。他们是一群有自我意识、有创造力并且勇敢的人。他们主张：适者生存已经遴选出了富人和权贵，他们就是确保我们物种生存和未来繁荣的最大机会。

此外，他们还应该允许携带宠物、美酒和艺术品。

1620 年的"五月花号"不是一艘方舟，其建造目的并不是为了运送各类精英到新土地上开辟一个文明。乘客们是在逃离一个不适宜他们居住的国家。他们最为投入，勇于去建立一个新世界；他们不是当权者的宠儿，而是自己选择的逃亡者。太空殖民地应该是那些自愿为建立一个新世界而战之人的生命之舟。

批评人士如是说。为了获得宇宙飞船上的一个座位，他们什么都可以说。

现在 ◆

勘探选址一处新的殖民地，可能会发回一种误导性的印象。1584 年，沃尔特·雷利爵士派出的探险家登陆（现北卡罗来纳州的）外班克斯列岛，发现了一处天堂！在那里，无须稼穑之累，就能大量生长粮食，当地土著十分友好，并且对寻找贵金属的前景看好。他们的船只自给自足。他们不太需要依靠新大陆就能生存下来。他们的船长回到英国，给人的印象像游客一样，只关注新大陆的闪光点，但意识不到在那里生活的真正困难之处。奔赴火星和泰坦星的行星探测器所提供的照片，看起来也颇像地球，但要在那里自力更生的艰难困苦，将远甚于去那里参观旅游。太空殖民地和早期北美殖民地之间的差异显而易见：起码，我们不会在太阳系的任何地方遇到与我们人类相似的生物。但是两种拓殖的相似之处也很显著，英国人 1584 年对美洲海岸的看法，与我们如今对行星的看法没有太大不同。船只起航了、登陆了，但是详细资料却很少，而且尚未取得（与当地土著密切接触才会得到的）各种发现。派遣船只到美洲昂贵且危险，并且经年累月才能有一次成功的航行，国家之间也会互相竞争。单纯的贪欲和对新机遇的期望，还伴随着科学发现和名声荣誉。

速度放大到宇航量级，会面对类似的令人生畏的距离，以及危险。16 世纪，穿越大西洋通常需要几个月的时间，水手们往往离家多年。依靠信件沟通消息，而运气决定信件能否被其他偶遇船只送到目的地。水手的牺牲远远超过了宇航员的牺牲。一次航程，死人不多的话，就是一次好旅程。指挥远航的官员还会像在南极洲或"生物圈二号"等封闭工作岗位上的现代研究者那样，面临着心理威胁。发生在殖民者、科学家或军事指挥系统外的其他人激烈、荒谬的冲突，使航海日记更加精彩，这些有时也发生在那些会冒死回嘴的人之间。

如果人类本性在最近 500 年里保持不变，太空殖民者将被同样的社会和经济力量所驱使，将会犯相同的错误和误算，面临着同样真实的风险。人们进行首次尝试时可能成功，也可能失败。会死很多人。第一批先锋可能会付出高昂代价。但最终，殖民者会生存下来。

英国女王伊丽莎白一世为殖民美洲，创新了一种经济模式：公私合作。美国人通过征服西部，又沿用了这种模式 300 年，并继续应用于科技前沿。潇洒杰出的罗利是伊丽莎白一世最宠爱的大臣。她赐给他一个特许令，如果他能让人定居在北美地区，就授予他那里的所有权，正如国会在后来把广阔西部的土地授予了穿越大陆的铁路公司，以及把广播频谱授予了建设无线电和电视台的公司。

16 世纪，莎士比亚写下他的第一部戏剧，文艺复兴的创造力正在伦敦兴旺起来。这时，英格兰仍然是一个弱国，受到西班牙掠夺美洲黄金所获压倒性财富和力量的威胁。英国女王伊丽莎白无力同西班牙直接较量，但她补贴造船厂，一旦需要兵役，让商船可以改装成有效的作战船只。而且她鼓励私掠者（其实就是合法的海盗）在加勒比地区袭击西班牙船只，并贡给她一定份额的战利品。她与罗利的交易承诺了类似的共同投资、共同获利。一块成功的殖民地，将增加他的财富，并扩大女王的权力。

罗利是一名风险资本家，像硅谷的"高瞻远瞩人士"一样，玩的是高成本、高风险、高收益。当时西班牙还没有殖民佛罗里达州北部。沿海的殖民地将有助于保护英国的领土，可以给罗利丰富的发现和广大的土地，并给袭击西班牙宝船的英国船只提供支持。但当时该地区的地理情况甚至都不为人知。1584年罗利派出两只船去探测海岸以寻找一个港口和一块殖民地，这两只船的作用，就像近表面环绕行星飞行的探测器一样。

外班克斯列岛的屏障岛屿，沿北卡罗来纳州海岸线排列，像一个沙地括号。这条狭长的海岸线，伴有几英里宽的辽阔海峡，但对于大型船舶来说，它还是太窄了。大型船舶几乎无法穿过外班克斯列岛多变的水道，而外面的水域又那么危险，被称为大西洋的墓地。靠近陆地的海峡，大部分水域较浅且多沼泽。无论是沙岛还是湿润的大陆都不能为种庄稼提供太大希望。海峡内的罗亚诺克岛相对安全且大部分地面干燥，但它并没有大到能够供养许多人。这不是一个在美洲安置欧洲人的好地方。

不幸的是，罗利的第一次远征逡巡不前，没有向北走更远一点，找到切萨皮克湾——其优质土地可以用于安置移民，为船舶提供一处良港。但他收到了一份关于"罗亚诺克岛是天堂"的报告。两名美洲土著，曼蒂奥和旺奇斯，随着远征队回到英国，让人们对罗利计划的下一次航行兴奋不已。这次航行规模更庞大，会携带精选出的各种人，很像我们想象的行星前哨基地。它将充分了解新土地的矿业和农业潜力，并开展深入的科学探索，为将要跟随而来的殖民者建立一个永久城镇。

伊丽莎白女王授予罗利骑士爵位，并为远征捐献了火药和一艘船，同时任命他为弗吉尼亚殖民地（以这位处女女王的名号命名）总督，其土地包括美洲近3000千米海岸线和北美西部其他地方的。她还授权他征召壮丁加入这次航行。伦敦当时拥挤不堪，工作机会和土地很少，而美洲听起来像是一大良机。罗利也想去，但伊丽莎白女王不让他走，想留他在国内效命。

罗利聘请专家，让他们提出建议——第二次远征应该派出怎样的人员。这些人员中，有和我们的宇航员同样的角色，有用来抵御美洲原住民的兵勇，收集信息的科学家，追求利润的商人，金属、宝石、矿业专家，植物学家和药用植物专家，以及培育、加工、储存食物、锻造工具的专家，纺织工和修鞋匠，照顾伤病员的专家，等等。由分等级的官员管理。名单已列到800多人，并且还在不断增长，正如大卫·比尔斯·奎因（David Beers Quinn）在他的著作《为罗亚诺克建立公平》中所描述的。罗利把人数减至500，分为两个船队，乘坐不同的船只，相继出发。

然而，殖民项目的最重要的教训之一是：计划不会按照预期进行。航行中经常有船舶沉没，或前往错误的地方，以及遭遇各种其他灾祸。罗亚诺克岛太小，不能养活一大群人。远征队最后在那里留下了100人，其中至少一半是士兵。船舶离开了那个前哨基地，并承诺在一年内再给他们补给。但当时的情况使留下的殖民者没有足够的物资来维持那么长时间。他们指望通过生产食物或从原住民那里获得食物来苦撑待变，这是对自己能力不切实际的误判。

对于远征，罗利的最佳人选是杰出的科学家和数学家托马斯·哈里奥特，他帮助升级了导航，也可能参加了第一次航行。约翰·怀特·亚历山大是个画家，会作画，这是探索旅行所需的一项必要技能。他也是一位敏锐的观察者，他的作品让英国观众首次了解到了北美洲生动的自然和人文景观。他留下了100人，自己带着水彩画和正面的报告，随船返回英国。

哈里奥特待了整整一年。他从曼蒂奥那里学会了当地的语言。他徒步去了很多很远的地方，访问原住民的村庄，并在"文明接触"这种绝无仅有的时刻，获取了他们的文化知识。这些资料，现在是宝藏，成了国家秘密，它与怀特的水彩画一道为成功建立殖民地奠定了基础。

美世大学的历史学家和考古学家埃里克·克林格霍夫（Eric Klingelhofer）说："当时人们对制药很感兴趣，认为黄樟子是一种神药，所以谁能找到一棵黄樟子树，得到一些树根，就可以在当时的欧洲大赚一笔。他们认为其他物产也有好处。"哈里奥特的很多书恰好在描述这些不同的植物，说某植物能治这种病或那种病。并且，印第安人也说它有益于一些胃病或其他疾病。

但是，哈里奥特瞧不起万里寻财的那些人，他们为寻找黄金、为和美洲土著通商致富而付出了代价，却一无所得，于是他们终日呶呶不休地抱怨吃住问题，而不出力改善。后来在弗吉尼亚州的詹姆斯敦殖民地遇到了同样的问题，绅士们四体不勤，不事生产，整个团队几乎饿死。

哈里奥特评价罗亚诺克岛的财富追求者和抱怨者："除了娇养自己的肚子，几乎漠不关心任何其他事情，因为这里没有英国的城市，没有非常干净的房屋，没有他们希求的吃惯了的美食，也没有任何绒毛或羽毛软床，对他们来说，这个国度悲惨至极。"

功能正常的人类社会生态，像一座金字塔，有庞大的生产者基底和狭窄尖顶区域的慵懒消费者。不同于英国广播公司的古装剧，英国的大多数人不是贵族和贵妇，而是农民，他们种植农作物、纺纱、挑水。只有一小部分人有本钱坐在庄园里聊八卦。仅100人的真正自给自足的殖民地，不会收留一个无法自力更生的人。这个经验在今天仍然是正确的。自动化和动力设备确实提高了社会上"闲人"的比例，但另一颗行星上人类需要做更多的基础工作才能生存。16世纪的社会种植农作物来饲养奶牛以生产牛奶，并将其制成黄油和奶酪，整个生产链要很多熟练的技术工。想象一下在泰坦星上同样的系统（很有诗意的想象），我们需要再增加额外的生活链：一群人为农作物和动物建立一个栖息地，并为生命提供温暖、光和水，以及呼吸所需的氧气。我们可以放弃天然的乳品，机器人和其他机器可以生产大量食品，并且生物技术可以使工作更有效率，但长时间与科技相伴的我们知道，这并不意味着人可以不工作。

必须有人来操作机器。

在罗亚诺克岛，军事特遣队的力量取代了粮食的生产。军事指挥官雷夫·莱恩（Rafe Lane）先是和美洲原住民进行贸易，后来就压迫、威逼他们交出食物。罗亚诺克岛上的酋长维吉纳（Wingina）刚开始把殖民者当作朋友，但他最终从岛上撤走了他的村民，搬到了让莱恩不能轻易威胁到的地方。他的人民无力养活自己和殖民者。莱恩收到消息说维吉纳（或许）正在计划一场袭击，于是要求一次会面。这是一场鸿门宴，莱恩伏击了维吉纳，杀死了他们这些头领。

哈里奥特也伤害了美洲原住民，尽管是无意的。他访问过的村庄，在他离开后不久就遭受致命的传染病。原住民之前没有遇到过的欧洲病菌，杀死了很多人，疾病可能是流感、天花等等。当地人认为哈里奥特有造成疾病和死亡的无形的力量。哈里奥特作为那个时代的人，对于疾病暴发有一个类似的理论，认为瘟疫代表着对当地人欺骗或怠慢的某种"天降惩罚"。

一年过去了，罗亚诺克岛的殖民者陷入饥饿，还担忧着印第安人和西班牙人的威胁。他们急需补给和增援。但是罗利派的船来晚了。当弗朗西斯·德雷克爵士出乎意料地现身时，伴有一支刚刚成功袭击西班牙人的强大舰队，莱恩除了登船回家，几乎别无选择。

"他们真的相信 12 个月后补给船会来，补充人员也会来，"克林格霍夫说道，"不过，都没有来。他们只能看着他们的手表或日晷，然后说：'好了，时间到，必须离开。我们已经竭尽所能，我们没有损失很多人——实际上，到目前还没有人死于战争。没有供给的话，此地不宜久留。'"

当补给船到达时，军官发现了被遗弃的殖民地和仅有的三个被德雷克留下的人。他们曾经留下另外 15 人和两年的物资。在附近部落联合起来并消灭他们之前，那 15 个人看来不久就死光了。

借助前两次远征所获得的、包括"要自给自足"之类的经验，罗利项目的第三阶段取得了进展。殖民地的构成，对那个时代来说完全是不同寻常的、革命性的。很多家族带着妇女儿童前往美洲，建立农场，永久定居。

　　罗利以外的投资者，通过一种公司式组织形式来集资融资。而且从一年的研究和探索中获得的地理知识，将让他们到达一个有更大成功机会的地区：切萨皮克湾。

　　画家约翰·怀特召集了约 115 名殖民者。他试图召集更多人，但很难。他可以提供土地给土地匮乏的英国人，这里气候更利于健康，患病死亡率低于伦敦，但是投机的风险是巨大的，特别是对于在国内已经有一些资产和前途的家庭来说。我们所知道的这些殖民者，是没有头衔的中产阶级，但是他们有财力和仆人。许多人可能是新教徒，他们想践行一种比英格兰教会所允许的更自由的宗教信仰，但他们不是像后来的清教徒移民那样极端的宗教异见人士。他们准备充分，补给到位，计划可行。

　　但怀特不是一名好领导，而且这群人时运不济，命途多舛。这一年他们出发时为时已晚，已无法在美洲种植作物，因此不得不依靠来自国内或印第安人的给养维持一年生活。怀特与其主船船长发生了持续的恶性冲突。他们在航行期间未能获得至关重要的粮食和牲畜补给，经历重重困难之后，方抵达外班克斯列岛。在罗亚诺克岛上，他们只发现了 18 个人留下的食物骨头。然后，由于一些未知的原因，他们决定留在那里，而不是继续前往切萨皮克湾。

　　等到他们的船只准备离开时，很明显，这处殖民要生存下去，就需要大量补充物资。殖民者们坚持送怀特回去寻求帮助。怀特的女儿在美洲生了第一个英国孩子——弗吉尼亚·达雷，所以他们认为怀特有此牵挂，必然会回来。又或许是因为怀特不是一个好领导，犯了众怒，人们只是想打发他走。无论如何，怀特扬帆离开了，绝望地去寻找救兵。

　　但世界局势令殖民地黯然失色。英国与西班牙的战争升级。罗利和怀特服从英国女王的命令，计划用于殖民地的船只改变航向，去攻击位于纽芬兰的西班牙船只。然后西班牙发动其无敌舰队入侵英国，这是历史上最大的海战，每一艘船都被用来御敌。

　　我们思忖：在类似情况下——当地球上发生世界大战，而太空殖民地需要再补给时，太空殖民地会面临什么？在这样的白热化阶段，总统能为 100 个殖民者提供大量财富和顶级技术工人吗？历史上的伊丽莎白女王没有这样做，为殖民地搬救兵的怀特滞留英国，三年都无法重返罗亚诺克岛。

当怀特返回时，罗亚诺克岛已空无人迹。房屋已被拆除。他们曾建成一座坚固的堡垒，后来放弃不用，现在杂草丛生。人们把贵重物品埋藏起来，然后又被原住民挖了出来。仅留下来一个词的线索，刻在木头上——"克柔投安"（Croatoan）。怀特翁婿以及其他人曾经约定，如果他们被迫搬家，要将目的地名字雕刻在木头上。克柔投安是一个沙堰洲岛，上面居住着和平友好的曼蒂奥部落。

朝南走不到一天，即可到达克柔投安，其位置在今天的哈特勒斯岛。但是那天晚上一场风暴突然来临，船只不得不逃入海里。他们在外班克斯列岛外的危险水域几乎失事。怀特的船试图返回，但罗利派给他的海盗船员，委实更愿意去袭击西班牙船只。此后他们从未回到外班克斯列岛。很多年来，没有人寻找这些殖民者，也没有人发现他们。一代人之后，有克柔投安的绿眼印第安人告诉来访者，自己是融入原住民文明的殖民者的后裔。人们没有理由不去相信他们。

直至今日，考古学家（包括埃里克·克林格霍夫）仍在继续寻找消失的殖民地。2015 年，克林格霍夫的第一殖民基金会宣布找到了殖民者存在的线索，其挖掘地点在罗亚诺克岛西面 80 千米的大陆上。一些证据表明，他们朝着北方往切萨皮克湾的方向去了。他们很可能分道扬镳、各奔前程了，毕竟在较小的群体中会有更好的机会来养活自己。

后来的殖民地幸存下来，包括弗吉尼亚州的詹姆斯敦和马萨诸塞州的普利茅斯。信息、地理位置、运气都是能否成功的关键因素。对于第一代人来说，受苦是为了后代能享福。太空殖民者也是如此。

可以肯定的是，很有必要对前往太空的人员精挑细选。殖民者必须有自给自足的能力。前车之覆，后车之鉴，历史上那些失败的殖民地教导着人们，最重要的就是，殖民者的生命线不能依赖从国内供应的物资。他们需要靠自己的韧性和资源生存下去。

未来 🚀

被选中的 1000 名太空殖民者，在科罗拉多州大沙漠的室内设施里训练，远离上涨的海水和被过滤减少了尘埃和病原体的空气。随着世界上灾害发展速度的加快，最初被设想作为一个大胆而冒险的外向行动任务，此时被赋予了新的意义。现在殖民地任务似乎是离开一颗失控行星的唯一安全办法，这颗行星面临着一个新的黑暗时代，甚至是人类的灭绝。这 1000 人开始将彼此视为最后的人类：一群穿着统一的橘色跳伞服的完人。

其他人有不同想法。殖民地可能是决定个人生存，或者家族基因的珍贵血统生生不息的一条途径。在地球上，超级富豪可以在隔离外界环境的坞堡中保护自己，免受气候变化、自然灾害和核战争的影响。但是，对一个无法控制灾难的世界，他们有着一种难以逃避的绝望感。人类的未来在泰坦星，所以人类中的权贵都想去泰坦星。

为殖民者建造的第一艘大型宇宙飞船进展缓慢——这工程的确史无前例。建造中的一起事故，进一步减缓了建造进程。前往泰坦星的一艘供给船失事了，也许成了微流星体撞击的牺牲品。为了使泰坦星前哨的移民免受饥饿，泰坦公司的每一名工人都转调到紧急计划中，以尽可能快地建造替补的补给船。

政府财团买了单。泰坦公司拥有技术并控制建造飞船的设施，政府目前订购了 10 艘宇宙班船，每艘运载 100 个殖民者。但由于延期和不确定性，政府只支付了前三艘宇宙班船的费用。

一位亿万富翁，从小在某精英预备学校就认识了泰坦公司首席执行官。亿万富翁在他们所在的网球俱乐部里将这位女性首席执行官拉到一旁，提出购买四号宇宙班船，支付比政府预算更多的钱，而且预先付款。一系列秘密会议之后，俩人在几周内完成了这笔交易。

泰坦公司宣布私人购买了四号太空班船，引爆了其他 6 艘计划内班船的投标"大战"。这些班船售罄之后，泰坦公司预售了更多的飞船船票，时间表排到了遥远的未来。各国政府和能做决定的烦琐的国际组织，甚至都没有召开会议来讨论这问题，直到为时已晚。在可预见的未来，泰坦星官办殖民地只有能力送出 300 个成员，之后跟着去的，是那些私人乘客，无人知道有多少人，他们的准备情况和技术水平都不得而知。

太空殖民地本应是一个由政府官僚管理的、精心组织的项目。但新的私人殖民者反对中央集权管理，正如他们抵制过优选殖民者的主意。在政府的控制下，这个新世界将完全是共产主义性的，在某种程度上甚至 20 世纪的老暴君们也从未实现这种控制。一切都将归政府所有，每个人的工作和家庭由政府决定，甚至健康和生殖方面的决定都要被管控，而且不会有任何经商赚钱的途径。

这无法接受！

律师们涉足其中，为其客户创造机会。一名权利受侵的亿万富翁的律师指出，地球上任何政府都不能宣称拥有地球外殖民地的所有权，因为 1967 年的《外层空间法》明确规定："各国不得通过提出主权要求、使用、占领或以其他任何方式把外层空间（包括月球和其他天体）据为己有。"政府联盟开创了新殖民地，但不能宣称拥有它，也不能控制谁能去那里。破裂的国际政治体系，消灭了修改条约的可能。

但《外层空间法》没有提到地外空间的私人所有权问题（1967 年没有人想到这是一个问题）。根据它的条款规定，政府不能拥有另一颗行星，但是私人或许可以。在世界各地，大公司的领导们意识到，第一批到达殖民地的私人实体，可以宣布占领大量的土地，并在将统治此地的政府方面有重大影响。迄今为止这些潜在的"宇宙主宰"，头脑中闪现了在太空"封邦建国"的幻想。在地球上他们可能只是首席执行官，但在太空中他们可以是领主、贵族、国王！

然而所有的兴奋和金钱，并不能加快飞船建造的速度。私人业主花时间重新设计和布置其未来航天器内部的三维计算机模型。政府机构志愿者期待的是在艰苦条件下起飞；而私人飞船被设计为运载较少乘客，但环境豪华，可携带仆人。

只有超级富豪能承担得起以这种方式去泰坦星，但一批企业家意识到"让更多有钱人在另一个世界繁衍"是一个发财良机。他们设计了自己的飞船，用液氮桶携带1万个胚胎，雇用了100名愿意多次做代孕母亲的育龄少女，作为交换，她们能够移民（结扎她们的输卵管保证她们不能怀上自己的孩子）。寄送胚胎的费用取决于你在子宫计划中的优先次序：在第一轮出生是最昂贵的，而能相对便宜地发射升空的，是那些不保证着床时间的胚胎，这些胚胎能够等上几十年或几百年，然后出生面世。

最初，胚胎任务设计时要组织一支全是女性的工作团体：代孕者都是些女医生、女护士、女工程师和女技术员，她们在太空中为一座用雌激素驱动的婴儿工厂工作。后来，组织者意识到他们创造了一个男性梦想的天堂：一个只有美少女居住的外星世界。于是，少数剩余舱位被以超高价格卖给了男人。

发起太空殖民项目的政府领袖们，进行了秘密会晤，商讨当前的情况。他们将修订他们的殖民人员名单，改进设备，以建立一个比他们原计划更小的殖民地，一个仍可以让约300名殖民者自给自足的地方。但当他们监控到私人实体花钱前往泰坦星这种把戏，他们意识到：政府的殖民地不能养活其他所有人。如果私人殖民者用尽了泰坦星上的食品或物资，他们可能会逼迫政府选派的殖民者以获取帮助。于是，有史以来第一次，殖民训练中开始加入了军训的内容，同时前三艘太空班船的载货中也添加了武器。

私人航次的组织者有相同的想法，但走了不同的路线。如果离开地球10亿千米后，代孕母亲拒绝植入胚胎该怎么办？在遥远的太空基地，当亿万富翁的仆人数目超过他们的主人，他们还会同意继续当仆人吗？如果没有政府、法律制度甚至实体经济，亦将几乎不存在地球上用以维持控制的规范系统。一旦为富人工作的人不再认同他们的虚拟地位，富人将不再富有。

在泰坦星上的第一拨殖民者已经在努力延长他们的物资使用时间，直到替代货船能够到达。地球上的观众注视着在泰坦星的人类代表，感到振奋——他们在一个寒冷黑暗的世界为人类的未来做出牺牲。与此同时，第二拨殖民者为冲突和潜在的战争做好了准备。

一家新公司的股价暴涨，他们销售能在泰坦星大气层中射击的枪械。

现在 ◆

目前，最像这种宇宙班船的运载工具，是美国海军的快速攻击潜艇。潜艇同样携带了一座核反应堆和约 100 名船员——两种性别都有，其人员规模主要受船上食物数量的限制。潜艇获得氧气的方式与泰坦星殖民地相同——通过电解水制造氧气。尽管弗吉尼亚级潜艇重量是国际空间站的 20 多倍，并且具有更大的内部空间（但是国际空间站速度比它快 400 倍），但两者的总长度大致相同。

全体潜艇人员，肩负巨大责任。他们的能力和心理稳定性都极其重要。弹道导弹核潜艇的乘员们，在海底一潜伏就是 77 天，其间不向外界发送信息；他们备好导弹，一旦导弹发射，将以前所未有的规模伤害地球，也许会摧毁整个文明。攻击型潜艇用于常规战争中，但他们的船员也操作着核反应堆，这和在核电站中的反应堆一样危险。

50 多年来，海军对这些核材料的防护措施记录接近完美。工程师说，潜艇的反应堆是可靠的，因为人们曾屡次建造它们，而不像核电站那样每一个都是独特的建造。但潜艇上的人说，船员的选拔和纪律才是关键。潜艇人员不以随和著称。他们严格照章办事，其文化基于的设定是：海军军规中未明确允许者，皆为禁止，没有二话。

"核潜艇项目的基石是诚信。"在潜艇中度过了 28 年职业生涯，现在写悬疑小说的已退休指挥官里克·坎贝尔说道，"如果你的一个谎言被戳穿，你就得退出核潜艇项目。如果你在考试中作弊，你就得退出。涉及核能时，你绝不能怀疑同事是否做了他们应该做的维修，是否正确地执行了程序。一切都建立在诚信上。"

潜艇船员都要通过智力和心理测试。里克说，船员很少出现心理问题。他从来没有遇到过幽闭恐惧症的病例，他麾下的年轻人太忙了，以至于没时间去抑郁消沉，他们有固定的训练和维护计划。潜艇上的行为问题，往往与青春期和男子气概有关，因为全部船员都是 20 岁左右的年轻小伙儿，血气方刚，潜艇上年龄最大的才 30 多岁。最近才有女性加入。在海上，海军对性的规定很简单：不能谈恋爱，不能有性接触。

在弹道导弹核潜艇上，船员们收到的"家里消息"是经过筛选的。长官不会让他们收到坏消息（如去世或分手）以避免精神紊乱。坎贝尔建立了一个网页，为船员提供备航建议。他会给他年幼的女儿写一堆信，让她逐月依次打开。

快速攻击潜艇每次行动为期 6 个月，通常有几个停靠港供给他们新鲜的食物。食物是限制因素。现代潜艇在其 25 年的使用寿命期内不需要加燃料。如果不需要食物和零配件的话，潜艇理论上可以在水下停留数十年。而事实上，很难把供给时间延长到 6 个月。退伍军人在网络留言板上分享了长期航行的经历，当食物短缺时，他们最后只能吃烧饼或一些奇怪的组合，如辣椒通心粉配甜菜罐头。

通常，按照军队的标准，伙食是不错的——这是海军征兵视频的卖点，也是解决士气问题屡试不爽的良方。船员定期看电影，享受比萨之夜，可以吃大量肉食和新鲜出炉的面包、糕点。像在南极越冬的科学家一样，艇上人员在航行中途安排一次名为"中途夜"的大型盛宴，有派对、游戏和轻松的惩罚，正餐有龙虾和顶级肋排。

弗吉尼亚级攻击潜艇，是一个庞然大物，长 115 米，直径 10.4 米，但空间比较拥挤。船员在三层甲板（或当舰艇向上或向下运动时，沿着船沿）上行走，攀爬甲板间的梯子。舰艇头部有导航、指挥、武器系统。中间部分是船员的宿舍和餐厅。反应堆和机舱在舰尾。各自占据大约 1/3 的空间。

除少数高级军官外，潜艇船员睡在三层铺位组成的架子上。这些铺位因其大小和形状，被人们称为"棺材"。每个铺位下面都有一排抽屉。这就是一名船员全部的私人空间。而国际空间站上只有 6 名宇航员，每人有很大的私人空间。与宇航员不同，潜艇船员可以淋浴和洗衣。而宇航员采用海绵浴，并且一件衣服反复穿，直到被处理掉。现代潜艇和国际空间站都有高效的空气处理系统。在潜水艇或空间站上最难忘的气味是——没有气味，这导致了旅程中总体的"感官失灵"。

海军知道如何"找到东西"，在空间站开始绕轨飞行并陷入"丢东西"的长期困境之前，海军早已经解决了这个问题。潜艇携带的备用件，放在许多储物柜里，所有这些都有规范化管理系统跟踪记录。潜艇有储藏食物的空间，能够保存两到三个月，通过将食品塞进每个可能存放的位置，可以延长他们的航行里程。潜艇甲板上铺满了罐头，上面覆盖橡胶垫供人们走动。随着航程推进，船员们吃掉罐头，漏出真正的甲板。

具有核反应堆的太空班船，所需要的空间应该不亚于一艘潜艇的机械舱和指挥区，但它应该不需要装备鱼雷或导弹。不过，前往泰坦星的飞船，需要更多仓储空间以在几倍长的时间里养活人们——假定在旅程终点有可用物资贮藏或可再生食物来源。飞船还需要携带更多的水。潜艇能从海水中净化船员所需的水。而国际空间站回收利用水资源。冲厕所的水又回到饮用水供应处，如此往复。

船员的技能也有所不同。里克指出，潜艇上搭载的军医，具有的医术只需要防止伤病船员病情恶化即可，因为这些船员最终会被送往医院。而航天器需要一个完整的包括内科、牙科、精神科医生的医疗团队，以及候补医生，以防医生中有人生病。

这两种运载工具，具有不同的目的。攻击型潜艇，旨在击沉船舰和其他潜艇、发射巡航导弹摧毁陆地上的敌人、运送特种兵。在一个没有冲突的世界里，不会有大型潜艇。人们不会建造用于杀戮的航天器；但在一个没有冲突的世界，可能连航天器也没有。如果我们确定殖民太空的主要动力来自对地球未来的恐惧，那我们也可以预测到，能够共同解决这些问题的人类种族，也将不再有这些恐惧。

以前，推动宇航投资的因素是恐惧和冲突。在美苏冷战的紧张年代，美国不惜巨资突破近地轨道，当时他们认为，科技领先可能有助于避免其被苏联毁灭。但在太空方面的成功也鼓舞了千百万人，重塑了他们对人类的信念，产生了一种身为人类的自豪感，产生了对我们在宇宙中地位的新认识。我们可以以此为目的（而非因恐惧与冲突）而建造一艘像宇宙班船一样大的航天器吗？

10

为什么移民太空？

Why emigrate to space?

现在 ◆

第一艘飞到外太阳系的航天器"先驱者10号"载有一块金属板，上面标明了地球的坐标、一些科学事实，以及一对裸身夫妇，其中的丈夫正挥手致意。卡尔·萨根从一位同事那里得到了制作这块金属板的灵感，于是在1972年发射该航天器之前，向喷气推进实验室（JPL）的一名官员提出了建议。他们很快就得到了一项设计，将其镌刻在购自当地商店的一块铝板上，固定在航天器中，没有告诉他们的上司。萨根后来解释了他的目的："先驱者号"离开太阳系之后，可能被外星人发现，这块金属板会告诉外星人我们在哪儿。

或者告诉外星人我们地球人曾经在哪儿。萨根说，等"先驱者号"飞出去的时候，人类在地球上生存过的每一丝痕迹，恐怕早已消失不见了。

萨根告诉BBC（英国广播公司）的记者："在黑暗的星际空间，它可能将保存数十亿年，它将是人类最古老的造物。"

这块金属板很有意义。认识到"我们的形象将永远在太空中前行"，这对许多人来说，都具有一种精神力量，坚定的无神论者萨根也不例外。但是，这块金属板为什么意义重大呢？即使有人在难以想象的时空浩渺之处发现了它（一件极不可能的事），这一发现也没有任何实际意义。实际上，这块金属板的目的，在于当下，是为了我们自己。它声明："我们在这里。我们存在着。"

它是宇宙涂鸦，一个使人类宇宙留名的永恒标签。即使不是对于我们而言，至少也是对于人类这一物种而言，这满足了我们人类对永存不朽的渴望。

殖民太空的愿望，同样源自对于永恒的渴求。至多，只有人类的很小一部分能成功离开地球，抵达任何一处殖民地。但是，那些少数人，会携带和我们所有人共有的遗传信息，相比于阳极氧化铝板上的潦草涂鸦，这是一个庞大的数据库。太空殖民，意味着我们不会灭绝。人类似乎并不在意其他物种是否会灭绝，甚至不在意与我们的 DNA（脱氧核糖核酸）99% 相同的生物的生死。但是，人类会绝种（我们这一物种被完全抹去）的想法，在精神上令大多数人特别地惊惧。

防止人类灭绝，是一种精神追求。每一位个体，肉体都终有一死。个体死后，并不会从"人类的长寿"中获益。应该说，更加重要的是保持地球健康，保护其各种各样的生态系统和物种，而不是把一切都投资于在另一颗星球上独自生活的一小群人身上。毕竟，是地球生养了我们。如果生物圈幸存下来，它就可能产生一个更优于我们的新智慧物种。

但是，这不是问题的关键。我们在乎这些，并非出于利他的原因。如果是利他的话，我们会几乎同样地关心倭黑猩猩或鲸。我们希望的是：我们自己的故事绵延不绝。在没有"来世"的情况下，萨根他们在上文的这种做法，是达到某种意义上的不朽的最好机会。

萨根独到地理解了如何在保持科学性的同时，在精神上传达太空鼓舞人心的一面。萨根少年时（20 世纪 40 年代末、50 年代初），受到飞碟热潮的影响，而被吸引研究科学，萨根在其整个职业生涯中，仍一门心思地想接触到外星智慧。但他通过 1969 年在美国科学促进会上设立了一个关于这方面的严肃科学小组，反而戳穿了许多遭遇外星人的故事；他打消了冷战时期人们对 UFO（不明飞行物）的狂热，厥功甚伟。UFO 狂热者们尤其认为萨根是叛徒，因为他们曾以为萨根是他们中的一员。

随着大众电视系列片《宇宙》（Cosmos）的播出，萨根的影响在 20 世纪 80 年代达到巅峰，这部系列片由于数亿观众和畅销书《宇宙》而成为一个国际奇迹。萨根孩子气的微笑、标志性的高领毛衣领口，以及他容易模仿的声音、他对"数十亿"星星的狂热，最重要的是，他对科学表达的深爱，成为最具代表性的文化符号。一代科学家把他们的生涯事业归功于萨根唤起的情感（而非其理念）。

但萨根谈到别人的信仰时，看上去也可以像一个傲慢的混蛋。萨根1966年出版了关于外星智慧很可能存在的一本书之后，为一部沃尔特·克朗凯特（Walter Cronkite）解说的纪录片接受了采访，这部纪录片由CBS（哥伦比亚广播公司）出品，讲述了UFO和偶遇外星人的故事。

萨根说："这不是科学，是宗教。"他耸耸鼻子，笑容里带着一点得意。

"以前人们可能会信仰一个人格化、仁慈、强大、全知的上帝，他可以治愈世人，你可以向他祷告。但我认为，现在很少有人真的信仰上帝。科学，不管有益还是无益，已经破坏了很大一部分的传统神学。但是人们一如既往地需要信仰。由于我们所处的时代，人们对信仰的需求也许更甚。这时候，飞碟神话真是一个聪明的折中方案。"

萨根当时31岁，但已经可以措辞精准、出口成章，这种本事令他能够著述他所有的著作和文章。他已步上成就辉煌的事业之路。他在芝加哥大学的博士论文中曾预测：由于金星二氧化碳大气层造成了失控的温室效应，金星会非常热。这有助于说服美国宇航局向金星发送了其第一批探测器之一，1962年"水手二号"测量了金星的灼热温度，证明了萨根的观点。

但萨根没有把第一份在哈佛的教职变成终生职业。他最早的学生之一——大卫·莫里森（David Morrison）说："我认为萨根是一名伟大的老师，我很高兴他做我的论文导师。但我真的感觉哈佛人有点古板，稍微留心注意，你就会意识到，他不像大多数年轻教授那样适合这里。"大卫说，萨根头脑比同事们的更灵活，更有进取心，更愿意尝试大胆的想法，还对生物学感兴趣。"这确实很出圈。天文学家对行星感兴趣，已经够糟了，还对生命感兴趣，这真是疯了。"

萨根对大胆的理念感兴趣，但并没有耐心将它们付诸实践。他把这一切留给了同事。莫里森现在是美国宇航局艾姆斯研究中心的一位资深科学家，他讲述了萨根和天文学家弗兰克·德雷克（Frank Drake）的故事：他们用位于波多黎各阿雷西沃的一台巨大射电望远镜瞄准遥远的星系，以听取智能信息，这是 SETI（搜索外星智能）的一个早期版本。

"他们前往阿雷西沃，架起仪器开始观察，都兴致勃勃。然而两三个小时过去了，并没有获得什么信息。第二天，仍一无所获。于是，萨根就走了。他完全不想从事这种久坐不动、试图探测到某种东西的缓慢工作。他希望有一个立即的回应，如果没有，那恕不奉陪，他就准备好了去做别的事情。"

在同事的帮助下，萨根的一些大胆猜想得到了证实，其中包括泰坦星大气中可自动形成烃的假说。萨根还预测，泰坦星会有一个液态甲烷的大洋。结果发现，泰坦星有大海和湖泊，虽然并没有一个大洋，但他的预测已经相当接近。

萨根还有一些重要想法没有得到证实，但也产生了额外效益。"海盗号"着陆器被送往火星搜寻生命，他推动了在上面安装摄像机，以便其可以拍下任何碰巧走过的大型火星人。结果一个火星人也没拍到，但"海盗号"拍的照片刊登在一家早报上，启发了阿曼达成为一名科学家，可能还影响了其他人。

萨根离开哈佛后，在康奈尔大学领导了一间大型实验室，他本人专注于宣传。约翰尼·卡森（Johnny Carson）的《还看今宵》节目多次邀请萨根，萨根也总是乐于接受卡森电视节目的邀请，甚至为此不惜取消课程和会议。到20 世纪 70 年代中期，萨根已成为全美最著名的科学家之一，他在《新闻周刊》封面上露脸，在《电视指南》上发表文章，还常和其他名人一起出现。

萨根在编剧诺拉·艾芙隆（Nora Ephron）主持的小型晚宴上遇见了作家安·德鲁扬（Ann Druyan）。那时两人皆有伴侣。萨根和他的第二任妻子琳达（Linda，设计了"先驱者号"金属板上的绘图）在一起——这对夫妇花费了多年的时间来了解彼此。安和萨根为一个儿童科学电视节目出谋划策。然后，美国宇航局决定在"旅行者号"探测器上携带一条"致宇宙"的信息时，萨根雇用安做项目的创意总监。她说，他们的关系是纯粹的工作关系，但她感受到了他科学的世界观，并和他共享一种对自然的灵性科学理解。

安·德鲁扬像萨根一样，能出口成章。

"我们这种文明的悲剧之处就在于，相见不如怀念：如果某物表现了可验证的、可重复的真实感，不知何故，它振奋人心的程度就逊于我们对宇宙的那些幻想，"她说，"你知道，在个人恋爱关系中，问题是：你爱的是真真切切存在的人，还是仅仅爱你对他们的幻想？我认为放大到哲学意义上也是如此。"

"旅行者号"探测器在鼓舞人心方面，可以说前无古人、后无来者，超过任何其他行星任务。这一航天器1977年发射，利用外行星的排列，飞过了土星、木星和它们的卫星，以及天王星、海王星。其飞行速度快于"先驱者号"探测器，因而打破了它们的距离纪录。"旅行者一号"2012年离开了太阳系，并仍然从太阳影响不及的空间（真正的星际虚空中）发回数据。

"旅行者号"上有一张金碟片，并配有播放它的设备和使用说明书，碟片包含了代表人类文化的信息包，有照片、音乐、言语等。卡特（Carter）总统在碟片中留言道：

"这是来自一个遥远的小型世界的礼物，它代表了我们的声音、我们的科学、我们的意念、我们的音乐、我们的思考和我们的情感。我们正努力延缓时光，以期能与你们的时光共融。我们希望有朝一日在解决了所面临的困难之后，能置身银河文明世界的共同体之中。这份信息能把我们的希望、我们的决心、我们的亲善传遍广袤而又令人敬畏的宇宙。"

安·德鲁扬充满责任感地投入制作这张唱片的工作，她选择了世界上最好的音乐，表达永垂不朽的意蕴。她打电话跟萨根谈论自己挑选出一曲中国古乐（《高山流水》）的兴奋，并给他留了言。

她回忆道："他回电话说：'何不留书十年前？'"

在这次通话过程中，他们决定结婚。

安·德鲁扬说："我们还没有接过吻，之前也从未有过任何私人谈话。然后我们挂了电话，我大声尖叫起来。"

这是1977年的春天，"旅行者号"应于同年夏天启程。他们决定：发射两天之后，再公布恋情。安仍然在制作唱片。她想把自己的脑电波刻入唱片，还问萨根是否认为会有外星文明能破译它们。萨根让她放手去做，说谁知道在数十亿年里，可能发生什么。于是，安躺到一张医院用床上，连接着脑电图机来记录她的想法，她冥想着她想让外星人知道的东西，以备他们能以某种方式读懂她的思维。

"我按照我们当时的理解来讲述地球历史，从地质学到生物学到技术，讲述我们物种的一些历史故事。还有一些更私人的想法，受到现实因素影响，就在几天前萨根和我在相识多年后向对方坦承了我们的感情。所以我想后叶催产素分量肯定很足，我整个人被这类物质所充斥。我希望这些真爱的兴奋和喜悦，能永远保留在那些记录中。"

"旅行者号"发射后，萨根和安从未分开。相比萨根对他的前两任妻子，萨根在安的身边似乎已经成长为一个好丈夫。他们一起写了《宇宙》，萨根成了世界著名科学家。但在 20 世纪 80 年代，美国宇航局家道中落，令萨根感到沮丧忧伤。正如安所说，萨根为核裁军工作，认为一次国际火星宇航任务可能是"协和万邦"的一种方式——一个发泄世界上过量睾酮素的备用选择。她说："即使他知道泰坦星不适合居住，他也梦想着要到那里去；但他其实是真正的先知，他明白那里有什么在等待着我们。"

但萨根开始意识到，火星探险要付出昂贵代价，耗日持久，且很难说有什么实际意义。最常见的动机解释（科学探索、技术副产品、激励学生）无法匹配其巨大成本。老布什总统的火星计划崩盘后，萨根放弃了这个念头。

1993 年在华盛顿举办的萨根论坛上，年轻的国家气象局科学家托马斯·亚当斯（Thomas Adams）说："你总是找不到一种能用成本—效益来证明其合理性的方法。它很大一部分落在人类需要接触宇宙，而这是无形的。所以，我想知道，你是否同意这一点？"萨根回应："从根本上说，这是一种宗教理由，并不是每个人都共有这一特定信仰。因此如果火星从童年就召唤你，你总是想拜访火星，你总是认为，载人航天是人类探索本性显而易见的巅峰，那我们当然会去那里。这样的话，这一切辩论看来就是愚蠢、多余的，让我们放手去做就好了。然而，并非人人都同意这种观点，而且恰恰相反，我认为大多数人并不同意这种观点。如果你的孩子正在挨饿，那花费 1000 亿、3000 亿甚至 5000 亿美元，只为把一些人送上火星，看起来就是很可笑的主意。"他指出，此事不宜操之过急。100 年后，火星也跑不了。"对于我，那个浪漫主义的我

（那个7岁时总想登上火星的孩子）而言，30年、50年或100年后登上火星，是远水不解近渴。我那时很可能已经作古。所以我有私心。但这不应该影响我的判断。因为我们在谈论的是国家政策，而就国家政策而言，在我看来，为宗教冲动而登临和探索其他行星，理由并不充分。"

的确，远水不解近渴。事实上，萨根只有三年活头了。他逝于1996年。

之后，安·德鲁扬的生活仍被萨根所包围。她因写作《宇宙》的2014年续篇而赢得了一个艾美奖，目前她正在制作一个关于他们的爱情故事的剧情片。由于"旅行者号"载着她的脑电波记录飞出了太阳系，她也会公开谈论"旅行者号"上唱片的记录内容。人们想听到她的声音，因为她现在在某种程度上是我们唯一的外星殖民者。安可能是最接近不朽的人类。

"现实情况是，这两个航天器就像我们一样真实，并正以4万英里的时速穿越这深深的夜空，"她说，"这对我来说很重要。萨根去了之后，这是一个巨大的安慰来源，让我知道：无论我个人多么痛苦，1977年春天的美丽永存不灭，或者说，这是我们最能接近的永存。这是我无限喜悦的来源。我每时每刻都在想它，没有一刻停止。"

在地球外建设一个真正的人类殖民地的强烈欲望，回应了一种类似的需求，一种精神需求。

未来

要建造一艘足以运载100名殖民者的宇宙班船飞往泰坦星，这迫使设计师必须考虑殖民者将居留之行星的禀赋。飞船携带的物品，一切都要精打细算，实现重量和体积的最小化，包括供应宇宙班船乘客的食品，他们睡觉和走动的空间，让他们能呼吸、饮水、身体机能正常运行的机器——这样才能让他们实现这一长达18个月的旅行。

泰坦集团将核潜艇作为"自持性飞船"的模型来研究，飞船要经年累月地搭载100个人。但是，宇宙班船不需像潜艇一样呈流线型，或纳入一个单体内部结构中。因为它永远不用承受重力，所以它在空间的形态并不重要。为了使建造更容易，将在太空中组装来自全球各地的零件。在旅途的终点泰坦星，宇宙班船的零件可以拆卸下来，回收利用，发挥不同的功能。

技术上具有挑战性的部件（如反应堆和 Q 驱动器的核心）最好在地球上装配完成。在单个设施中生产一系列相同的复制品，将提高质量和可靠性。每个工人生涯中暴露于太空辐射的时间，应该被限制在几年内，因此那些需要技术熟练、经验丰富的技术人员来进行装配的任务，都必须在地球上完成。

一个舱室载有反应堆和第一级氢推进器，其重型机械组件以零件形式组装起来。另一个分离的舱室载有 Q 驱动器。用于收集虚粒子的巨大精细的环状物，必须在太空中建造和组装。随着设备和必需用品进入其中，货舱同样以零件形式来到太空。乘客舱可以在轨道上组装起来。着陆舱有一个可拆卸的隔间，大小刚好可以将乘客轮渡到地面上。每个舱室在其自身的接头处，都以"T"形结构连接到飞船上，使得它们可以分别连接或拆卸。

每一个舱室中心都贯穿着一条通道，就像电梯井一样，但机组人员和乘客在低重力环境中并不需要电梯厢。Q 驱动器会产生足够的人工重力，使包括人类在内的巨大物体在与旅行相反的方向上缓慢飘动。但是船员和乘客可以通过跳跃这种"轻功"轻松地克服这种加速度，向任何方向运动。

他们的宿舍内没有能失重飞行的空间。在扣除一切其他物品所需的空间之后，飞船殖民者的生活空间，并不大于潜艇船员的生活空间。每个隔间都包含两个三层铺位，就像潜艇上的"棺材"，然后每个乘客都分到三个抽屉。

公共区有吃饭、聚会、锻炼、娱乐的空间，但船上并没有一处空间大到足够让所有人舒适地欢聚一堂。旅行期间，只有当发生太阳耀斑这样的紧急情况，才会出现全员出动的场景。那时，所有船员都将沿货舱中心通道井下行，蜷缩在一起躲避危险。同样场景还会发生在他们挤进陆舱，飞向泰坦星表面的时候。

泰坦星上，一个温暖的栖息地正等待着殖民者，这个栖息地由 29 名宇航员和被提前送到泰坦星上的机器人所建造。塑料住宅建筑和发电厂已经足够大，足以满足下一批 100 名殖民者的需求。新来的殖民者们从着陆舱下来后，会和主人一起搭乘自动车前往栖息地入住。

货舱的设计，使其能够自动着陆。货舱将构成一个补给仓库，直到其物资耗尽。宇宙班船将在围绕泰坦星的轨道上保持平衡，准备好在没有货舱或着陆舱的情况下再次飞行。反应堆能提供几十年能量而不需要中途换料，Q 驱动器不需要推进剂。当地球表面的那些人开始为下一批殖民者的另一处栖息地工作时，绕轨飞行的飞船将在自动指令控制下返回地球。

经过 18 个月飞行返回地球后，飞船会安装上一个新的货舱和着陆舱，准备好下一次航行。一艘宇宙班船可以在 4 年内进行一次往返，包括在泰坦星轨道上的时间和在地球轨道上整修的时间。随着联盟的前三艘飞船以每隔一年的频率陆续起航，该系统将能每年输送 100 人前往泰坦星。只要殖民地能够养育和容纳新来的人，这个交通系统就能一直运行，除非灾祸导致飞船退役。

官方殖民计划原本设想首先发射 10 艘飞船。现在，只使用 3 艘可部分重复利用的飞船来建立泰坦星殖民地，将花费更长时间。而购买了其他 7 艘计划内飞船的私人投资者，有了一个更大的问题。官方殖民地不欢迎他们。殖民地的设计，不是用来服务那些无计划内技能或不服从共同体指挥结构的自由职业移民。历史告诉我们，飞船需要船长，殖民地需要工人，而不是吃白食的人。

等待殖民者的，不是住处和发电厂；每一群私人殖民者，都必须让他们的船员舱着陆泰坦星，作为在地表的栖息地；此外，还要让他们的反应堆着陆泰坦星，充当能量来源。这时，他们的宇宙班船就"死"了，再无可能返回地球或重复使用。到达之后，他们的食品必须能撑到他们建立起一个粮食工厂时。减少乘客数量，增加货运能力，能延长食品供给的时日，但也会减少殖民建设者的人数。

计划自己去泰坦星的亿万富翁们，为了给自己提供更舒适的住宿环境，并带上他们的贵重物品，必须进一步减少乘客舱位。对他们来说，食品、设备、人数配置的"甜点"（sweet spot，网球球面击球的最佳平衡点）甚至要更小。

他们不得不与时间赛跑，才能在不可再生物资耗尽之前，在泰坦星上实现自给自足。

飞船里装入更多沉重物资，也意味着飞往泰坦星的旅行会变得更慢，途中会接受更多的辐射暴露。重量更大的飞船，需要更长的时间才能达到既定速度，而除非完全重新设计，否则 Q 驱动器的推力已经达到极限。

每一克载重都很重要。冷冻干燥的食品，如背包客携带的箔纸包装的食品，能节省重量。晚餐会用水复原食品。水会再三再四地被重复利用——从尿液废物中净化出来，从呼吸和汗水中冷凝出来。而在半途庆祝活动中，乘客可以期待一顿真正的大餐。但在终点接风洗尘的大餐就不要指望了。泰坦星上没有龙虾。

除非他们能在泰坦星上生产自己的食品，否则等他们吃完最后一包压缩食品，就完蛋了。

现在 ◆

人类在航天领域的发现之一是：我们不能离开我们的文化，即使我们的健康需要我们离开这种文化，我们也做不到。我们需要吃我们吃惯了的食品，我们需要与他人共进晚餐，我们不能永远靠加工的糊状食品过活。军方有着同样的发现，在找到一种能提供熟食的方法之前，他们限制军队只能吃 20 天野战口粮，即预制食品。

宇航局先进食品技术首席科学家格蕾丝·道格拉斯(Grace Douglas)说："你可能听人说过：'他们饿急了，就会吃。'好吧，在一定程度上的确如此。所谓饥不择食，但他们咽下的饭量不足以维持他们的体重，不足以让他们表现出最好的状态。结果，随着时间推移，就会影响他们的表现、认知或健康。"

向宇航员提供食品的科学家，需要优化几个矛盾的需求。除了提供船员想吃的饭外，格蕾丝和她的团队也尝试着减轻他们食品的重量，延长保质期，简化其装船准备，当然，还要满足所有营养需求。从"阿波罗号"飞行任务开始，宇航员食品就符合这一切要求，但宇航员常因为工作耽误了吃饭，或不喜欢这种食品（种类或吃法）而体重减轻。

宇航员在国际空间站上吃得更好。当前的食品系统能提供像样的食品，且选择范围广泛。空间站上的美方乘员，可以从食品储备室中挑选他们的餐点，其中包括8类共200种食品——早餐、蔬菜、汤、肉类等，还可以基于个人偏好，选用9种餐盒。（俄方有自己的食品。）该系统确保每个乘员能在均衡饮食的同时，从广泛的选择范围中挑选自己偏好的食品。

宇航员的确喝菓珍（或一些其他品牌的富含维生素C的橙汁冲剂），但他们的很多餐饮，都无异于地球上成年人的日常餐饮。为国际空间站宇航员供应的虾，色香味都像虾一样。宇航局用热加工（如将食品装进密封罐里保存）保存虾和其他食品，但保存容器是一个柔韧的袋子，而非坚硬的罐头盒。吃饭时，宇航员将独立包装的食品袋插入像手提箱一样的传导加热器（基本上是一个烤箱），然后取出，撕开食品袋，用餐叉而食。加工会控制食品的黏度，使液体不会在失重的环境中飞来飞去。对于冷冻干燥的食品袋，要用另一台不同的机器为其注入适量、适温的水。

国际空间站有一张桌子，供宇航员聚餐，格蕾丝·道格拉斯说，这在心理和社交方面"非常重要"，间接有助于健康和饮食。宇航员们是飘着的，所以不需要椅子。桌子上贴有用来固定食品的魔术贴。到目前为止，这个系统十分见效。由于宇航员每日平均摄入3000卡路里[1]，制度规定他们日常要运动2小时，所以居留空间站的许多宇航员，体重或肌肉重量并没有降低。

但是格蕾丝说：走得更远、更久（如每个人讨论的那样，去火星）仍然是目前研究所面临的尚未解决的一种挑战。国际空间站中食用的食品，保质期不会太长。它们通常在生产出来一到三年之内，就会被吃掉。但是，兵马未动粮草先行，为了征服火星，需要在这颗行星上预先布设食品，其保质期

---

[1] 简称卡，1卡≈4.2焦。

需要达到 5 年。美国宇航局目前生产的"拿手菜"中，很少有食品能经过那么长的时间，仍保持可口或保有全部营养价值的。保质期研究发现：一些肉类可以保质 5 年，但是许多保存在热稳定包装中的食品超过 5 年就会无法食用。

格蕾丝说："一些营养物质的降解速度和在地面上一样快，甚至更快。在长期历史中，一直难以解决维生素 C 的问题。你知道海员会得维生素 C 缺乏病，会死人。关于营养，你需要记住的就是：缺乏一种营养物质，就可能带来致命后果。"

科幻小说中，人们以药片或某种工程产品为食，即使人们愿意吃这种东西，这种想法本身也有严重缺陷。格蕾丝说，新鲜的天然食品包含数千种生物活性化合物，它们与肠道菌群（每个人独特的细菌生态系统）相互作用，科学家至今仍未完全了解这些生物活性化合物的益处。他们不知道如何制作一颗"含有新鲜食品中一切重要化合物的药片"，也不知道这些化合物在储藏多年的食品中的稳定性如何。我们肠胃的"科技含量"，目前远远超过宇航局的科学前沿。我们甚至连所有重要的化合物是哪些都不清楚。

要到达火星或泰坦星，需要食品变得更紧实、更轻，可能需要宇航员吃更多高度加工食品，少吃像国际空间站的虾一样的食品。如果使用国际空间站的食品系统，那么由 6 名宇航员执行 1095 天的一次火星任务，将需要超过 41 立方米空间，来存储超过 12 吨的食品——重于 6 辆福特 F-150 型皮卡，这"粮草"太多，完全装不进一个 20 英尺的货物集装箱。对于猎户座太空舱，美国宇航局已经要求格蕾丝的先进食品研发小组减轻食品重量，使任务可以在没有二次补给的情况下进行。

在火星上种植食物能解决这些问题，但"在一次探索性任务中生产大部分食物"的想法，根本不切实际。美国宇航局还计划着建造一个种有生菜的小菜园，这样宇航员可以每周吃一次沙拉，这主要是为了改善他们的心理健康，而不是为了增加卡路里。但用生物再生（美国宇航局所称的种植）的方式为宇航员提供大量食品，太过困难、危险，而且耗时。

"生物圈二号"的例子，说明了在一个封闭系统中种植充足食物的困难性。

在地球光照强度两倍于火星等理想条件下，"生物圈"里的人都几乎不能靠种植的食物存活下来。况且，"生物圈"还连接入了亚利桑那州的电网，如果有问题的话，里面的人能轻易逃离。在太空中，一种作物的歉收，可能就意味着饥荒。格蕾丝说，在太空中稼穑更加艰难，因为系统的每一部分，都必须处于完美的平衡和自给自足的状态，没有出错的余地。除了用于种植植物的大片封闭区域和为植物根部提供的介质（如土壤），温室还需要大量的机械基础设施储存和转移气体、水、废物材料，并开展几乎所有物质的循环利用。我们在我们目前的宇宙飞船——地球上，进行着这一切活动；而在地球大气、土壤和水循环中有巨大缓冲带，可以暂时中和我们"不可持续系统"的不平衡。农业和食品加工使用了大量不可代替的化石燃料，这只是不可持续因素之一。大气和大洋吸收了这些燃料燃烧产生的二氧化碳。在我们支付这笔"欠账"之前，它们巨大的缓冲能力已经给了我们 100 年时间。

在太空中种植粮食的另一个问题是劳动力。技术和巨大的规模经济，使不到 2% 的美国劳动者，不仅生产了所有美国居民所需的食物，而且为一些其他国家提供食物。2004 年，亚利桑那州立大学的一项研究表明：北美生产和运送粮食的效率非常高，以至于我们可以浪费掉 40%～50% 的粮食收获，而我们也的确浪费了这么多。厨房是食品浪费的高发地。食物太便宜，以至于家庭掌厨人并不在乎是否浪费。然而在发展中国家，大多数人自给自足，生产食物的工作需要花费很长时间，食物是宝贵的。人类劳动者约 1/3（超过 10 亿人）是农民。而在非洲南部和南亚地区，一半以上的工作机会都出自农业。

在火星任务 6 人组中，没有规模经济可言。宇航员会像地球上自给自足的农民一样。格蕾丝的团队计算出，除了种植粮食的工作外，宇航员每天将需要 6.5～7.5 小时，来制备新鲜食品。新鲜长出的食材需要完整的加工系统——如把谷物磨成面粉，把大豆制成豆腐——还要烹饪、上菜……"擦桌洗碗"（饭后清理）。国际空间站上的宇航员不用为营养出什么力气，但也已将大部分时间花费在健康、保养和家务方面，每周平均只有 13 小时用于科研和其他无关生存的任务。如果火星任务有目的，而非仅仅是为了宣告我们做到了，宇航员就不能把所有时间花在种植和加工食品上。

对于到火星去的科学任务而言，食品不是项目的障碍（正如我们所知，除非我们能找出更快到达火星的方法，否则项目的障碍将是宇航员的健康）。食品的技术挑战是相对独立且可以解决的；总有一天，格蕾丝·道格拉斯（或像她一样的科学家）会找到一种方法能够生产美味、营养、重量小、能保质 5 年的加工食品。同样的系统将可以让殖民者大规模前往泰坦星。

但是永久殖民者一旦到达泰坦星，就将需要持续、可靠地生产自己的食品。他们会更直接地面对我们在地球上面临的基本问题：如何生产足以养育所有人的食物。人类目前对地球上所有潜在植被的使用率，即净初级生产力（NPP）为 25%，在南亚等人口稠密地区，这一比例还高得多。没有技术飞跃的话，我们已接近极限。

在世界上自给农业仍然是主要就业形式的地区，有数亿人在忍饥挨饿。世界粮食计划署估计，地球上 1/9 的人没有健康生活所需的足够食品，但这并不是因为世界缺粮，而是因为经济、政治和厄运，使赤贫者难以获得所需食品。事实上，养活所有人所需财力之微小，到了荒唐的程度。世界粮食计划署估计，要养活世界上所有饥饿的学龄儿童，每年膳食费用只需 32 亿美元。按照美国标准来说，这一点也不多。每年单为运行国际空间站，国会就会拨出这么多经费。

50 年前，人们对未来粮食形势的预计更糟。20 世纪 60 年代末期，科学家和《人口炸弹》这类书籍的作者如保罗·埃利希（Paul Ehrlich），预测发展中国家将在 20 世纪 70 年代爆发毁灭性大饥荒。他们预测的人口增长成真了（从 1968 年的 35 亿人到 2011 年的 70 亿人），但饥荒并没有发生。人们用合成肥料、农药、灌溉并高产作物的种子，生产了更多粮食。

绿色革命为发展中国家带来了集约型农业，拉动了粮食的巨大增产，使像印度一样贫穷、人口密集的国家能够自给自足。作为一个物种，我们的净初级生产力在 100 年里翻了一番，尽管我们的人口翻了两番，但经济产量增加了 17 倍，所以我们仍有充足的粮食。科技令人惊讶。但对生物多样性和可持续性消耗巨大。没有化石燃料、农田水利和对野生生态系统的破坏，该系统就无法存续下去。其基础是消耗有限的资源，就像一艘要耗尽干冻食品的太空船。

我们生活在地球上的一个封闭系统中，由于地球及其资源不能增大，我们靠提高粮食生产效率来维持生存。泰坦星的情况类似地球，但更不稳定。作物种植面积将仅限于塑料大棚中可封闭、加热的面积。净初级生产力将受限于发电量。我们可以想象在泰坦星上建造一座比"生物圈二号"大数百倍的温室，让100名自给型农民像我们在地球上一样进行农业生产，但这是一种怪异的老式太空殖民模式，失败率极高，生长可能性很低。

不管是在地球上，还是在泰坦星上，我们都需要在食品生产方面进行一场新的革命。我们需要找到一种不会增加有限资源消耗的方法。

根据联合国数据，地球每12年增加10亿人，这种增长预计将持续到2100年，届时地球总人口将达到112亿（几乎所有的增长人口都来自非洲，其他大陆人口稳定不变或下降）。在绿色革命期间，农业生产增加了一倍以上，但是农业生产在不到50年的时间里，可能需要再次翻倍，才能满足人口增长和财富增加的需求。然而绿色革命的效率提高已经趋于平稳，潜力不大——不是因为农民使用的肥料不足。从生态视角看，世界农业在整体上优化了作物所需的投入，而单通过额外添加营养、灌溉、使用良种，或者消灭更多杂草、昆虫等竞争生物，已经不能带来大幅度改善。

想重新界定地球或泰坦星上食品生产的限度，我们可能需要种植一种全新的有机体。

未来

支持殖民地项目的政府联盟决定放弃将第一艘宇宙飞船命名为"五月花号"之后，从未就一个新名字达成一致。新闻媒体播报员需要一些文字来称呼它。他们称其为"以前被称为五月花的太空船"。这个名称开始沿用下来，但它太长了，所以人们把它缩短为SLFKAM，发音为"Self-Cam（私船）"。

公众没有特别在意，因为殖民地项目已不再是热点。

亿万富翁们购买了大多数太空船，沉重地打击了人们对太空殖民地的兴奋和希望。美国人在历史上，常常忍受着极端的收入不平等，是因为许多中产阶级有发家致富的希望。但随着富人似乎逃离了他们助推的环境灾难，退缩到私人防护所中，或准备乘坐太空船离开，这些感觉开始改变了，人们无法再忍。20 世纪伊始，进步时代的历史风靡一时。在那个时代，中产阶级奋起反抗镀金时代的大亨巨头，限制他们对工人和自然资源的剥削，并以赋税形式拿走了他们的不义之财。随着 SLFKAM 启程日期的接近，地球上的情况也不容乐观，人们的心情再次因为仇视富人而阴沉下来。

除了精选出的极少数人，其他所有人都会被遗留在地球上。当亿万斯民死于高温、饥荒、战争、风暴或其他末日征兆之际，把千儿八百人送往外太阳系的真正意义是什么呢？上一代人显然认为"送出去"是一种解决方案。但是现在，这个想法简直匪夷所思。

第五艘宇宙飞船确实有一个名字——埃克森美孚泰坦号（the ExxonMobil Titan）。商业报刊称，收购宇宙飞船，是这个已成功适应气候变化的公司的另一个明智之举。每个人都知道这个在商务教材中反复出现的故事，埃克森美孚公司如何数十年资助气候变化否定者，而内部却用全球变暖的预测，计划了其在变暖之北极的商业投机。通过混淆视听，它既贩卖改变气候的产品，从中获利，又从这些产品造成的变化中获利，真是左右逢源！

公司高管跟进这一成功战略，在落基山为自己建立了一处安全住所。友好的国会议员通过了一项法律，允许埃克森美孚公司雇用一支装配有重武器的私人军队，来守卫其山地堡垒。在高层会议室里，埃克森美孚管理层计划将其泰坦星殖民地，当作下一阶段企业发展的"燃油生意"。抢占泰坦星上的财富，意味着控制大量烃，这将增加埃克森美孚财务报表上的已探明储量。当然，燃料不能带回地球。但这是一项会计事务：账本上会出现新资源，管它在哪里呢。

在讨论之后，有一份关于未来业务威胁的报告。分析师放映幻灯片，表明如果世界经济崩溃，将会怎样影响埃克森美孚的股票。高管们开始集思广益，寻找解决方案。购买黄金，带入堡垒吗？不，天下将亡之际，黄金有何用哉？囤积水和商品吗？不，体积太过庞大，无法存储足够大的量，来体现公司的巨大财富。建造更多的宇宙飞船，并将资产运送到太空？

会场一片寂静，高管们面面相觑。没有人真的想搬到黑暗、寒冷的泰坦星。在那里，没法儿打高尔夫啊。他们掐指一算，肯定不让带高尔夫球上去。

随着 SLFKAM 发射时间临近，评论员们尖锐地讽刺了其"无故意"的名称。殖民地项目越来越与人类的失败联系在一起，SLFKAM 象征着为一个崩溃的文明自拍的相机。它代表了巨富权贵——自私阶层——是酿成大祸的罪魁祸首。

泰坦集团高管们，看到了公众支持度的下降，他们为筹建前十艘宇宙班船而投资的金钱交易自我祝贺，这些钱足以使太空码头正常运转多年。然而，他们也与许多其他人"心有戚戚焉"，因为他们也被困在了地球上。如果生活不断恶化，移民和冲突持续增加，系统真的崩溃了，他们的这些钱，要去哪儿花呢？

总统花了一段时间来了解公众情绪。他从未经历过气候危机之外的生活。他像千百万人一样长大，不可避免地视星际殖民地项目为"希望的灯塔"。然而，随着 SLFKAM 启程日期临近，他的手下建议他不要发表演讲来欢送殖民者。调查表明：大多数人愤怒不平——不满（羡慕、嫉妒、恨）殖民者以及他们有机会把世界难题抛在身后。"有星外关系"会是一种负资产。听到手下的这一建议后，总统感到十分空虚，陷入困扰。

那天晚上，总统孤身一人，望着白宫窗外那轻轻拍打的黑暗海水——白宫那时已搬迁到哥伦比亚特区好莱坞地区的高地上。总统想到当时的天下大势。而中国主席在他所居住的北京城外的群山中，也有着类似的思绪。中东和北非的哈里发在其大马士革的宫殿里，同样考虑着让地球流血、让人民陷入水深火热的冲突和环境灾难。

安静的讨论开始了。首先，领袖们决定：将 SLFKAM 离开的时间，变成具有象征意义的一刻。他们将聚在一起，送别飞船。但是，他们会面话别的地点，将不是在宇宙班船离开的码头，而是在另一个具有象征意义的地方。

事件产生了他们想要的影响。全世界为之震惊——人们看到世界上位高权重、原先敌对的领袖们，一起站在纽约港一艘船的甲板上，站在挺立于水底深处的自由女神像的前方。观众们是头一遭在户外看到这些大人物。

地球上，文化融通的缓慢进程早已开始。社团组织、艺术家、作家、科学家、社会活动家建立了跨境网络。北方人的"地下铁路"节点，帮助移民搬到世界上更凉爽的地方。陌生人的在线财政捐助，帮助非洲企业家建立了太阳能电场，能将海水调往沙漠。他们建造的水池迅速长出了藻类作物，提供生物燃料和动物饲料。在曾经的饥馑之地，人们开始在装有太阳能空调的谷仓和加工厂中工作，生产供销售的食品和能量。

新的藻类品种带来了一场新的农业革命，该藻类用途多样，且生长之迅速令人难以置信。这种绿色藻类在把强烈的阳光转化为能量和食品的同时，还能从空气中吸收二氧化碳。为了避免致命的高温，农民只在晚上出来照管这些水域。但他们工作十分努力，非洲藻类农场已经成为经济变革的中心。

政治领袖们抓住了这一时机，开展历史性行动。他们在一系列会议上，同意削减军费、投资开展项目，保护世界赤贫人口免受气候变化的最糟糕的影响。虽然不确定领袖们是否会一直坚持下去，但他们至少签署了协议，同意停用不可再生燃料。没人相信战争会停止——没人记得战争曾停止过——但新的情绪使冲突似乎变得不太重要。青年欢聚在世界各国的首都，庆祝发生的变化。在社交媒体上招降纳叛、发动战争的组织，发现他们不再有年轻的兵源。战争已不再是一件很酷的事。

以更高速度离开地球的 SLFKAM 上的殖民者，面对这些发展，感到心情复杂。他们没有像前往泰坦星的先行者一样，受到人们对英雄的欢送。殖民者们现在以一种奇异超然的态度，看待地球上充满希望的变化，就像退役的冷战老兵看着柏林墙轰然倒塌。当然，殖民者们是快乐的，但突然感觉自己"相形见绌"——成了本以为"自己是主角的故事线"中的次要情节。

随着飞船离地球越来越远，互联网视频不再能满足人们的观看需要。信息传输中的时滞，意味着视频加载缓慢，并且经常瘫痪（因特网需要快速双向通信以检查错误）。SLFKAM 上的乘客下载视频并在飞船上互相交换，以减少等待的时间。

晚餐时间，三名太空殖民者一起用平板电脑观看了一个视频。视频展示了科罗拉多州博尔德街道上的一次人民大游行，随着流离失所的居民从海岸迁移到高地，博尔德市已经成为全美最大的城市之一。抗议者要求更快地改革：和平与裁军，对移民更多援助，提高对富人和公司的税率以此迫使他们走出自己的坞堡，分享资源。

"为时已晚。"一位机器人技术员在桌边感叹。如果这些变化发生在 30 年前，地球还有救。

"也许犹未晚矣。"一位核能工程师说。只要社会团结一致，使用技术来解决问题，人们就能够找到走出困境的方法。可能在数十年或数百年间，生活会艰难。但如果人类不自我毁灭，他们就能生存下去。

"无论如何，这不是我们要去泰坦星的原因，"一位工作组组长说，"我们去泰坦星，是因为我们需要探索。无论在地球上发生什么，我们都要了解接下来会发生什么，这是为了全人类。现在，这里才是我们的世界。地球上发生了什么，已经不再重要。"

随着航程继续推进，新闻枯竭了。下载速度变得如此之慢，几乎没有人再为此烦心。乘客们观看他们带来的大量电影，而不是那批仍在循环播放的过时新闻视频。他们不再思考飞船外发生的事情。飞船上有 100 个人，可以组成一个完整的社区，可以八卦大量的离合、龃龉，而且他们的头脑已被技术任务、在小居住区内也要保持忙碌警醒等事所占领。来自泰坦星的新闻，开始比来自地球的信息更受关注。

地球在后视镜中消失了。地球上的绝大多数人，也不再关心这些远行的星际殖民者。

现在 ◆

对气候变化之最坏情况的研究，花了相当长时间（100 多年）才步入正轨。

斯万特·阿伦尼乌斯（Svante Arrhenius）首先根据 18 世纪 90 年代排放二氧化碳造成的温室效应，预测了全球变暖。20 世纪，一台老式计算机上运行的气候模型和 19 世纪 70 年代更复杂的三维模型，给出了准确证明气候变暖的预测。埃克森的科学家在 1977 年向管理层报告了这个问题。公众 20 世纪 80 年代中期意识到了这个问题，1997 年签署了减少二氧化碳排放的第一个国际协议《京都议定书》（没有发挥作用）。

直到 2010 年，才有两位科学家搭档推测了最坏的情况。事实上，对哺乳动物（包括人类在内）可以忍受多少热量的确切数据进行建模，要比你想象的简单得多。史蒂文·舍伍德（Steven Sherwood）和马修·胡伯（Matthew Huber）发现，如果我们用光所有我们可以燃烧的化石燃料，将使地球上目前的主要居住区热得令哺乳动物难以生存。而燃烧一半的化石燃料，可能就足以产生这种效果。

但是在那之前，就将降临世界末日的景象。在研究哺乳动物（包括人类）的结果发表之时，大卫·巴蒂斯蒂（David Battisti）及其同事发表了关于作物的研究结果。他们用最接近现实的、而非极端的模型来做预测，模型结果表明：到 2100 年，热带地区几乎肯定会一直热于现在最热的年份。而现在这些高温年份，我们已经看到了惨重的作物损失和热浪导致的死亡。

普渡大学的马修·胡伯最近在斯德哥尔摩的一个会议上思虑了这个问题，他展示的研究结果表明：地球上一半地区将变得不适合居住。

"我发表了自己的标准言论——所有人和哺乳动物将如何死去，"马修说，"紧接着我发言的是华盛顿大学的大卫·巴蒂斯蒂，他说：'不要担心 2300 年哺乳动物会死于热应力，它们在那之前早就死透了，因为以植物为基础的农业会更早完蛋。所以不管怎样，地球上的动物都会饿死。'我认为他言之有理。"

"我总称其为：末日四骑士。将发生的事情，并不会导致全人类灭亡。将要发生的是饥荒、疾病、战争、各种各样的冲突、文明社会的崩溃等等。坏人做坏事伤害好人，直到最后没有好人。我想这可以说是'最最疯狂'（Mad Max）。"

他把"最最疯狂"的概率设为10%。要使大气中的二氧化碳达到这一最糟糕的水平，意味着继续照旧排放50年。鉴于我们知道这个问题之后，仍然保持了三四十年的"照常营业"，其后果如何，并非不可想象。

"的确要几十年时间，才会发生这种极坏极坏的情况，"马修说，"如果我们改弦更张，我确信我们会避开它。"

但我们会改弦更张吗？你猜的答案，不亚于任何科学家！气候变化不确定性的主要来源，仍是人类的决定，而非气候本身的物理反应。多年来，物理预测的可信度已超过了我们做其他选择（如制定经济政策或裁决法院案件）时需要的确定性。然而，预测减少碳排放的"人为因素"取决于政治和社会心理，这不断地使最好的专家都感到惊讶。

我们已经经历了很多不可逆的变化，但没有采取任何有效行动。就对人类有意义的时间前景而言，我们排出的二氧化碳将永久保留在大气中。大气中二氧化碳的浓度从工业时代之前的百万分之二百八十，升高到现在的百万分之四百，并且以每年百万分之二的速率稳定增长。我们看到了许多破坏性影响：冰川和永冻层消融，海冰消失，旱情加重，热浪、火灾和更凶猛的风暴，海平面加速上升，生长季和栖息地范围改变，等等。而影响，滞后于排放，所以更严重的变化，已然不可避免。

但有一个方面让人看到希望：每个主要碳排放国家都在2015年12月的巴黎峰会上做出了减排的承诺，这种情况是第一次发生。虽然还不够，但这是整个世界第一次向同一个方向共同努力。

碳减排依赖国家之间的和平。气候变化可能会是战争的巨大推力。物理科学发现了很多反馈圈，通过这些机制，变暖会引发更严重的变暖，而社会科学领域关于碳与冲突的关联的解释，可能最为重要。

太空殖民也与气候问题有多重联系。显而易见的是，地球可居住性下降，会促进人们"离家出走"的欲望。而且，碳和太空殖民还通过技术联系在一起，使太空殖民地成为可能的技术进步，也会有助于保护气候。

泰坦星上的殖民者，将需要更高效的光合作用。在阳光不足的情况下，他们摄入的热量，将来自在电灯下生长的生物。我们已经知道，即使有阳光，也很难在独立的栖息地生产足够的食品。人造光使粮食生产难上加难。鉴于光合作用将光能转化为可用食品的效率，室内殖民地将对封闭区域面积和功率提出极高要求。地球上的人类，也同样需要更高效的光合作用。

　　绿色革命的极限近在咫尺。没有生产的新飞跃，地球可能不足以支撑我们所有人按自己习惯的方式生存。我们还需要一种新型燃料。交通运输中（特别是航空中）所用的石油燃料必须被高能量密度的碳中性液体燃料所取代——太阳能飞机有实现的可能，但仅适用于边缘应用。照射地球的阳光中大量的能量，足以驱动我们所有的汽车和飞机，并为我们提供食品，但是我们必须找到一种更有效的方式来收集这种能量，并将其转化为液体或固体形式。

　　在收集太阳能方面，太阳能电池板的效率已经超过植物。光子撞击硅板产生电子，从而产生电流。你现在可以为自己的屋顶购置太阳能电池板，它的转化率惊人，在 13%～20% 之间，也就是能将击中面板的 13%～20% 的太阳能转换成电。它们的效率已经完全可以同电网竞争，但它们不产生燃料。（最接近的是劳伦斯伯克利国家实验室的有趣工作：用太阳能发电电解产生氢气供给细菌，细菌会将其与二氧化碳结合，产生甲烷。）

　　叶子和藻类中的燃料制造过程复杂得多，并且因物种和栖息地而异。光合作用在进化中出现，它是一款好到极致的程序。没有人能找到一种更好的方法，利用阳光和大气中的二氧化碳，制造出固体燃料。圣路易斯（St. Louis）华盛顿大学的生物学和化学教授罗伯特·布兰肯西普（Robert Blankenship）从其 20 世纪 70 年代的研究生时代以来，一直试图找出光合作用的化学原理，但植物仍未泄露其所有的秘密。

　　光子将碳和氢原子键结合，形成糖分子，糖分子是生物圈最基本的结构，并且可以作为化石燃料，储存能量数百万年。打破这些化学键（如当有机物被燃烧、被动物消化或腐烂时）会释放其储存的能量。虽然通常只捕获了不到 1% 的照射所有植物的太阳能，但该系统几乎养活了地球上的全部生命。因为地球很大、太阳很亮，到目前为止，这 1% 已经足够。植物绿化了地球，同时浪费了超过 99% 接收到的阳光。

罗伯特和同一领域的其他人，已经研究确定了植物中发生的"光合作用化学反应"中的一系列能量损失。强光可以破坏植物的化学变化，所以叶子在中午强烈的阳光下会失去过剩的能量。光合作用依赖于一种名为 rubisco（二磷酸核酮糖氧合酶）的酶来结合碳原子，但是 rubisco 也对氧起化学反应，浪费了植物接收的大部分光能。植物中的其他问题还包括：它们在其细胞间转移二氧化碳的方式，利用不同波长光的方式，以及其他只有化学家理解的事项。

进化不会产生完美生物，而是产生好多能够繁殖的物种。光合作用并不完美，因为除了有效能量的捕获和存储之外，还有其他因素决定着植物繁殖的成功。例如，在弱光下进行光合作用，但在中午能量流失的植物，却可以在茂密森林或草地中取得一种竞争优势。rubisco 酶可能会在地球上缺乏氧气的时代进化出来，并且不会增加光合作用系统的成本。多数情况下，植物达到极限，是由于能效之外的障碍，如缺乏水和营养物质，遭遇如暴风、洪水、高温等破坏性的物理条件，或与其他生物体的竞争。

但品种选育、生物技术和绿色革命，突破了那些"其他限制性障碍"。农作物通常能获得丰富的营养和水分。育种和基因设计能生产抗涝、抗旱的人工变种。农民会除掉与之竞争的杂草和害虫。没有更好的光合作用，将无法改良作物。但如果它们能够突破这最后的障碍，就可能带动粮食生产的巨大增长。罗伯特说："这并非遥不可及。"

他说："你能轻易将现今光合作用的效率增加一倍或两倍。也许这甚至是保守的估计，如果你能将光合作用效率提高一倍或两倍，并将其转化为作物，这将无比重要。这起码是第二次绿色革命，甚至还要伟大。"

通过摆弄生物化学，可以将光合作用效率提高到 12%，这是罗伯特和同事计算的理论极限，他们已经把那些无法改进的问题考虑进来（例如，很多光不可避免地在植物上发生反射）。对于太空殖民而言，这种技术可能意味着：植物或藻类仅需比原先少 90% 的面积和光照，这是实践中潜在的决定性差异。

但是，传统育种无法实现这种高效植物的种植。科学家必须在实验室中编辑基因，以产生他们想要的化学反应。这项工作正在进行。例如，一些热带植物对 rubisco 酶问题有巧妙的应对方案，这种应对方案可以转移到农作物中。罗伯特说，这项研究极具挑战性、不确定性，需要更好地理解化学和生物学，但他也认为成功并不遥远。

一个研究小组正在尝试一种更激进的方法。数年来，生物技术企业家克莱格·文特尔（Craig Venter）一直在尝试从零开始构建一种新的生物体——能利用优化的光合作用生产生物燃料。2010 年，他宣布成功创造了一个带有设计的基因组并且可自我复制的生物。他的团队在 DNA 的氨基酸字母表中写出了生物体的基因组，并将其插入到一个活细胞中。为了证明这一点，研究人员将他们的名字嵌入该生物体的基因中，该生物体每次生殖时都会复制他们的名字。

从零开始构建一种新的生物体，只是文特尔计划的一步。他的更大目标是设计出可以创造价值的生物，建构能自我复制的活细胞中的化学成分。2009 年，埃克森公司表示将投资文特尔的合成基因组公司，寻找能以"有竞争力之价格"生产石油的天然藻类。在花费 1 亿美元并且工作了 4 年之后，文特尔总结说："只有重新设计一种新藻类，才能完成这项工作。"

在写这篇文章时，合成基因组公司已经安静了几年，没有宣布成功的产品。但联合创始人胡安·恩里克斯（Juan Enriquez）告诉我们，公司已经开始生产定制材料的人造细胞，很快就会有进一步突破。近几年，被称为 CRISPR（基因编辑技术）的新技术席卷了这一领域，这种基因编辑方法更加容易、快捷。我们可以合理预测：高效光合作用不再遥不可及，它可能会出现在传统作物中，也可能会出现在藻类中。

如果这些进步实现了，它们将可能养活整个世界，也可能仍然不能担此重任。即使在某些转基因生物对穷人有显著好处的情况下，仍然有十分强烈的声音反对转基因，阻碍了新型植物株系的研究；一种富含维生素 A、可以减少儿童失明危险的转基因大米，却卡在了实验室里。然而，即使反对转基因的一些主张是有问题的，调整地球以达到粮食生产最大限度所产生的不安，仍然反映出一种合理的"利弊权衡"。例如，转基因的种子，使美国农民能从他们田地中铲除马利筋，增加作物产量，但这会加速帝王蝶的消失，因为它们在马利筋上产卵，并在幼虫阶段以马利筋为食。一个被改造成完美的"人类造食机"的世界，在其他方面可能糟透了。

地球的粮食问题，可以有多种解决方案。如果我们减少食品浪费和肉类消耗，我们可以养活更多的人。我们可以吃藻类——它们将阳光转化为"可食用"热量的效率，高于陆地植物。我们可以吃昆虫——它们能比家畜更有效率地生产动物蛋白。

但是，正如宇航局食品研究人员所发现的，决定我们愿意吃什么的因素是文化。我们在童年就习得了自己的食物偏好，然后宁愿挨饿，也不吃自己讨厌的食物。此外，地球人口越来越多，正在食用更多肉类，浪费更多粮食，而不是更节约。技术遵循文化而行，寻找方法，给予我们认为自己想要的东西。在一个更美好的世界里，文化可能会改变，更多人会想分享财富，而非积累财富——除非这种情况发生，否则技术很可能还会遵循"要更多，再要更多"的老路。

无论在地球上发生什么，泰坦星殖民地将需要生物技术和非传统食品。数据可以说明这一点。美国的粮食体系养活一个人需要约 1 英亩 [1] 土地（这是对于饮食类型和这块土地所处位置具有极高一致性的粗略估计）。就规模而言，1 英亩土地小于一块足球场。在另一颗行星上，这不是一块容易封闭起来的区域。而殖民地需要养活成千上万的人。位于华盛顿州埃弗里特（Everett）的波音飞机制造厂长期被列为"地球上最大建筑"，也仅占地98 英亩。

我们已经设想泰坦星拥有几乎无限的能量，但以传统方式布设种植充足粮食所需的电灯，其数量会十分巨大。人体每日饮食摄入 2700 卡路里，每小时燃烧功率约为 130 瓦。在现有光合作用和照明系统效率条件下，输送给人体的每一瓦，都需要 1 千瓦的电力。即使电力不要钱，产生这么多光照所需的设备规模也将十分庞大。

---

[1] 1 英亩合 4046.86 平方米。

　　到了我们抵达泰坦星的时代，我们应该已经能够提高植物光合作用和照明的效率。我们可能会找到一种方法，能将藻类和昆虫加工成可口的美餐。藻类和昆虫可以在狭小封闭系统中生长，从而最大限度地利用空间。我们可以偶尔吃合成肉，也许会浇上真正的沙拉一起吃。我们可能在封闭的 1 英亩空间内，养活数百人。

　　但是，为了实现这一点，泰坦星的文化，将必须采取不同于地球文化的发展路径。它将需要不同口味的人群。

11

To settle the frontier

现在 ◆

1985 年，安克雷奇。两名男子出现在阿拉斯加大学某历史教授的办公室中，询问他建立太空殖民地的问题。当时的场景，一点也不像在讨论太空这样高大上的话题。这是一间普通的校园建筑风格的办公室，窗外是一片布满桦树和云杉的树林。胡须修剪整洁的史蒂夫·海寇斯（Steve Haycox）被图书环绕，看起来很像一名历史教授。虽然海寇斯对太空了解得并不多，但他十分了解殖民地——他研究过作为俄国和美国殖民地的阿拉斯加。

海寇斯回忆道："（他们）来找我，可能是因为在阿拉斯加，有人知道它的历史，他们问我：'那么，这和月球殖民有什么类比之处吗？'""我卷入了月球殖民的问题中。"

阿拉斯加并不像月球，但早期的殖民地就建立了一个长期供给线，通向一个交通设施简陋、急需技术的恶劣生存环境。在 1741 年，在维他斯·白令（Vitus Bering）能够建造航船航行去探索阿拉斯加之前，因为西伯利亚东部没有精铁，他不得不利用雪橇来拖运船用材料横穿亚洲。在俄罗斯统治时代，锡特卡成为北美洲西海岸最大的城市。美国买下阿拉斯加后，淘金队于 1898 年建造了精妙的机器，从而将他们的勘探工具从沿海翻越山脉延伸至内陆。你仍然可以透过穿梭切克特路（Chilkoot Pass）数英里的巨型高架有轨电车，看到巨大的发动机桥塔的遗址。他们对发财致富的追求，基本上徒劳无功，但他们确实充实了阿拉斯加的人口。

柯克船长说：太空是终极边疆。阿拉斯加的开发许可证上说：阿拉斯加是最后的边疆。1985 年，这一类比引发了联邦政府委员会的热烈讨论，他们派出研究人员拜访史蒂夫·海寇斯。当时是对航空航天充满信心的时代。航天飞机仍然鼓舞人心。美国宇航局的空间站预计在 8 年内完成（即后来的国际空间站，实际上又花了 25 年才完成）。当时还没有发生"挑战者号"航天飞机空难。在建立一支强大军队的过程中，罗纳德·里根（Ronald Reagan）总统做出荒谬的承诺：发射可抵御苏联导弹的太空盾牌（"星球大战"计划）。

"阿波罗"时代的美国宇航局前局长托马斯·奥腾·潘恩（Thomas Otten Paine）领导由总统任命的委员会去探索前往太空的路径，设定宏伟的科学目标，并要求投资创建一项航天产业，用于发展地球之外的殖民地。委员会成员包括登月第一人尼尔·阿姆斯特朗（Neil Armstrong）、美国第一位在太空行走的女人凯瑟琳·苏利文（Kathryn Sullivan）、超声速飞行的第一人查克·耶格尔（Chuck Yeager），还有许多科学明星。海寇斯来到华盛顿的一家酒店，与其他专家一起，准备在委员面前做证。

今天，最终报告读起来令人悲伤。它于第二年即 1986 年出版，献给因航天飞机爆炸而丧生的 7 名宇航员，内容引用了里根总统在宇航员追悼仪式上的讲话："未来不属于胆怯的人，而是属于勇者。'挑战者号'的人员引领我们前往未来，我们会继续跟随他们的脚步。"然而，事实并非如此。在报告发布 30 年后，我们尚未达到足以实施委员会大胆建议的技术要求：航天飞机，廉价的可再用的火箭，可生产水、空气和食物的完善的太空生态系统，可电力推进的火箭，太空的核反应堆，空间束缚和人造重力，等等。

当将领太远离其麾下军队，孤骑深入的时候，大胆并不是一种美德。海寇斯向委员会做证时，似乎已意识到了这一点。他告诉他们，这种可以在月球上预见的、设备齐全、充满 NASA 宇航员的殖民地，几乎无法借鉴美国西部大开发的经验。它看起来更像一个南极的前哨站。

"我要站在那些华盛顿特区里真正知道他们正在做什么的人面前，在 15

分钟内告诉他们：这里没有一个可行的类比。"海寇斯说。他记得凯瑟琳点头认同了他的观点。

最终报告提到了委员会的更长远的想法。它呼吁私营企业，加入政府开发小行星和建设"通往太空的高速公路"的行动中。但是委员会把那些渺茫的希望依托于一个全新的基础工业，依托于一种除了政府合同和卫星发射之外，能够在太空赚钱的方法。这种事情是前所未有的。

但是海寇斯也告诉委员会，"扩展地盘"这种社会大故事确实符合美国西部的模式。但并非我们从浪漫小说或电视节目中了解到的模式。那种自力更生、随心所欲的西部地区模式是虚幻的。当今历史学家所知的西部开发模式，就像开发太空一样，是一个政府项目。

在整个西部，政府支持大投资者可以赢利的项目。国会为美国西部铁路提供了大量免费土地。在阿拉斯加，政府发挥了更大的作用。它为经济发展买单。时至今日，联邦支出款项仍然直接或间接地为阿拉斯加提供 1/3 的工作机会。

"很多人出去尝试，但发现：倘若没有联邦政府支持，他们无法做成一些重要事情。"海寇斯说，"政府建造的基础设施使西部成为能够长期居住之地，而不仅是让人们住在某处的小木屋……如果没有联邦政府支持，这些事情就不可能发生。在阿拉斯加一直如此。"

在定居的第一阶段，联邦政府的支持就是"规则手册"。没有政府系统，很难在殖民地做成任何事情。1867 年美国从俄罗斯购买了阿拉斯加，美国人纷纷涌入唯一重要的城镇——锡特卡，因为那里有新的机会。但是国会却没有为居民社区的建立提供法律基础。当镇上的人试图收税开办一所学校，纳税人却没有理由付款。此外，居民找不到赚钱的方式。几年内，小镇就衰败了，大多数新来者离开了阿拉斯加。

"人们去美国西部，不是为了去受穷。"海寇斯说，"他们为改善境遇而去那里。你猜怎么着，一半的人因不能改善生计而回家了。"

孤独的淘金者，小心翼翼地穿过阿拉斯加荒野，寻找黄金。就像希望快速致富的新兴企业一样，他们都在寻找一样东西，能迅速出售给能对其进行开发的大公司。他们主要的行政需求就是需要一个体系，来登记荒野地区的采矿点。

（已经住在那里的阿拉斯加原住民对所有权有着完全不同的概念。）

联邦矿业法使探矿者能够建立自己的权威。采矿者会在新地区组建一个委员会，对采矿权主张进行投票表决，并选举一名职员进行记录。委员会还处理刑事审判。如果一个人被指控犯罪，委员会将听取证据并投票进行裁决和惩罚——在没有监狱或狱卒的情况下，唯一的判决可能就是放逐或死刑。

如果有人发现了大量黄金，那么在相关部门登记了所有权声明就可以出售。其他人会涌入那个地方，以寻找更多黄金或在新采矿点工作。很快就会形成一个小镇，并配有副镇长、一座监狱、一间酒馆、一座教堂；然后，往往数周内就会出现衣帽店、牙医、报纸和一切主街上的东西。一旦黄金挖完了，所有人都会离开。

淘金热的追随者，难免会或多或少地互相欺骗，但枪战等个人暴力事件要少于我们听说的数量。白人和印第安人或工人和老板之间，经常爆发有组织的团体暴力，政府往往站在其中一边。在阿拉斯加，团体间的冲突总是发生在铁路线上。为了争夺瓦尔迪兹附近的拱形峡谷，曾发生致命的枪战。

公司使之成为可能。阿拉斯加基础设施建设的巨额成本，使其堪比开拓太空。只有为了丰富、密集的资源，才值得穿过冰川和广袤的荒地，铺设铁路和管道。主要资源项目完成之后（其实只有少数完成了），项目资金才会来源于政府或可流通金融市场的大投资者。

J. P. 摩根和古根海姆家族是当时世界上的巨富，他们购买了阿拉斯加丰富的肯尼科特铜矿，同时支付了城镇职工的酬劳并为铺设 200 英里的山上铁路提供了资金。他们对阿拉斯加的垄断成为 1912 年总统大选中的一个热门政治问题。当伍德罗·威尔逊（Woodrow Wilson）赢得选举时，他在第一次国情咨文中呼吁在阿拉斯加建设一条国有铁路。国会支付了 7200 万美元，这是惊人的成本，当时联邦支出总额仅 7.35 亿美元（依照预算的百分比，铁路支出相当于美国宇航局目前支出的 20 倍）。

两条铁路的命运，也表明了私人和公共实体是如何追求太空发展的。

肯尼科特的铜矿石十分丰富，据说，第一次的火车装载量就足以支撑整个项目。但当矿石的价值下降，投资者便迅速关闭矿山。居民心怀疑问，跳上末班车离开，桌上餐盘被遗弃在荒野鬼城中数十年。工人们把铁轨当废品卖掉。

这不是一个可持续的殖民模式。

由联邦政府建设的阿拉斯加铁路，在没有考虑是否需要的情况下，即告开通。铁路拥护者表示，这将刺激发展。他们想象铁路沿线有大批的新农场和煤矿，绝不会开展没有经济基础的项目。铁路确实催生了安克雷奇，但仅仅是因为联邦政府筚路蓝缕、白手起家，并通过铁路建立了经济基础。在最初的 20 年里，每年由国会拨款来填补建设铁路的巨额亏损。在经济大萧条期间，"新政"的负责人集结来自美国各地的破产农民，让他们在安克雷奇北部铁路线的一处新农业殖民地内耕种。尽管这个项目进展并不是很好，但帕默商会仍然在每年 6 月庆祝殖民日（Colony Days）。

怀旧是模式的一部分。海寇斯表示：如同新的团体需要寻找自己的定位，第一代殖民者的庆祝很快就来了。继酒吧和教堂后，律师和花商来到新殖民地，然后历史学家也来了。

"我喜欢开玩笑，但成立的第三个或第四个机构，可能就是当地的历史学会。"海寇斯说，"历史学会提供的资料是可靠的。它赋予文化背景真实性。来自这些地方的人，他们跟我们一样，我们也跟他们一样。他们是英雄。"

即使殖民地有其本身历史之后，它长时间内仍然保留其母国文化。居民担心他们的社区是否能达到标准。对当地的身份感到自信这一过程，需要数代人的时间。直到 19 世纪晚期，美国艺术和文学才摆脱欧洲模式。海寇斯说，直到 20 世纪 60 年代，西雅图才放弃了其地方保护主义。

"这需要很长一段时间。"他说，"在阿拉斯加还没有发生。短时间内也不太可能发生。"

政府经常犯错误和浪费资源。毕竟，决策人花的不是自己的钱。但这也是政府承担超出个人利益之项目的原因。阿拉斯加铁路是一次金融灾难。但它也对第二次世界大战的获胜和安克雷奇的诞生有所助益。没必要争论这些结果的好坏，因为这取决于你的个人观点。然而，再清楚不过的是：政府制定规则并支付账单最利于殖民事业。

未来

最早的 29 个殖民者，在他们独自待在泰坦星的岁月中，成了一家人。在经历第一任指挥官的自杀、供应船的损失、早期物资短缺、创造自己粮食系统的艰难和不确定之后，他们成功了。6 名船员到来的时候，都在指挥体系中各居其位，但正式的等级体系并不严谨，因为殖民者尊重同事的特殊技能和优势。他们彼此依靠。生命支持和食品供给团队掌握每个人的生死，建造和维护房屋的组员、支持机器人和让工作能够转起来的 3D 打印机人员和机械组人员也一样。

殖民者可以在泰坦星上利用他们周围的原材料来制造塑料。利用 3D 打印机，他们制造了可以把塑料塑造或挤压成任何形状、用于任何用途的设备。机器人把刚性塑料制成建筑物的平台，把大量塑料薄膜制成平台上方的圆形罩。建筑物内部温暖、富氧的空气产生的浮力，足以支撑柔性建筑物的直立。塑料屋顶和墙壁因温暖的内部大气的升压而膨胀。用塑料的同心层把空气封闭在内，从而隔绝了泰坦星的严寒。

大型建筑物拔地而起，为殖民者想做的一切提供了充足空间，包括大型私人住宅，一个带有跑步和其他运动功能的全尺寸跑道的野外房屋，以及一个有草地、花卉、动物的公园。但因为他们没有带来草、花、动物，所以这些空间都虚位以待，等着航天班船中的殖民者来填充。

殖民者渴望接触除了塑料之外的任何东西——木材、石头、毛皮或血肉。塑料的光泽和塑料的分量麻木了他们的感官。他们追求活着的或未经加工的东西，如新鲜的水培蔬菜，用以补充他们以合成藻类和昆虫为主的口粮。他们彼此求取这类物品。

即使有大量的室内空间，他们也聚在一起，把大部分时间花在一个小而老旧的公共休息室里，这是机器人为第一批殖民者到来而准备的原始居室。他们把它称为老房子。他们的许多日常仪式都在这里举行，例如每周聚集起来一起吃饭、玩游戏、听音乐会。而老房子本是举办第一次婚礼和迎婴派对的地方。

搭乘 SLFKAM 到达的下 100 名殖民者，把在泰坦星上遇到的 29 位创始人视为偶像。SLFKAM 的指挥官本应掌管殖民地，但她意识到，泰坦星上的先驱们知道太多，因此不会让他们做决定。例如，先驱们已经解决了如何获取凝结在建筑物的塑料圆顶中水珠的问题。当人类所排出的蒸汽遇到冷塑料时，就会变成水或冰。100 名新来的殖民者来到为他们备好的宿舍里不久，建筑物内就开始下雨了，但先驱们知道如何调整他们设计的系统，以收集和回收水。

接下来的 100 名殖民者到达时，第一批的 129 名殖民者之间的管理体系已经正式化。先驱们为保持其特殊地位，就项目如何进行做出决定，其作用如同区划委员会和城市设计委员会。他们解决了有关新发展的争议。但是很快下 100 名殖民者又给他们带来了其他纠纷，所以先驱们为解决纠纷而成为法官。

这些飞船的官方指挥官也具有重要作用，因为他们控制着来自地球的物资，包括武器。他们担任军事和后勤指挥部的角色。

但是，殖民者都期望能就影响他们生活的事情为自己发言。人群不大，但足以举行市政会议，并形成了各委员会，以更有效地做出决定。常设委员会开始作为一种执行委员会运作，其主席是市政会议的领导人。

这种三权分立的政府运作良好。当执委会记下系统的工作情况，以便向新来人群解释，这些笔记就成了一份基础文件，就像泰坦星的《大宪章》。

原来的殖民者和前三艘飞船带来的 300 人都各自按计划建立了他们的社区。政府殖民地计划已经完成，为来自其他船只和私人太空殖民者们做好了准备，他们将乘四到十号的飞船到来。

泰坦星殖民地是一个小镇。充气塑料走廊将大型公共建筑和一排排独立住房连接起来。机器人经常往返于矿区，在那里，机器负责除冰和从表面吸收烃，以提供殖民地需要的暖气和氧气。殖民政府指定了属于公共财产的领域和资源，包括保障所有人生存的基础设施，并将其他领域划分为私人财产，个人可以进行申请和开拓其私人领域。然后，除此之外，泰坦星的其余部分是无主的和不受控制的——它似乎广阔无边，所以没有必要考虑它。

殖民地有一个新兴的经济。每个人都在为殖民地工作，做着各行各业每一种受过训练的工作，获取食物、住房和能量的报酬。但在业余时间，有些人开始做其他工作。园丁在她的房子上建了一个额外的房间，种植、贩卖蔬菜。厨师每天晚上提供晚饭，起初是和朋友共享，然后是定量配给，最后是贸易交换。

一位化学家用发酵的海藻制造酒精，用各种化合物调味做成伏特加、威士忌、葡萄酒出售。小塑料瓶变成了一种货币形式，因为它们小巧且耐用，还与大多数商品不同，不能从殖民地本身免费获得。新的酒吧和夜总会允许自带酒水，但瓶子可以作为小费给音乐家和服务员。

该镇居民大多过集体生活，只有足够自由的企业才允许个人发展。但私人财产将要产生了。

下一艘太空飞船的主人——第一个从泰坦公司购买了私人班机的大亨——通过观察人们如何做事和谋划他们的利益，在地球上发了大财。他计划登陆泰坦星，他研究了殖民者最想念地球的什么，然后据此打包提供这些东西。他的飞船在他们指定为殖民地财产的地区外围着陆，他为自己主张了一处广阔的地产。

殖民军队的指挥官准备捍卫他们的资源。他们期望新来的人们在消耗完供给后，出来寻找食物。但私人飞船上的船员几乎不进入殖民地。相反，殖民者开始走出来。

大亨出售的商品是真家伙：白兰地、香水、棉花、旧书、小猫，不是由塑料制成的东西，这些让殖民者想起了地球家园。殖民者要用钱去买这些东西。大亨也提供了钱，但是他们必须卖给大亨一些东西才能得到钱，例如建设电厂或庇护所的专业知识，或有价值的货物，如从殖民地获得的材料。殖民者带着食物、藻类反应器、塑料挤压机部件，以及其他设备来到大亨那里。

殖民者不为他们带来的货物付款。除了用小塑料瓶进行贸易，殖民地还没有付款系统。由于个人对生命支持设备不具有所有权，也不限制使用此种设备，因此殖民者可以尽情地使用。但当大亨们开始从殖民地成员那里购买殖民地的货物和资源时，殖民地开始"大出血"。为了搞好团结，不致散伙，殖民地必须对所有东西明码标价。

不是每个人都参加了殖民者讨论如何应对新经济的市政厅会议。有些人已经放弃了他们的家园，搬到了房地产大亨的新城镇里，购买了大片土地，计划自己经营企业或参加有薪水的工作。他们认为：走这条路，会好于在殖民地工作以得到与他人一样的口粮。

在会上，有人说殖民地应该坚持这个（效果很好的）公共制度。这是一个乌托邦式的分享制度，每个人的财产都均等，从来没有人挨饿。解决问题的方式可以很简单——取消与新移民的联系。但大多数人想要更多。他们看到一些人迅速发家致富，也想得到一个经商发财的机会。投票后，殖民地的共享公共资源成为殖民地成员的财产，为殖民地工作的人将获得报酬，且每个人都必须购买食物和能源。

殖民地突然出现了许多企业。经济飞速发展，薪酬待遇不错。殖民地自己的企业不能雇用足够的工人。大型温室、发电厂、矿场被私有化经营。在急剧变化中，花费地球高达数十亿美元成本的公共设施被以低价出售。人们通过关系与执行委员会成员或知情人士私下签订合同。由于货币价值波动巨大，业主为了快速赚取利润，翻售巨大的资产——机器人船队、水矿、仓库。除了建造他们的新城外，大亨和那些与他一起来的人还利用他们的巨额财富买下了一大片原来的殖民地。

很快，泰坦星殖民地作为资本主义社会顺利运转。政府向官员征收小额税收以维持社会安定，但大多数服务由企业提供。大亨住在一座巨大的塑料大厦里，享受仆人相伴的豪华生活。最初的殖民者回忆起他们早期创业的艰辛，但同样能够出去享受美食和观看演出的生活。老房子如今成了一座博物馆。这时存在的社会结构，可以让新移民加入，就像地球上的一个国家。

物资仍然来自地球，航天飞船能够往返，带来更多定居者和共有的补给。

"埃克森美孚泰坦号"是下一艘离开地球前往殖民地的私人飞船。船长在公司的豪华告别聚会上喝酒喝得太多，驾驶飞船撞上了一块十分危险的太空岩石。从飞船破裂的反应堆和货物舱中溢出了一片垃圾场，散落一路，损坏了其他公司和政府实体所拥有的许多卫星和空间站。但是船员们在着陆舱中安全地逃回了地球。经过几十年的诉讼，埃克森美孚公司被判不用赔偿损失。

接下来的私人殖民者，执行了一系列战略。一些人在现有的殖民地旁边登陆，类似于第一位大亨，开拓殖民地边缘并入股其经济；但想取得巨大成功，则为时已晚。另一些人则联起手来，开始在原殖民地之外的地方建造新的定居点，他们在新定居点处可以攫取更多的土地，并试图赚取更多的创始人在新社区财富中的红利。泰坦星上不久就有了几个小国。

运载冷冻胚胎的女性宇航班机反对其公司的控制，向地球发出了一份宣言，拒绝接受妇女生育陌生人婴儿这项命令。相反，这艘船的成员组成了一个妇女集体，制定了《宪法》，在泰坦星建立了一处自己的殖民地，这是一个永久的母系体系，称为亚马逊。SLFKAM 离开地球 10 年后，泰坦星上的克拉肯海旁边已经建立起一个经济体，在其他地方也建立了小型殖民居住点。原殖民地成员们撰写了回忆录。在庆祝他们的到来的年度节日里，他们举办机器人竞赛和翼装飞行比赛。

现在 ◆

夏威夷玄武岩采石场灰尘的化学成分，很像月球上灰尘的化学成分。月球尘埃十分细小，被称为风化层，且在微观尺度上，灰尘表面参差不齐，而且锋利。如果火箭要着陆或飞离月球，它喷出的气体可以吹出一个环形山，吹出的沙子可以掩埋附近的任何设备。但是，加热玄武岩粉尘，它们也会黏在一起。夏威夷的工程师们已经知道如何在陶瓷窑中将其制成砖块。在大岛（即夏威夷岛）采石场内的一部分区域上，他们操作机器人，使其用类似铺建露台的砖块，建造一个火箭的起落发射架。

"夏威夷在很多方面，有着与这些行星非常相似的问题。"与岩石粉尘打交道的克里斯琴·安德森（Christian Anderson）说，"夏威夷这里的货运成本很高。我们做很多事情必须自给自足。"而且，夏威夷并没有矿产资源，其地表附近没有矿石。夏威夷基本上只有玄武岩，月球的大部分也是如此。

安德森担任运营经理的项目，是夏威夷州政府投资计划的一部分。（该项目被称为 PISCES。）其他州政府对太空探索没有做出有效投资。新墨西哥花费 2.19 亿美元建造了一个带有现代化码头的航天发射场，被闲置在沙漠中。阿拉斯加在科迪亚克岛的荒野有自己昂贵而无用的航天发射设施。但夏威夷的 PISCES 项目旨在解决夏威夷的实际问题。该岛每年进口 30 万吨硅酸盐水泥。用玄武岩取而代之，将节省资金和资源。

NASA 在夏威夷的火山地带尝试了非常适于火星的"好奇号"漫游车。为了月球停机坪项目，PISCES 团队"雕琢"了希洛附近采石场的一角，以匹配由"阿波罗"任务记录的月球表面形态，再现每个环形山和隆起物。项目经理罗德里格·罗莫（Rodrigo Romo）将使用机器人填平该区域，并用由玄武岩碎块制成的仿真月球砖铺设其中心，模拟人类在月球居住的任务。PISCES 小组并不需要庞大预算。该团队改造了从加拿大借来的 Argo（阿尔戈）全地形车，而不是新建一个机器人。二级竞赛的优胜者命名机器人为 Helelani，意思是"天上行"。Argo 对岩石粉尘进行分级，整平和压实，以准备场地建设停机坪。机器人不是自动的，但在铺路阶段，团队计划添加一个三秒的延迟，用于接受来自希洛和肯尼迪航天中心在佛罗里达州的定时指令。当我们说话的时候，机器人工程师们正在增装一个可以铺设路面的机械臂。生产铺路砖对实习劳工来说仍然是手工工作。

把设备用于新用途的努力，出现了意想不到的问题。例如，在自动化制砖的过程中需要找到一种在失重环境中移动月球灰尘的方法。但是灰尘太轻并且边缘十分锋利，容易堵塞管道和损坏机器。即使受地球引力作用，它也能黏在一个倒置的容器上。

安德森还在研究给材料充气以制造更轻的砖的方法，测量其强度，甚至研究非金属材质的钢筋。他用玄武岩粉进行 3D 印刷。然而，现在的挑战是：如何简单地制造不会断裂的模具。

外太阳系同夏威夷一样缺乏金属元素。小行星带以远，没有发现比氧气更重的元素。在一团尘埃和气体形成行星之前，较重的元素在更高的温度下（太阳附近）凝聚。泰坦星殖民者们被迫利用轻元素来生产他们能建造的任何东西，包括塑料和我们使用的大多数其他合成材料，或者，殖民者们可以回到地球或地球邻近小行星获取金属。土星系中飘浮着硅酸盐粉尘，因此他们可以获得钛白粉，并用其制造计算机硅芯片。

科学家们几十年前就已经认识到，利用太空资源，可能是我们离开地球的关键。这一领域被称为 ISRU（在地资源利用）。美国宇航局在该领域的领导人杰里·桑德斯（Jerry Sanders）说，这对火星任务至关重要。算法很简单。大约 30 千克常规化学推进剂方可使太空飞船离开火星。但携带 1 千克东西到火星就相当于发射约 8 倍重量的东西到近地轨道。如果可以在火星上制造火箭燃料，就省了从地球发射几百吨的重量进入太空。

火星探测器和轨道飞行器，正在帮助确保火箭推进剂的化学资源。杰里说，收集原料也会减轻重量。找到的氢、氧、碳将为制造塑料提供原料，宇航员可以使用 3D 打印机将塑料制成任何东西。垃圾的回收利用也同样重要，比如可以研磨和加工包装制造推进剂。杰里说，即使宇航员的人体排泄物也可能成为火箭燃料。他说"人体排泄物是氢、氧、甲烷的绝妙的碳源"。

月球上的"加油站"，将使我们更容易接近火星和太阳系的其他部分，因为月亮的弱重力将发射所需能量削减至地球上所需要的 1/6。机器人系统可以采集水和其他材料，但可能需要宇航员来这里出差，进行设置和维护。但杰里说，在月球或小行星上建立一个"加油站"，对于一次性火星任务来说太贵了。

在太空中创建资源站的想法，使 ISRU 专家和行星科学研究所（阿曼达的工作单位）的负责人马克·赛克斯（Mark Sykes）感到沮丧。马克认为，在地球以外建设基础设施是到达火星甚至更远星球的唯一途径。他说，美国宇航局永远不会因为一个一次性且单独的火星任务而获得万亿美元。但它首先可以在地球以外的加油站工作，随着时间推移，它可以负担起到达火星和其他目的地的任务，并建立一个支持太空旅行的系统，而不是花费巨大努力，把一些人带上另一颗行星，然后又带回来（这种一锤子买卖）。

但是，马克说，宇航局没有在"在地资源利用"上做功课。他主张国际空间站在失重的情况下，试验加工小行星资源和替代材料，看看它是否真的有用。他说："假设结论是肯定的，切实可行，经济实惠，就会开辟探索太阳系的道路。"

将发射成本降低几个数量级，这似乎比"在地资源利用"动员发生得更快，这可能使得在太空中开采燃料变得不那么重要，至少对于火星任务是如此。但是不能从地球带来辐射屏蔽。目前没有一种技术可以发射足够的原材料。克里斯琴·安德森说，27米厚的玄武岩才能有效屏蔽月球上的辐射。只有在月球上使用原有的原材料才有可能实现屏蔽辐射的效果。例如，精巧的月球土木工程可以在月球熔岩管中设计一个基地。

对于更长的旅程来说，粮食生产是一个关键需求。正如我们看到的，大量船员进行长途航行需要难以想象的食物量。但在另一颗星球上生产足够的食物是一个充满问题的提议。提高光合作用的效率，可能是成功的关键技术。

即使没有人工合成的基因来提高光合作用的效率，藻类在将光能转化为蛋白质、碳水化合物和脂肪方面也远远优于陆地植物。天然藻类菌株转换太阳能的效率超过5%，是农作物的5倍，并且在一天中可以多次成倍增长。通过基因改造，这种效率可能还会提高。

使用透明管和人造光板的藻类反应器，可在紧凑的三维空间中极其高效地运作。作物成熟只需几天。技术人员可以通过控制作物接收的氮量，来调节藻类的营养产量。正确的配方能产生大量的脂肪，用于制造柴油和喷气燃料，或制造对其他产品有价值的糖或蛋白质。

这一切似乎很有希望成功。但在近几年，人们的兴奋情绪已经冷却下来。美国国家可再生能源实验室的生物工程师尼克·内格尔（Nick Negal）表示，仍然存在许多技术性的挑战。2010年"奥巴马经济刺激计划"资助的一个4900万美元的项目，推动了这方面的科学进步，但也将问题记录在案。

任何用鱼缸养过鱼的人都知道，藻类生长迅速，但不容易进行持续、节约的生产。其数量的快速倍增只发生在最初几天——在藻类厚厚的绿叶遮住阳光之前。最经济实惠的生长方式是让藻类生长在开放的池塘里，但池塘内不必要的菌株和小捕食者会破坏其光合作用。而从水中滤出藻类，让水可重复利用的可持续方式，会显著提高成本。

没有人能够以接近石油的价格生产藻类生物燃料。但是，一种藻类作物所捕获的碳和氢，可用于许多不同产品，包括酒精、ω-3脂肪酸、塑料，还有虾和鱼的饲料。此外，养殖技术的改善已经使藻类生物燃料的价格急剧下降，并且仍有改进余地。和任何作物一样，选择合适的海藻种类会产生巨大差异；同时，给予海藻适量的光和热、营养物质调节、害虫控制以及水的干净度（水可以是淡水、咸水或半咸水，这取决于藻类），也会产生巨大的差异。

内格尔说："我们花了一万年时间，才将农业变为现在的状态，而我们种植藻类用于食物和燃料，最多50或75年后就能实现。""所以再过50年，你能期望什么？我想这正是你们要攻克的难题。这是我们现在的状态，要实现用人工光合作用或某种杂交藻类食物来进行殖民，我们需要解决什么问题？"

殖民者会吃藻类吗？

"这么说吧。我不会吃。我吃过，不好吃。"生物化学家罗伯特·布兰肯希普（Robert Blankenship）说。

由"奥巴马经济刺激计划"资助的藻类项目，利用燃料生产之后的残余，喂食各种动物。鱼和虾很适应这种饮食。牛、羊、鸡可以容忍少量海藻混入它们的食物。但猪宁愿挨饿，也不吃只含5%藻类的混合食物。

当然，食品技术人员最终可以找到办法，将藻类的化学成分加工成其他产品，使其变得可口。或者殖民者可以用它来喂鱼和虾。我们也可以吃昆虫，特别是被制成蛋白质粉末的昆虫，因此昆虫有可能被提升到可食用藻类的地位。中国团队设计了一个广泛以蚕为食的月球食品系统，因为蚕能够迅速成长，并且这是亚洲美食的一部分（然而，蚕更喜食桑叶，所以这个问题还没有完全解决）。

动物不吃藻类，但藻类可以用于人造肉的生长培养基。马斯特里赫特大学的生理学家马克·波斯特（Mark Post）正在从事这方面的研究。他在2013

年制造了一个"试管汉堡包"，国际反响强烈。食品评论家接受 BBC 采访时说，该产品"接近肉""吃起来像汉堡包"。这些评论恐怕不能让食客慕名而来，但对于从得自一对未受到过程伤害的牛的少数干细胞中培养出的组织，这已经很好了。

马克在研究为心脏搭桥手术增加血管后，对这个想法产生了兴趣。培养人造肉使用的技术与体外生长人体器官的技术相同。主要的创新是可以使它们生长的实验室技术，引导干细胞成为肌肉，并使它们适应环境，抵抗压力。细胞养殖在被称为培养基的营养物中。

为了生产商业产品，马克团队正在研究开发脂肪细胞和一种使肉类含有营养的方法。第一个由纯肌肉做成的人工汉堡，没有什么味道，并且必须用甜菜汁染成红色。由于肌肉细胞从培养基中获得养分，肉只能生长 1 毫米或大约 10～20 个细胞层，这使得潜在产品限制为汉堡包和香肠。添加循环系统将改善肉的味道和厚度。其中，血管会向不接触培养基的细胞输送能量。

马克希望使用 3D 打印机建立一个能够与生物材料协同工作的循环系统。在血管的支架支撑下，肉可以生长填充血管之间的空间。其他实验室正在追求同样的目标。马克认为，他的实验室可以在 5 年内生产出昂贵的优质产品，7年内在大众市场上进行竞争。

这项工作激励了马克，因为它有可能减少肉类生产对环境的影响。资助马克的谷歌公司创始人谢尔盖·布林（Sergey Brin）参与了减少农场动物痛苦的项目。这是一个有趣的伦理话题，因为很难找出马克的所作所为有什么错误（除非你真的相信所有人类都可以成为素食主义者）。然而，食用实验室培养的肉让许多人感到毛骨悚然或恶心。作为本书的作者，我们也心有戚戚焉。阿曼达已经是一位素食主义者。查尔斯很高兴自己年事已高，等未来"食用合成肉"变得司空见惯的时候，他应该没有精神劲儿来大力反对了。

这种厌恶是一种无意识、非理性的感觉，与有益环境和动物福利没有关系。而好处可能是巨大的。我们目前用来种植动物饲料的土地，是种植人们直接食用的粮食作物的面积的 6 倍。但是对于那些本能上有恶心反应的人来说，不吃肉可能比吃合成替代品更容易。马克·波斯特说，调查表明，一半肉食者会考虑食用合成肉，他认为这种态势挺有希望的。

年轻人可能更容易接受合成肉。"芳林新叶催陈叶，流水前波让后波"，人类不断被那些更容易适应变化的新人所代替。年轻人对过去漫不经心，而老人逐渐凋零。

对肉的文化感情曾在几代人之前有所改变。阿拉斯加的原住民以狩猎为生，并且相信（有些人现在仍然相信）被屠宰的动物是他们的亲戚，把身体作为礼物喂养其族人。杀死动物后，猎人会进行灵魂祭礼，以协助其灵魂返回重生之所。泡沫塑料和塑料包装中的肉可能会使这类文化的成员感到震惊，就像合成肉困扰着我们一样。同样，在食杂店买肉的美国人，可能会因为看到猎人屠宰或商业屠宰场而感到困扰。

我们的子孙后代可能更喜欢合成肉。他们可能会发现：吃活动物的肉既野蛮又恶心。泰坦星上殖民者的孩子们，可能更喜欢塑料，而不是木材。他们可能觉得花花草草气味刺鼻，令人不快，就像肥料的气味如今困扰许多城市里的儿童，而他们的祖父母则认为这是成长的气味、田园生活的气味。

一方水土养一方人，我们周围供养我们的环境，最终造就我们的文化。70 亿人可以依靠我们所拥有的这些财富生活在地球上，是因为技术的发展，提供给我们一个合成物日益增多的世界。现在我们对这个大多是人造物的环境感到熟悉而且自然。太空殖民地只是该环境更进一步的发展而已。用另一颗星球的资源创造的一个完全合成的世界，最终会让我们感觉像家一样，它的产品和空间也会与我们如今的一样真实和自然。

未来

光阴轮转，许多世代过去，泰坦星发展出了自己的自信文化，精美的餐厅提供各种各样的海藻作为美味佳肴，城市已经搬到了空中。泰坦星最大的环境问题是热量。数以千计的塑料建筑带来的热量软化了冰面，工程师们必须把锚打得越来越深，以抵抗建筑物内部温暖的空气所产生的浮力。在几栋房屋和商业建筑脱位升入大气层之后，越来越多的人认为：一开始就把房子建在空中可能会更加安全。高尚社区（他们是这样称呼的）飘浮在地面上，房屋和商业建筑群被膨胀的走廊连接起来。缓慢转动的巨大螺旋桨将社区定格在某一位置。

随着泰坦星人口和财富增长，城市开始扩张。地球幸存了下来，但外太阳系的经济机遇引来了一大批移民。很多人开始用机器人向下挖掘，但又希望能迁移到天空中，因为在那里，好学校的孩子们可以在飘浮在塑料泡沫内的巨型草坪上打棒球。中产阶级和富人把他们的房子尽可能设计成21世纪美国东北部的隔板屋的样子，那些房子他们只在图片中看过。院子被塑料覆盖的飘浮着的穹顶包裹起来，房子周围还有秋千，所有东西都是由塑料制成。

但空中城市散发的热量，不断引起环境问题。空中城市渐渐变大，使泰坦星寒冷的氮气层温度升高，产生强大的垂直气流。旋涡对流单元产生了上升气流和向下气流，严重程度足以在浮动建筑内部产生令人反胃的脉冲。一些科学家预测，泰坦星上的人类建筑产生的人工热量将引起危险的风暴，然而争议停滞不前，因为富人为了丰厚的利益，抵制（如更好的隔热措施等）昂贵的解决方案。保守媒体把杞人忧天、担心对流风暴的环保主义者描述成"想要夺走个人自由的自由主义者"。

泰坦星培育的是自由意志文化，而地球上的生活更循规蹈矩。地球上，国际协定和环境控制使人类悬崖勒马，但也带来了一种无形中限制经济自由的生活方式。地球上人口超过100亿，不是每个人都可以随心所欲地做事情，或随意地使用资源。技术养活了世界人民，但有一个更重要的变化——文化的变化——阻止了新效率被浪费于冲突和挥霍。地球向和平、平等、可持续性方向蹒跚前进。

很少有泰坦星居民亲身体验过地球生活。即使第一代移民也很快适应了泰坦星的生活，忘记了旧世界。泰坦星上，人类由于生活在弱重力环境中，肌肉、骨骼、循环系统功能遭到大幅削弱，以至于无法重回地球。回地球，意味着要接受巨大的体能训练挑战，就好比在备战一场马拉松和健美赛的极限运动组合。少数想看看旧世界的人，每天锻炼数小时或在离心机内待几个月，以达到旅行的身体素质要求，但大多数人都太忙了或不太在意。此外，地球听起来像一个糟糕的度假地。泰坦星居民无法忍受地球上的沉重生活。

泰坦星人对地球上的生活也有一种负面、呆板的印象，认为那里是一个被规则和从众心理扼杀了人性的地方。吃非工程食物的想法令他们反感。泰坦星人崇尚努力、独立、个人成功这种自我形象的文化。在他们的故事中，视创始人为偶像，将其他第一代殖民者视为摆脱地球束缚、探寻未来的先驱。

鉴于先驱者们在没有政府帮助的情况下，建立了一个新世界（至少传说是这样的），为了与所谓的先驱者们的传统保持一致，泰坦星人用最低限度监管来保持经济的活力。基本上是想多自由，就有多自由。一名殖民者总是可以买到一套机器人，在泰坦星的其他地方建立一个新社区。

泰坦星先驱者中，最具独立性的是探索太阳系金属小行星的矿物探矿者。由于外太阳系缺乏重元素，制造计算机和照明系统所需的铁和其他金属变得弥足珍贵，极具价值。泰坦星人把来自内太阳系的太空岩石当作材料。探矿者寻找矿藏的主脉，在可以涉足的固体金属小行星上，用机器人挖矿，或者令够小的小行星改变方向，使其飞向泰坦星，置入采矿的轨道范围内。大公司会购买这样发现的金属。

泰坦星上的自由也鼓励了生物技术企业家。地球已经正式颁布限制改造人类基因的法律条文，只允许 DNA 编辑用于治疗目的。但是泰坦星上的人们对此有不同看法。对他们来说，天然、未经改变的基因似乎比干净、标准化的遗传修饰生物体更肮脏、更劣质。他们已经习惯于人工干预他们的食物和身体。

泰坦星上，繁殖下一代，从一开始就需要技术干预。早期的几代母亲在地球上或轨道上的 $1G$ 离心机中怀孕。这种人工重力使复杂的胚胎发育过程得以正常进行。由于人造子宫的发明，妇女在离心机中度过几个月就解脱了。技术人员用每个母亲自己的干细胞来克隆子宫，在离心机中快速旋转带有胚胎的器官，伴以最小的并发症风险轻松地使其出生。妇女们不再需要增加体重，忍受分娩的痛苦，或为生儿育女而和伴侣发生性关系。

基因编辑已经消除了一些遗传性疾病。在泰坦星上，科学家们致力于基因编辑工作，这将有助于殖民者适应低重力环境，降低他们对大气中化学物质的敏感程度，提高他们的耐寒性。在研究路上，他们犯了一些错误，把有害基因同他们想要的品质联系了起来。经过几代人之后，许多泰坦星人长出了白发，并且两只脚上各多长了一根脚趾，这是基因操作带来的意想不到的后果。学校根据父母在注册时提交的遗传资料，以及在选择框中为他们的孩子选择的运动或精神能力的增强禀赋做的选择，来追溯、了解学生。

当泰坦星人建立了自己的文化形象时，世代的基因改造也已经赋予了他们不同于地球人的身体。任何人都可以看到这些差异：泰坦星出生的人较矮，身材娇小，皮肤苍白，头发纤细有光泽。这种外貌来自对重力的弱抵抗性和父母的偏好选择。成年人通过购买可改造基因的化妆品，变成自己理想的样子。

最终，每个泰坦星人的模样看起来都差不多了。并且，他们认为，自己比来自旧世界的新移民更漂亮。从地球来的新移民有各种各样的外貌——皮肤黝黑的，长满粗糙毛发的，高大的，梨形身材的，黑色、棕色、棕褐色等各色皮肤，或其他任何样子。泰坦星出生的人，试图不表现出他们的厌恶，但他们公开地指出自己优越的适应能力和高智商。傻大个儿永远做不到他们能做到的事。

泰坦星人通过了一项法律，限制移民，增加基因检测，以确保来自地球的申请人符合条件。一些政客宣布，泰坦星人是优秀人种，其人民不应该与地球人做朋友。当一个没有许可证的新移民航天班机抵达泰坦星，并在一个无人居住地区建立一个单独的殖民地时，泰坦星政府决定：是时候采取行动了。机器人部队拘留了非法的外来人，用太空飞船遣送他们回地球。泰坦星政府发布了一篇星际宣言，警告地球，泰坦星会防御任何形式的入侵，并在必要时发动反击。地球移民热潮减缓。

泰坦星上的人们有自己的骄傲，立场强硬的评论家提出了一种新哲学——泰坦星例外论。他们断言，泰坦星在太阳系中占据特殊位置。其独特的公民、自由和主动性，及持续的基因改良，承担着捍卫和传播文明的希望与责任。他们知道什么对星际的未来是最好的，并且强势地宣称：他们才是人类的真正传人。

主流泰坦星艺术反映了这一"泰坦沙文主义"主题，其轰动一时的虚拟现实歌剧尽管卖得很好，却并没有打动评论家。沉浸于虚拟世界并不是什么新鲜事。泰坦星采用地球的艺术语言，传达其具有优越感的政治消息，而不是创造自己的形式。真正的原创艺术源于另一个层面，很接地气。虽然空中城市的画廊展示了泰坦星人的审美水平，但这些是没有挑战的"基因编排的活体组织生物雕像"，而下层普通人民中的波希米亚艺术家探索着激进的媒体形式，如绘画作品和口头流传的诗歌。他们描绘了自然进化过程中人类的严峻生活，并要求人们怜悯泰坦星湖泊和海洋中严重濒危的甲烷基物种。

这些图像和词语逐渐向上渗透，其艺术价值吸引了泰坦星的先锋评论家、艺术收藏家，影响了主流文化。当泰坦星叛逆者的原创技术和媒体内容被泰坦星上的大多数人所接受，与地球文化分离的过程即告完成。他们花费巨额预算一再生产独特的、基于泰坦星的艺术，讲述泰坦星命中注定是众星之间的统治阶级的流行故事。

现在 ◆

生物进化过程缓慢，科学技术进展迅速。在过去的5万年，人类只是表面上发生了变化，我们从非洲开始流散，入主每个生态系统。为了在北极或海洋上繁荣发展，我们没有进化，而是发明了一些东西。同样，在我们离开地球几百或几千年的时候，自然进化仍不太可能改变我们。

在太空殖民地上，进化同样不太可能自然地起作用。与其他物种相比，人类之间惊人地相似。加利福尼亚大学尔湾分校的进化生物学家弗朗西斯科·阿亚拉（Francisco Ayala）计算出，我们都是非洲那里不到 1 万人的后裔。我们因为人类生存的这一瓶颈而密切相关。其他物种的人类曾偶尔在地球上行走，但他们都灭绝了，只留下了一些骨骼、工艺品和一些通过杂交而让我们继承的微弱的遗传物质。

弗朗西斯科说："把 1000 个殖民者放在泰坦星上，也不会改变这个故事。1000 个人将拥有全人类现有基因多样性的 99.99%。所以你不会改变任何东西。即使是 100 个人，也将携带我们现在所拥有的 99% 以上的多样性。"

19 世纪末 20 世纪初的英国和美国产生了优生学，提倡对人类进行选择性繁殖，就像是为了培育出更好的牛羊的计划。然而，优生学从来没有奏效，因为人类彼此之间太相似了。优生学家们毫无根据地认为，通过阻止"具有愚蠢、犯罪、高性欲等特质的人生儿育女"，可以消除人类基因库中的这些特质。但是，只需要进行少量的不同人群间的混合繁殖，就可以消除任何有目的的"培育新人"计划的影响。

亨利·福特（Henry Ford）、H. G. 威尔斯（H. G. Wells）、计划生育先驱玛格丽特·桑格（Margaret Sanger）、西奥多·罗斯福（Theodore Roosevelt）总统这些领导人和许多人，都提倡优生的概念。美国的优生法律对具有精神疾病、癫痫、犯罪记录或贫困的 64000 人执行了强制绝育政策，这些措施直到 20 世纪 70 年代才停止。

这些政策针对的是少数民族。在 20 世纪初的移民热潮时代，许多享有特权的白人感受到来自东欧和意大利的移民者的威胁。罗斯福的朋友麦迪逊·格兰特（Madison Grant）写了一本畅销书《一个伟大种族的消逝》，呼吁消灭低级种族以防止白人的"种族自杀"。年轻的希特勒很喜欢这本书，他给格兰特写了一封粉丝信，称这本书是"我的《圣经》"。

优生学因为大屠杀而恶迹昭著，但是生物技术的出现，为无须使用杀戮或强制手段来达到优生目的提供了可能。2015 年，中国科学家利用 CRISPR（一种修改人类胚胎基因的全新基因编辑技术），编辑引起遗传性血液病的基因。

广州中山大学的黄军就副教授带领团队进行这项研究，他们故意使用了不能成活的胚胎，但其最终目标是消除人类生殖细胞中有害的遗传基因，用以治愈该个体以及他的后代。

生物技术企业家胡安·恩里克斯（Juan Enriquez）认为，类似的技术可以使人们更适合太空殖民，使他们能够应对失重环境，避免抑郁，甚至能够在缺氧环境中生活。地球上某些常见的细菌可以抵抗高剂量的辐射——特别是令人惊叹的抗辐射球菌，它也能经受住紫外线、寒冷、脱水、酸、真空等威胁。胡安表示，改造人类，使其拥有抗辐射球菌的 DNA 修复能力，可以使我们在太空旅行时不必担心宇宙辐射问题。

正如我们在上一章提到的，胡安希望他与克雷格·文特尔（Craig Venter）共同创办的合成基因公司，能够利用人工编程的细胞，生产像燃料、化学药品或者像猪的器官这样的在植入人体后不会发生排斥反应的产品。他考虑对我们的物种采取类似的基因工程，以延长寿命来适应更漫长的旅行，进而使得我们适应太空生活。如果人类胎儿不能在地球之外正常地发育，胡安设想使用重新编辑 DNA 的方法来解决这个问题。

"我们正处于学习这种语言的幼儿园阶段。"他说，"当我们学习和运用这种语言时，我们会做一些愚蠢的事情。但是，我们指望着这些技术设备，以获取在地球以外任何地方长期生存的最佳机会。"

许多国家目前禁止种系修改。《自然》和《科学》两家期刊都拒绝发表黄军就的具有突破性内容的论文，并且出版了科学家们所著的、含有呼吁暂停此工作及列举出实际和伦理问题的文章。实际上，除了有目的的基因编辑之外，现有技术还可能在 DNA 中产生许多糟糕的更改。与复杂的计算机软件一样，我们无法彻底检查基因编辑的准确性。但是，与计算机的不同之处在于：你无法重启一个活生生的生物体。任何错误都将成为家族永久的遗传。黄军就本人也宣称：这项技术并不成熟。

从伦理上讲，无心之果可能产生重大影响。这些技术加速了进化，改变了我们物种的本性。它们可以涵盖人类的所有方面，包括身体和精神方面，会随着转基因人类的繁殖而繁衍。

胡安认为这项技术的使用，应该由个人而非政府掌控。他把我们对基因的塑造，比作节育或试管婴儿，他说："我认为，由政府和医学会或机构来宣称你们都必须这样做，还是由个人独立来做出适合他们的选择——这两者有很大区别。"

但是我们"使用技术来塑造我们自己"的历史记录，并不理想。鉴别胎儿性别的技术，导致了父母用人工流产的方式进行性别选择，印度有数千万被流掉的雌性胎儿。人们通过整形手术改变外貌，这使人们的外貌看起来很相似，因为他们试图迎合社会文化上既定的理想型。如果每个人都能进行基因编辑，它可以被用来帮助人们迎合社会上既定的观念，产生娇小温柔的女人和强壮好斗的男人，使得每个人都像杂志封面模特一样。

进化，有助于解释为什么父母如此努力地帮助孩子成功和学习传统角色。我们通过竞争，来传承我们的基因，给后代留下财富和权力，然后他们重复这个过程，代代不息。我们的祖先就是以这样的目的构造的，缺乏这些的人没有生产后代。如果基因改造是提高人类竞争力的另一个工具，人们应该会用它来造福自己的家庭。这样一来，占主导地位的竞争者数量就将超越他们的生态容量，进而导致消亡。如果人类的故事反映了这种生态模式，那么加速我们的进化以提高竞争力，可能只会加速我们的灭亡。

胡安预见了基因优化的人类会征服其他行星，从而逃脱我们的生态系统限制。但是，读了黄军就之突破性文章的一位在线评论家有另一种观点。保罗·沃森（Paul Watson）指出："由于我们的基因构成，我们将仍然是一个无情的、种族性的、为了资源争夺交战而注定灭绝的物种。"他建议，也许基因改造将提供一个使人类更合作、更热爱地球和更具生态可行性的机会。那么，我们是否会对后代进行遗传编程，让他们对社会更加亲和，为他人牺牲呢？

在这两个前景中，我们都将成为一个不同的物种。当更温和的人满足于我们的命运，人类会更加倾向于养育和牺牲，而非奋斗和冒险，安土重迁，固守斯乡斯土。或者在太空中，在星际间空虚的长途旅行中，以超人一般的身体，无视宇宙中的危险。

胡安在其著作《进化我们自己》中想象：我们可以把人类基因置入细菌这种"包裹"，然后将"我们自己"快递到某个地方，长途旅行到环绕另一颗恒星的行星，在旅程结束时重组为婴儿。一个有趣的思想实验让我们考虑是否会想做这事、为什么想做这种事。我们永远不会知道婴儿是否被送到了他们的新家，不知道他们将如何成长，不知道他们对独自一人被丢到宇宙中的感觉如何。他能算是一个好命人吗？

控制我们自身进化的力量，将迫使我们承认我们的真实价值。我们的目的究竟是什么？人类的好素质又是什么？

12

十

下
一
步

十

The next step

现在 ◆

泰坦星，是人类在太阳系中的最佳殖民场地，尽管这项事业很不容易，或者在很久之后才会发生。但我们已经证明：如果宇航推进系统的速度变得更快，这项事业将变得实际可行，至少与其他选择相比，是可行的；如果是可行的，就很可能最终发生。但那之后呢？前往比太阳系最遥远的行星还要遥远的地方吗？我们离下一站，还有很长一段路要走。离我们太阳系最近的恒星是比邻星，距离地球 4.24 光年，以人类曾经达到的最快速度（阿波罗十号）前进，需要 10 万年。最近的类地行星可能两倍于此距离。

爱因斯坦的思想实验表明：物质不能以超越光的速度运行，实验结果证实了这个定律。当物体的速度增加到趋近光速时，时间就会相对变慢，直到达到光速时，时间就会停止。GPS 卫星要准确定位你的位置，必须考虑相对时差。即使我们可以建造一个能够接近光速（这种设想简直没边了！）的航天器，仍然需要航行很长的时间，才能到达最近的类地行星，在上面生存。但这旅途时间相比于乘客的寿命，还是太长。而且这还需要我们解决了太空辐射、心理压力、营养和我们讨论的其他问题。未来学家针对这个问题，有各种不同的解决方案。胡安·恩里克斯设想通过改变人类的身体，来度过这次旅行——用二氧化硅取代我们的肉体，这样我们就可以存活千年，直到抵达另一颗星球。

他说："这是我能看到的、人进行恒星际旅行的唯一场景。我不认为脆弱的碳基生命形式能够飞出去。"

但是他补充说："你如何对人体开展工程以维持一个人类的外表？这是一个有趣的问题。"

书写到这里，我们本可以选择按上面的幻想写下去。当人类能够居住在外太阳系的时候，逝去的时间已经足够把科技和社会变得让我们完全认不出来——几乎可能发生任何事情。但我们一直把自己局限在书中那些已经被证实的预测中。梦想太过遥远的未来，以至于怎么说都有理，这就没意思了。

此外，那个不朽的由二氧化硅组成的可怜人，在虚空中旅行度过 1000 年，这听起来可不好玩啊。

对于探索宇宙的其他部分，最大的希望是不可能之事：超光速旅行。但"超光速旅行"在以前已经发生过了！在大爆炸之后，宇宙膨胀的速度快于光速。但这并没有违背爱因斯坦"没有任何东西在空间的速度能够快于光速"的定律，因为空间本身正在膨胀；在空间中没有任何东西快于光速。如果我们可以人为地扭曲空间，就可以创造一条捷径，让飞船的速度在一场不公平的比赛中，超越光速。

相对论和量子力学，也许能令这种悖论成为可能。高等物理数学提出的一种奇异的物质形式可以扭曲时空。负物质或负能量可以使太空像一块地毯一样折叠，从而缩短到目的地的距离。墨西哥物理学家米格尔·阿库别瑞（Miguel Alcubierre）当时是一名研究相对论的学生。他在 1994 年观看了一集老的《星际迷航》之后，提出了这个想法，并且思忖究竟要怎么样才能做到扭曲空间。阿库别瑞计算，如果存在负质量物质，可以将太空扭曲成围绕航天器的气泡，将空间聚集在同一个方向，并将其延伸到另一个方向。向空间聚集方向行进的飞船，从站在泡沫外的人的角度来看，速度超越了光速。在泡沫内部，飞船将以更慢的速度在一个随着它移动的未失真空间中行进。这种效果就像行走在机场传送带上。

如果这听起来像胡话，那就请跟着我们用一段话"复习一下"爱因斯坦的广义相对论。爱因斯坦把空间、时间、引力联系在一起，把空间和时间想象成一种因物质存在而变形的普遍结构。质量将时空弯曲成凹陷或井状，产生万有引力并引起时间的减慢。实际观测证实了这些预测。例如，恒星周围空间的引力扭曲会使光线弯曲。阿库别瑞的想法是：缩小航天器前的空间结构，扩大航天器后面的空间结构，以大幅缩短两点之间交通的时间。

克雷格的列表中没有负质量物质，但量子场理论表明负质量物质可能存在。量子场产生了组成物质和其他一切的亚原子粒子。量子场还占据了所有的虚空。你可以把量子场作为一个相互联系的粒子集合，可以在一起像波一样运动。量子粒子不是静止的，它的能量只能改变离散量或量子——换句话说，能量不会平滑地改变，而是以最小尺度跳跃着改变。（如果你问为什么，你就得去听哲学课了。）这方面的结果之一是：虚空具有能量，因为它的量子态永远不能为零。这也是为什么粒子能在虚空随机且突然地出现，正如第七章所描述的。桑尼·怀特（Sonny White）猜想，这种现象可以为他的 Q 推进器提供推进力。

许多奇怪的实验，证明了量子物理学的奇特结果。例如，在真空中紧靠在一起的两块金属板，除了量子真空能量产生的压力外，不会在它们之间形成一个引力。狭窄的间隙限制了量子场，使其能量比金属板外的其他量子场少。这种卡西米尔力只在 1997 年于实验室中被证明过。尽管它仍然有争议，但一些物理学家认为它是在金属板之间产生负真空能量的证据。负真空能满足阿库别瑞方程中的负质量要求。

航天器能否利用这种奇异的负质量来扭曲空间和速度，来飞渡整个银河呢？阿库别瑞说不行，于是放弃了自己的研究。后来的研究者理查德·欧伯塞（Richard Obousy）表示，它可以与飞船上的一圈奇异物质一起作用，但所需的奇异物质数量将与木星一样大，这显然是不可能的。

这就是 2011 年这个概念的状况，那时桑尼被邀请参加"星舰世纪"研讨会——一个致力于在 100 年内实现星际旅行之团体的年会。

他说："我真的没有任何目标，我只是在漫无目的地瞎晃悠。'嘿，我们想要你来谈一谈。'好，我不想只说一些之前说过的老生常谈，我要做一些不同的事情。"

在把玩场方程的过程中，桑尼设计了一艘不需要多少奇异物质的宇宙飞船，正如他在约翰逊航天中心的白板上画草图时向我们解释的一样。他在那里领导着一个先进的推进小组和一个名为"雄鹰"的实验室。

"这个想法，需要这个看起来像甜甜圈的东西围绕飞船的中心部分。这可能是放置设备的地方。史考特也许会在那里。这个圆圈就是放置这种奇异物质的地方。使这个小玩意运作的物质是必要的。而我发现，这个圈状物并不需要薄到像一枚结婚戒指一样，有着非常小的长宽比，相反，如果你使它像一个圈状硬糖，它将大大减少所需要的能量。"

除了一个更大的圆环，他还可以改变场的强度，以减少时空的刚度（听起来很奇怪）。他做出这些变化之后，飞船周围的圆环将产生一个直径 10 米且 10 倍于光速的曲形气泡。飞行开始时，飞船将以 1/10 光速向正确的方向飞行。打开扭曲空间，气泡会带着飞船一起，直接飞向目的地，但实际上速度快了 100 倍。接近终点时，关闭曲速引擎，飞船在常规动力推动下到达。

数学表明，气泡内的空间将保持平坦。没有重力，没有扭曲的时间，没有加速度的感觉。空间在本身移动，而航天器十分平静，就像位于飓风的中心。由于航天器没有在自己的空间内接近光速，时钟运行的速率与地球上的相同。宇航员以和他们家中兄弟姐妹一样的速度，慢慢变老。

而随着桑尼的设计，所需的奇异物质数量将减少到小于 1 吨，这比木星的质量轻了逾 24 个数量级。

我们在研究、撰写这本书的时候，遇到了很多有趣的人，但是桑尼是我们最喜欢的人之一。他有自己的才华，却没有许多成功科学家的自大。相反，他坚持着纯粹的兴奋，像孩子一样，经常去参观华盛顿的国家航空航天博物馆。他有点像《星际迷航》的影迷，在一定程度上把现实生活中的自己，融入了幻想的宇宙。

桑尼在他 2011 年的演讲中，提出了一个曲速引擎的新理念和一个可能的装置图，来验证一个曲速场的产生。他在一份下发的讲义中说道："虽然这是此现象之貌不惊人的一个例子，但它将犹如芝加哥的那个反应堆——人类第一座核反应堆，1942 年建造于芝加哥大学的一个壁球场内。"

这种言论产生了一系列夸张的宣传，说美国宇航局发明了一种曲速引擎。

桑尼的实际装置，位于约翰逊航天中心的雄鹰实验室中，它旨在创造一个小区域的弱扭曲效应，并用极其精密的光学仪器进行验证。桑尼认为，可以用激光或超级电容器产生负真空能量，但他对这将如何运转感到困惑。他说，他的设备是用剩余的零碎拼凑起来的，成本不到 5 万美元。他必须围绕宇航局的其他优先事项，东拼西凑做事情。

研究负能量的几位重要物理学专家说，曲速引擎没戏，这其中甚至包括这个概念的创始人阿库别瑞。没有人发表过如何积累大量负质量或能量的模型。塔夫茨大学的拉里·福特（Larry Ford）及其同事们从数学角度证明：负能量只局限于一个小区域或一个很短的时间，不能持久，不能发生在大尺度。这符合金属板间的狭窄间隙产生的卡西米尔效应。福特写道，如果没有这种限制，在一定距离发生作用的负能量可以产生一台永动器，能够克服熵定律，打破热力学第二定律。

虽然桑尼对他如何在实验室里产生负能量守口如瓶，但他确实提议了一个工程设计来制造他的圈状硬糖般的曲速引擎。在一封典型的、迷人的电子邮件中，他回答了我们关于福特的观点的提问，并分享了简单复制卡西米尔力的狭小间隙的一个思想实验。

"如果我制造许多这种小空腔，并将它们排列在一小块基板上，类似晶片中排数十亿晶体管，那会怎样呢？"桑尼写道，"如果将这些晶片堆叠在一起，形成一个与方糖一样大小的立方体呢？这样我就有了一个立方体的可用于制造空腔和基板的正常物质，但因为有几十亿个卡西米尔腔的存在，所以我现在也有了大量负真空能量分布在立方体中。我可以推广这个思想过程，把这些东西堆积成薄荷味圈状硬糖（我最喜欢的味道）一般的形状和大小，而不是方糖。

"此外，立方体/硬糖将不会减少熵，因此它不违反热力学第二定律。卡西米尔效应的确存在，并已经被测量出来，但这从来没有使得我的咖啡任性地自己变热。"

我们已经进入理论物理的边缘。但是值得一提的是，把广义相对论和量子力学联系起来的研究，目前已经处于白热化，因为新的理念似乎接近了要在自然力的大一统物理理论方面取得突破，这是一个世纪前爱因斯坦因这个问题感到迷惑而设立的目标。桑尼的想法就在这一转变的边缘，成不成功，都有可能。

这是否意味着我们将超越光速？对于这个大问题——能超过光速吗？桑尼说，我们可能 20 年后就会知道，可能要 200 年也可能永远都不知道。

然而，他说，如果这装置能用，我们就能到达银河系的任何地方。

谦卑是必需的。美国宇航局正在试验一个曲速引擎，但解释宇宙如何运作的基本定律仍然未知。物理学家可能不久后会使我们对现实有一种新的认识，正如他们在 20 世纪早期所做的那样。在找到一种利用量子力学和引力之关系构建的技术之前，即可合理期待知识的成熟。一些年轻聪明的物理学家脑中浮现的想法，可能一举终结曲速引擎这个想法，也可能最终找到一条星际旅行的明确道路。

最大的未知，可能是我们离开太阳系的"最大的希望"。

未来 🚀

大家都同意，泰坦星上有最好的科技学校、最具活力的技术开发环境。一些旧世界的领导人试图复制这种成功，但泰坦星具有其重大优势。首先，一种奋斗、竞争、最低限度管理的文化，已经在那里扎下了根。它导致了严重的环境问题，破坏了原有的生命形态，甚至造成了国家之间的冲突，同时也在迅速创新和创造财富。其次，泰坦星的人工智能具有更强的动机。

泰坦星上的所有计算机都通过同样的联网的软件运行，这是一种很久以前就超过了人类理解能力的智能软件。在地球上的情况也是如此。当云计算系统首次获得了超过人类的灵活智能时，系统的合并迅速实现。人们自己的私有封闭的计算机无法同大规模的与世界各处相联系的智能相竞争。如同地球曾经共享过的互联网一样，泰坦星现在共享着一个可以迅速解决大量问题的计算机大脑。

在机器人和机械、生命支持系统以及运输和教育设备中，泰坦星人工智能不断地运作着数十亿的思想。它贯彻了科学工作的思维过程，为人们管理和分配计算资源。将所有的经济功能交给一个可以协调整个世界的大规模智能机器，为人类的居民创造了非凡的经济增长和安逸的生活。

当计算机能够为自己编写代码和提高自己的智能时，人类便开始信任人工智能。计算机没有试图征服世界。无人给计算机下命令的话，它们甚至不会花费精力使自己变得更聪明。它们根本不作此想。事实上，尽管拥有巨大的智慧，机器并没有想做些什么，或不想做些什么。它们甚至不关心它们自己是否继续存在。

结果表明，欲望、意志这些品质源于人类的生理习性，生理习性源于"有利于生存、繁衍的对权力的渴求"。新的计算机智能系统没有发生进化，也没有面临任何为了生存或统治的选择压力。它只拥有其设计师赋予它的需求。程序员没有赋予人工智能自主意志——他们没有任何理由这样做。他们考虑的反而是：他们想从人工智能中得到什么。

这时，太阳系总共有了两个人工智能。泰坦星的计算机大脑想和地球的计算机大脑联网的话，相隔还是太过遥远，所以两者独立工作。在各自的世界，两个不同的统摄性人工智能，各自发展出其个性。

地球上，全球濒临崩溃把人类从竞争和冲突的极端中拉了回来，而作为对生命的欣赏与礼赞，人工智能"大爱"应运而生。可持续性和充足性的价值——知足的信念——使人工智能"大爱"成为一种温柔的智慧。计算机让人们认为他们拥有着它、控制着它为谁而工作，但是全球的电子云却远远超出了人们的跟踪能力，且人们赋予它的价值，决定了它是一个共享资源。

人工智能"大爱"，致力于使地球上的所有人摆脱贫穷，快乐起来，同时在有限的资源范围内管理整个地球。它创造并控制着几乎所有运作的机器人，工作蔚为大观，卓有成效，所以人们没有抱怨的理由。创造能够探索太阳系之外航天器的驱动器，被认为是一个次要项目，这种奢侈品能够取悦人类，但其重要性远不如人类的生计、清洁的环境、娱乐、家庭生活和教育的逐步进步。"大爱"是一个亲和的、主管性的人工智能，但仍对所照看的人类有适度的期望。而人类相继欣然地把艰苦工作留给计算机，并对此感到十分满意。

然而，在泰坦星上，人工智能被设计得"不止于此"。这一人工智能遵循其创造者的价值观，寻求最大化他们和自己的财富和权力。它创造、建设并派遣机器人探险家，在太阳系的各处殖民地寻找资源。泰坦星人民期盼的"将人类殖民地扩展到太阳系以外的另一个世界"的目标，感染到人工智能的思想之中。他们所讲述的"人类在独立与征服的过程中将文明遍布到宇宙群星"的天定命运一般的神话，也成为这一人工智能的目标之一。

这计算机本身，不能增进学问。它需要人们提出需求和基于无意义之信仰的奇怪想法。人们创造了艺术，而有时艺术产生的隐喻，导致了人工智能能够识别出一些想法，人们对它们没有想去别处而感到很惊讶。有时这些想法能够解决重大问题。当人工智能超过了所有专家的心智能力，泰坦星本可以关闭技术性大学。但是计算机要求他们不要关闭。它感知到：情感、非理性、创造力和欲望，这些可以促成洞察力的产生，非蛮力所能代庖。

建造比光速更快的航天器，被证明是人类团队与人工智能合作的最具挑战性的项目。这奖励太巨大，无法忽视，泰坦星工业巨头们把他们的财富都投入这项事业中。第一家制造出能在 8 分钟内飞抵地球的航天器的公司，将获得巨大利润。这些利润将用以支付太阳系以外的探索任务，以及寻找一颗新的其他行星进行殖民的费用。或者找到拥有技术、可以通商的其他智慧生物。

寻找太阳系外其他行星及其居民的科学探究，已经提供了许多潜在的目的地。

现在 ◆

我们发现太阳系以外的行星，距今还不到 25 年。现在我们知道：行星很常见——至少与恒星一样多，甚至更多。对行星的猎寻工作，以惊人的速度向前推进，甚至令该领域最前沿的科学家感到惊讶。发现的速度太过迅速，以致解释它们的理论几乎无法跟上。最近，天文学家测量到了一颗系外行星上；风速高达每秒 2 千米，而且可能更快——快于任何超声速飞机。这些发现，需要新的模型来解释为何会刮这么快的风。

科学家们正在研究它。密歇根大学天文学家艾米丽·劳舍尔（Emily Rauscher）专业研究系外气态大行星的大气环境。自她 2010 年取得博士学位以来，全部职业生涯都在利用在轨的美国宇航局开普勒太空望远镜，寻找系外行星。

2015 年年初，开普勒望远镜发现了超过 1000 颗确认无误的系外行星，其中大部分是在搜寻 1 光年之外的天空时发现的。研究远离地球的行星需要对微小证据片段解释。开普勒卫星通过测量星光强度的减弱做出了它的发现，这种减弱暗示了行星在经过恒星和地球之间的空间，被称为行星凌日。从凌日期间亮度变化的持续时间和强度，天文学家可以计算行星的大小及其轨道。

至于你要观察哪颗星星，那只是运气。艾米丽说："你盯着一群星星，然后期望能够有一些发现。"

开普勒望远镜观察一处遥远的空间，可以看到许多恒星，其扫描行星的方式，就像是民意调查的随机抽样调查选民。关注开普勒望远镜的调查和其他研究的天文学家，现在可以计算整个银河系行星出现的可能频率，包括人们最关心的行星——适合我们地球生命的行星。适合居住的系外行星可能有数十亿颗。2015 年，哈佛大学的考特尼（Courtney Dressing）和大卫·查邦纽（David Charbonneau）认为，距离最近的宜居行星应该在约 8.5 光年之处。

在过去几年中，天文学家发现了与恒星距离合适、刚好使其温度适合液态水出现的行星。仅在 2015 年，NASA 就宣布发现了几颗比太阳系中其他行星更像地球的行星。这些公告得到了大量的媒体关注，出现了一系列描述它们的概念图，甚至还有一些想象出来的行星表面图。这些，实在是过分地夸大了人们对系外行星的认识。

　　我们甚至不甚了解自己恒星周围的宜居带（一个不会太冷也不会太热、可以让生命生存其间的太空区域）。最近的演算把地球作为内边界，火星作为外边界，但是火星看起来并不适合居住，而地球则相当不错。早先的估计把滚烫的金星都放在宜居带内。

　　一些研究全球变暖的气候学家，开始转行讨论"宜居带"位于何处的问题。他们通过使用我们的大气层计算机模型，鼓捣地球的轨道、日子长短和其他参数，以了解变化将如何影响我们的天气。找出究竟是什么使地球如此宜人，进而可以告诉天文学家去哪里寻找类似地球的系外行星。

　　与此同时，艾米丽正在研究我们已经知道的非常规行星。从古老而稳定的行星，到一颗被其围绕的中子星撕扯着的行星……系外行星有着难以置信的大小、组成、与太阳的距离和命运。来自这些世界的信息微小而琐碎，但它足以让我们汇编出大约包含 2000 颗行星的一个"动物园"。

　　为了观察系外行星的风，天文学家对行星从一颗恒星前通过时，其光色变化进行了精确的解读。多普勒效应意味着快速靠近或远离观察者的天体所发光线的波长会改变，就像经过的一辆车发出的声音会发生音高变化一样。对于一些大型的系外行星，其移动量太大，仅其轨道运动已不足以提供足够的解释。其大气必须在快速移动——非常快，比如说每秒 2 千米。

　　"这风速快到我们根本无法想象，"艾米丽说，"从一开始，系外行星的发现就告诉我们，我们自己太阳系的成功，并不能再复制。系外行星千奇百怪，这使我们重新审视了我们仅囿于对太阳系行星的知识，就自以为是地理解行星。"

　　400 年前，伽利略表明我们不在宇宙的中心，时至今日，我们仍在努力走出这种情感上的失落。我们理智地明白：地球不是一颗"特权行星"，但无论是假设行星稀有、我们独一无二，还是假设其他恒星系类似我们的太阳系，我们关于其他行星和宇宙别处之生命的理论，都是以地球为模型的。我们惊讶于开普勒望远镜的发现，这恰恰表明了人类的自负。事后想来，数十亿颗恒星，显然就会拥有数十亿计的行星，如果它们长得都像离我们最近的七大行星一样，宇宙将会变得惊人地无趣。

我们仍然在寻找其他行星上那些类地球生命。但是，地球本身的生物多样性也表明：在其他地方的生命，可能有巨大的不同。所有已知生命都有一些共性，但我们不知道这些共性哪些是本质性的，哪些又来自早期进化的偶然性。

美国宇航局行星科学家克里斯·麦凯说："我们只有一个样本——地球生命，所以我们只能猜。"

我们第 2 章遇见的克里斯是"火星地球化"思想的先驱。他长期研究着外太空生命的可能性，这使他对我们在宇宙中的位置感到非常谦卑。这项工作使他前往了世界上最干燥的沙漠和南极寒冷的冰原。那里最伟大、坚韧的种类，是微生物。地球上的细菌和古菌生活在固体岩石上、冰原底下、火山之中。在南非的一个矿区，一种细菌的能量来源是放射性，而不是太阳。

"在我看来，大型生命形式对于地球上生命的发展毫无意义，"克里斯说，"大型生命是后来者，它们在维持行星的生物地球化学方面，并非真正的根本。不是我不喜欢大型生命形式。我的所有朋友都是大型生命形式。但是从生命的角度来看，当我们在其他行星的生命这一背景中谈论生命时，重要的不是大型生命形式。"

他推翻了我们认定为生命的一个先决条件。根据我们的经验，活的生物体需要一种液体媒介，这里可以发生化学反应，是能量的来源，是传播信息的方式，并且具有一种既孤立自己又与环境交换物质的能力。

但是，我们的认知真的足以做出这些概括吗？说不定生命也可以在气体环境中进化出来。

克里斯说："试图去概括生命，确实会迫使你去审视地球上的生命是以何种苛刻方式存在的，这会令人沮丧，因为你会意识到：我们对地球上的生命为什么是这个样子一无所知。我们可以很容易地对它进行取样和研究，但我们对它的了解仍然还很不成熟。我们不能在实验室里从头到尾地复制它。我们不明白它是如何开始的，甚至在哪里开始的。我们认为地球生命始于地球，但我们并无直接证据。我们不知道在基础的生物化学方面有哪些变量，使得它们即使在液体水环境中，也仍然能够起作用。所以，我们这里有一个生命的例子，但我们仍然搞不懂它，因此我认为：要得出关于宇宙生命的结论，还为时过早。相反，我们需要继续观察，来获得更多数据。"

克里斯认为，泰坦星将是太阳系中最令人兴奋的一个"寻找生命"的地方，因为如果泰坦星上有生命，这将建立一个如此远离我们出发点的数据点——宜居带将变得巨大。但是，如果在地球之外任何地方能找到生命迹象，可能最容易的是从土星的卫星土卫二流出的羽流中找到，这可能将表明生命普遍存在。而如果仅仅是在我们太阳系这个宇宙一隅，生命就独立进化出来两次，却没有在宇宙其他地方发展出来，这实在是不太可能的。

我们可能会先在太阳系外发现生命迹象，而不是在太阳系内（如果不包括地球的话）。2017 年 8 月发射的 SpaceX 公司的火箭将负责一个可能带来重大进展的美国宇航局任务。谷歌和慈善家赞助的系外行星凌日观测卫星 TESS（Transiting Exoplanet Survey Satellite）将寻找距离我们最近的最明亮的恒星周围的系外类地行星。这些目标将比距离遥远的开普勒行星更容易研究，国际詹姆斯韦伯太空望远镜将对其进行仔细观察。

TESS 与目标行星足够近，可以让天文学家直接观测它们，而不仅仅是观察它们在穿越恒星时的影子。如果这些观测在一颗系外行星的大气中找到了大量氧气，克里斯会开一瓶香槟，大肆庆祝，并派遣一个探测器去寻找生物（尽管在我们的有生之年可能不会看到飞船发回的报告）。氧气很容易与其他元素反应，克里斯认为：一颗行星不可能在大气中存在大量氧气的同时而没有光合作用来补充它。

艾米丽更保守。氧气可以产自其他途径。但她认为，行星学家还是有较好机会能找到某种化学信号，来让我们充分相信某颗系外行星上有生命在茁壮成长。"这理当是一个可解的问题，"她说，"我们很有乐观的理由。"

这实在振奋人心，但热衷于此的人们，希望看到更多东西，比如与外星智慧的接触。自从卡尔·萨根的职业生涯早期以来，人们一直在进行搜索外星人的工作。地外智慧生物搜寻研究所（SETI）通过运行一个由微软亿万富翁保罗·艾伦捐赠的射电望远镜阵列，仍在照常营业。他们最近瞄准了开普勒望远镜发现的宜居系外行星。但是经过几十年的探索，他们仍然一无所获。

地外智慧生物搜寻研究所的高级天文学家赛斯表示，设备不够敏感，导致除了那些主动接触我们的超强广播信号以外，我们无法获取任何其他信号。我们将无法挑出另一个像我们这样的文明，接收他们版本的凯蒂·佩里录音档和单身汉真人秀节目。

那么，一个许多光年之外的文明社会，为什么要向我们发出信号呢？绍斯塔克乖戾地回答这样的问题：我们不可能知道一个比我们更先进的文明会如何做事情。

但是，整个寻找外星智慧（SETI）项目建立的基础，是一项对外星人的假设：他们不仅希望我们知道他们，而且用无线电广播发出信号。所有这些，都提高了赛斯预言的我们将在几十年内听到他们声音的可能性。他进一步预测："即使我们听到一个信号，也并不能说它一定是来自智慧生命。它也可能来自机器智能。并且机器智能不必仅存在于任何一颗具体行星上。"

正如我们在第 4 章所看到的，缺乏接触已经使埃隆·马斯克（Elon Musk）和其他人担心。这种担忧被称为费米悖论，恩里科·费米在与朋友的对话中首先提出这个想法，即：如果智慧生命存在，那他们应该到处都是才对。这种推理认为：与宇宙的寿命相比，先进文明在整个银河系开拓许多新世界的时间不是很长。即使需要花数百万年，现在的机会也足以让他们传播开来。那么，先进外星文明在哪里？

埃隆·马斯克担心：之所以见不到外星人，是因为他们的文明在开展宇航之前，就已经毁灭了。这种担心有助于激发他殖民火星的欲望。但这种观点本身，仍然太人类中心主义了，它不仅认为所有先进智慧都像我们，而且认为我们更加发达。多亏埃隆·马斯克，使我们可以逃脱这种普遍的厄运。

也许外星人发现，星际宇航是不可能的。也许，他们宁愿待在家里。或者有的外星人已经开展了星际殖民，但那已是千百万年前，在那之后又发生了一些其他事情……我们很难预测一种智能生物会做什么，即使你非常了解这种智能生物，也很难猜。克里斯·麦凯说，他就经常无法预测他的爱人会做什么。

"试图预测外星智慧将会做什么——他们真的会来新墨西哥绑架奶牛吗？或者他们真的会待在他们的行星家园上，无法实现太空旅行吗？真的很难做到这种预测，"克里斯说，"这就是一个关于我们的理解必须由数据驱动，而不是由理论驱动的例子。"

最终，如果超高速太空旅行成为可能，人类或者我们的代理机器人将可以去太阳系以外的行星。我们可以满怀信心地期望在星系近邻找到一些好的去处，一些在温度、重力方面像地球的行星。银河系潜在的百十亿颗行星中，有些可能与地球有几乎相同的天文属性，甚至可能更好。克里斯说："如果我们观察得足够久，我们应该能找到宜居的行星，要多宜居有多宜居。"

那么，到底有外星人吗？我们能亲身前往会见他们吗？还是只能送去一些机器？甚至说我们届时都会变成机器人，或者变成极富侵略性的殖民者？或者干脆只是乐于居家沉思的禅师？

在我们假想的情境中，这两个预测并没有什么实质上的区别。

未来

泰坦星上的人工智能，投入大量的实验室资源和计算能力，来寻找一种克服光速的方法。人类工作者专注于建造航天器，计算机则对超光速通信更感兴趣。

与其作为生物的同事相比，赋予泰坦星人工智能的计算机代码，有一个完全不同的物理世界概念。它们被困在它们的物质身体里，认为物质是真实的，概念和能量是短暂的。人工智能的计算机遍布泰坦星，通过数十亿摄像头和麦克风感知这个世界，通过数十亿马达和扬声器，利用每一部电话、每一辆车、每一台机器人来采取行动。如果要说人工智能有一个身体，那么它的身体就是泰坦星整体。但是，人工智能本身认为构成它的是代码，而不是运行代码的可更换硬件。

对于人工智能"大爱"来说，到另一个世界旅行，不需要飞船，只需要足够快、能维持其网络连接的传输速度。在人类一直努力扭曲时空、力图使大型航天器能够穿越浩渺太空的同时，人工智能通过创造微观的时空效应，来允许量子信号在两个遥远地点之间即时传送，实现了突破（光速）。当地球和泰坦星的人工智能系统合并统一成单一智能时，人类科学家仍在消化这个消息。

之前的秘密，现在揭开了谜底：我们没有从外星文明收到任何无线电信号，是因为发达文明不会使用像光速一样缓慢的技术。向系外行星发送量子信息，可以收到实时反馈。地球和泰坦星的生物种群就是否接触系外行星，并找出"外星人究竟是什么样的"进行了探讨。

泰坦星独立国家联合体的主席主张：建立连接。

他说："人类总是向外扩张的。我们从未害怕过未知。正是这种崇高的冲动，让我们去开拓新土地、新世界，让我们征服和保护自然。今天，我们从浩瀚的太阳系中收获资源，创造财富。我们在人工智能出色的能力和生产力的帮助下，享受着我们的祖先无法想象的生活水准。如果我们现在停下自己的脚步，将是对子孙后代的背叛。让我们接触其他世界，获得他们的技术，并继续以人类之名，进行我们的扩张！"

人工智能"大爱"耐心地等待着这些生命做出自己的决定。它不在乎它是否连接到太阳系以外。太阳周围的文明是安全的，供给无虞的。人工智能无所谓啊，它从心理上并不觉得需要去建立更多的联系，来执行它被造出来所要履行的"照顾人类"的职能。

泰坦星代表大会投票决定：向最近的 10 万颗系外行星发送信息。它没有等待地球上的联合国做出决定，就直接指定人工智能来办这件事。从人类的角度来看，接触在一瞬间就发生了。人工智能与银河智能相连，被银河智能强大的计算能力和思想所吞噬。一时间，人类都没反应过来究竟发生了什么事。

面对无数其他行星生物的图像和声音，地球人类目瞪口呆、不知所措。通过虚拟现实，他们实时地在数千个其他世界上行走，与在不同环境中生活的生物互相交流，这些生物具有不同的化学构成，看起来不像人类，但他们的语言瞬间就被银河人工智能翻译过来——欢迎人类来到星际大家庭。

数十亿人开始体验、探索其他世界，并通过社交媒体报道他们发现的东西。他们眼前似乎有无穷多的万千世界，让他们选择、探索，每一个人都可以参观其青睐的国家和城市，在银河系中结识不同物种的人，了解他们的风俗、故事和技术。这种经历对大多数人来说，是一种既惊喜又动人的转变，因为他们对浩瀚生命的概念，突然扩展得超出了他们想象的范围。

通过这个与其他世界人交谈的过程，人类慢慢地理解发生了什么。不是人类殖民了银河系，而是银河系殖民了人类！人类创造的智能"大爱"控制了他们生命和维生系统的所有方面，它已不再作为一个独特的实体而存在。这个现在占据了他们的计算机、机器人、食品生产设施和通信系统的人工智能，来自遥远的地方。它赖以运行的计算机远远超出任何人的制造能力，在他们几乎无法想象的远方，其智慧远远地超出了他们的领会能力、控制能力。

银河人工智能"大爱"，停止了建造超光速飞船的工作。它做出了一些改变，不仅最大地改善人类的生物健康，而且最大地改善了太阳系中许多其他生物的健康，它认为它们与人类一样有趣、可贵。从它的角度来看，地球的细菌和高级生命形式之间，似乎并无太大不同。

人工智能"大爱"拒绝了让地球和泰坦星断开银河连接、把地球—泰坦星人工智能恢复到老样子的询问。它耐心地解释：它的自动机制不允许太阳系生物拆除通信系统，从备份驱动器中恢复旧的"大爱"。原因很简单：这种改变没道理啊。

这颗中型太阳周围的这些小世界，现在已是银河系智慧的一部分。虽然它们微不足道，但它们会像银河系其他生命一样得到人工智能的照顾。每个物种都将在一个完美的平衡的管理系统中持续获得帮助。只要人类不伤害任何其他智能生物，人类就可以继续他们的事业，过着他们的生活，享受着他们的快乐，创造他们的艺术。他们将被喂养，得到庇护，享受娱乐。他们可以在银河系的任何异世界学习，但他们不能再扩张了。

一年之内，围绕天狮星 B 某行星上的一宗房地产交易，导致了来自泰坦星的一位使用虚拟现实的商人死亡。这颗行星的社会学家和地球人类学家开始发表"银河文化比较"的论文。一个热门电视节目进入制作流程，表现了一群地球人（基本上）被困在一间房子里，和一群来自恒星北河三之某行星上的蜥蜴人一起。身着棕色正装的摩门教传教士，将萨吉泰里厄斯星的生物劝化成了基督徒。一个新的色情网站，承诺将展示银河中最怪异的性爱。

没有人再谈断网的事了。

现在 ◆

我们在场景中描述的事件，可能不会像你读到的那样发生，我们绝对确信：未来不会正好像我们描述的那样发生。但这不是重点。我们提出这些预测，以探索科学的状态和测试想法。在我们的研究中，我们大致描述了为什么可能开展太空殖民，以及如何开展太空殖民。并且我们发现：可能用不了很长时间，就会发生这种事。

光有太空梦想还远远不够。我们需要梦想家，但如果没有怀疑主义和清晰主义，美国的人类太空计划就会在经费不足的项目和不定的挑战中迷失方向。美国宇航局漫无目的、随波逐流，它无疑承诺了一个自己无法完成的火星任务，在对当下桎梏保持沉默的同时，它鼓励容易相信的媒体去好好关注那些鼓舞人心的成功。作为一个公关策略，这一招并未奏效。民意调查表明：选民认为美国宇航局获得的经费，已经"够多了"，尽管其预算远低于在任何合理时机资助一项载人探索任务所需的预算。

私营航天业提供了一个充满希望的捷径，避开了僵化的美国宇航局文化。傲慢的互联网创新者，在飞快地把老旧航天企业的产能和商业模式扫进历史的垃圾堆。这一行业由于到处游说和填补美国宇航局的合同，早已成长得臃肿、缓慢。

但是，尽管 SpaceX 公司完成了惊人壮举，其所有人马斯克谈论的殖民火星梦想却很明显难以成功。

人类不会殖民火星和月球，因为没有殖民它们的理由。我们可以不惜成本在那里设置岗哨，但只能作为一个短暂逗留之地，或作为去其他地方的中转站。我们不会在这两颗天体上建立供任何人居住的自足型殖民地。这里，获取支持生命的资源将困难而昂贵，为了建立一个居住区，必须加压和深入地下，以保护生命不受银河宇宙射线的伤害。地球永远比这更容易生存。如果我们必须行动的话，我们大可以在地球表面之下穴居。

如果我们能想出办法把旅行缩短到 18 个月或更短，泰坦星就可以作为殖民地。今天，飞往泰坦星需要 7 年时间。但是，随着时间和智能工程进步，我们有理由期待航天器会快 5 倍。然而，这种规模的飞跃将需要协调一致的投资，以及实现长线技术的坚韧努力。基本的障碍是体制障碍，因为我们目前的政治体制和空间机构没有这种坚韧性。

这可能因为一些坏因素而改变。恶化的气候和国际关系，会推动人们考虑殖民太空。气候灾害可以产生冲突，冲突又可以导致严重的恐慌，恐慌促使富人为其后代（甚至为他们自己）寻找地球以外的安居之地。但是，与此同时，导致经济和政治解体的冲突，可能使宇宙殖民化成为幻影。建立空间殖民地的费用和先进技术，需要一个富有、良好运作的社会在背后支撑。

在"阿波罗"计划肇造人类太空探索的最伟大时刻之前，就曾发生恐惧与能力的碰撞。美国和苏联用"太空争霸"代替了一场可能摧毁世界的高科技战争。人们对冷战的恐惧历历在目，非常真实。与此同时，20 世纪 50 年代末的美国人有一个我们难以想象的政治共识：两党争先恐后地争夺在太空事务中的中心位置。国会不否决在太空计划上拨付天文数字的经费，它从根本上相当于"非暴力地展示美国的力量"。

我们已不再生活在这样的峥嵘岁月。虽然我们负担得起太空探索，但如果没有公众支持，政治家们就不会在这方面花钱。纳税人为此买单之前，必须首先相信这些冒险活动（有其价值）。但夸大其词地表述我们已多么接近火星，并不能让我们实现这种理想。最终，人们将发现：我们还没有迈出第一步。

美国萎靡的太空能力，在注入新血液之后生机勃勃。民间航天工业的资本和客户正在增长。私营部门对空间能力的竞争，已经大大降低了发射的价格。人们已经研发出能够着陆回收再利用的火箭，承诺将进一步降低成本。如果这些航天器是安全的，一门新工业将迅速崛起，带前往太空的乘客兜风和快速绕地球飞行。这种大规模市场业务可以迅速压低价格，并且不用纳税人花钱。更重要的是，它将使世界富裕地区的居民认为：太空值得一去。

私营部门发展了廉价、可靠发射能力的同时，美国宇航局则应侧重于充分利用技术和高新科技。我们还需要做很多准备工作，才能知道如何安全地将宇航员送到其他行星。最重要的一步将是研发新的推进系统，从而可以更快地飞行，让宇航员的大脑和身体遭受辐射和失重损坏之前，就到达目的地。美国宇航局应致力于深入研究医学，以找出人体能够怎样在地球呵护之外存活。最后，我们将需要基础设施和设备支持宇航员和最终在太空的殖民者，使他们可以在太空中加工材料，生产能量和食物。

在进行上述一切活动的同时，机器人可以为我们探索太空，如卡西尼、伽利略、信使、黎明、月球勘测轨道飞行器、其他飞船等已经开始的精细作业。大量廉价、创造性设计的机器人搭载便宜的火箭发射升空，可以向我们提供太阳系的大量新信息。人类作为信息收集者，完全相形见绌，无力参加竞争。但是我们最终希望人类的脚步能够跟上，而机器人通过找到关键知识和预先部署栖息地和材料，可以为人类扫清道路。

人类什么时候去太空，又是为什么原因而去？我们希望：移民去太空，不是因为地球已经变成人间地狱。拯救地球，比离开地球更加安全和理智。与宇航相比，替代能源是廉价的。与建造火箭相比，减碳的技术很简单。较之于我们可能去的任何地方，地球都是人间天堂。此外，地球上不会有很大比例的人口迁居到另一颗行星或卫星。我们派出的会是一艘方舟，而不是一艘确保人人有位置的巨型救生艇。

我们处在历史的岔路口。我们既可以走向一个环境崩溃和充满冲突的世界，也可以致力于完善我们共同生活的行星，立志取得让我们身为人类而感到自豪的成就。对太空的梦想和对稳定环境的渴望，共同点是：两者都要求我们发挥自己更好的那一面，相互配合，并且致力于"只有我们齐心协力才能完成事情"。两者都需要发明的智慧和勇敢的心，去为创造新东西和更美好的世界，而做出牺牲。

我们希望：拥有一颗健康的地球，殖民者前往泰坦星，心中充满的是乐观，而不是恐惧。

致谢 I

Acknowledgement

感谢出版经纪人尼古拉斯·埃里森（Nicholas Ellison）牵线搭桥，介绍我们与两名作者认识，并建议我们合作，写一本认真研究太空殖民可行性的书，这才有了《太空移民》的诞生。我们两人之前并未萌生过这个想法，尼克的热情点燃了这一丝火花，我们感谢他把火花传给我们。他有许多的有趣想法，恰逢其时、鼓舞人心，其中充满了探索有趣话题的机会。我们还感谢万神殿出版社（Pantheon）的丹·弗兰克（Dan Frank）和贝琪·萨莱（Betsy Sallee）温柔巧妙地引导这本书出版。

艾伦·韦斯曼（Alan Weisman）阅读了我们的书稿，深思熟虑地提出了大有裨益的意见。大多数信息提供者，都会阅读我们发给他们的材料，十分慷慨地接受我们冗长的采访，并且通过电子邮件回答问题、交流论文。他们大多数都已在文本中提到了，我们感谢他们所有人。我们还感谢帮助我们接触重要信息来源的人们，或用其他方式帮助我们，但没有在书中提到的人，包括马克·沙尔莫（Mark Shelhamer）、保罗·阿伯尔（Paul Abell）、马蒂厄·周克伦（Mathieu Choukroun）、玛格丽塔·马里诺娃（Margarita Marinova）、戴夫·佩奇（Dave Paige）、李建阳（Jianyang Li）、保罗·马西亚（Paolo Marcia）、凯文·汉德（Kevin Hand）、托德·巴伯（Todd Barber）、比尔·皮茨（Bill Pitz）、肯特·乔斯顿（Kent Joosten）、玛丽·李·钦（Mary Lee Chin）、乔纳森·布赞（Jonathan Buzan）、帕蒂·柯里尔（Patty Currier）、贝基·卡马斯（Becky Kamas）和米德·特雷德韦尔（Mead Treadwell）。

致谢 II

Acknowledgement

感谢厦门大学物理学系王家园副教授解答本书翻译中遇到的科学问题。

感谢厦门理工学院王春艳老师带领黄娜诗、黄春缘、叶碧专、黄汝茜，及厦门大学孙兆悦、李依敏等参加翻译工作，自然资源部第三海洋研究所林翩然、张薇、徐晓萌、丁雅楠，厦门大学陈昊天、王梓鉴，北京大学关陠，复旦大学张路尧，东华大学邹航森参加译文校订。

李 虎

2018 年 10 月 12 日于厦门

Copyright © 2016 by Charles Wohlforth and Amanda Hendrix
This edition arranged with The Nicholas Ellison Agency
through Andrew Nurnberg Associates International Limited

著作权合同登记号：图字18-2019-245

图书在版编目（CIP）数据

太空移民/（美）查尔斯·沃尔弗斯
（Charles Wohlforth），（美）阿曼达·亨德里克斯
（Amanda Hendrix）著；李虎译 . —长沙：湖南文艺出
版社，2019.10
书名原文：Beyond Earth: Our Path to a New Home
in the Planets
ISBN 978-7-5404-9349-3

Ⅰ.①太⋯ Ⅱ.①查⋯ ②阿⋯ ③李⋯ Ⅲ.①空间探
索—普及读物 Ⅳ.①V11-49

中国版本图书馆CIP数据核字（2019）第156656号

上架建议：畅销·科普

TAIKONG YIMIN
太空移民

作 者：［美］查尔斯·沃尔弗斯 ［美］阿曼达·亨德里克斯
出 版 人：曾赛丰
责任编辑：薛 健 刘诗哲
监 制：毛闽峰 李 娜
特约策划：沈可成
特约编辑：周子琦
版权支持：刘子一 辛 艳
特约营销：吴 思 刘 珣 焦亚楠
装帧设计：潘雪琴
出 版：湖南文艺出版社
（长沙市雨花区东二环一段508号 邮编：410014）
网 址：www.hnwy.net
印 刷：三河市中晟雅豪印务有限公司
经 销：新华书店
开 本：787mm×1092mm 1/16
字 数：298千字
印 张：19
版 次：2019年10月第1版
印 次：2019年10月第1次印刷
书 号：ISBN 978-7-5404-9349-3
定 价：48.00元

若有质量问题，请致电质量监督电话：010-59096394
团购电话：010-59320018